供电企业生产与安全管理

马苏龙◎编著

内 容 提 要

本书从供电企业生产管理实际工作出发，针对电力生产管理人员如何有效统筹协调好生产管理工作，理解各项生产管理工作的目的与任务，如何站在生产运行与检修施工的综合管理层面，对生产工作计划组织、协调控制等方面进行了细致的研究分析，并提供多个供电企业生产管理典型案例，具有较强的示范和借鉴作用。

本书可供从事供电生产业务的管理人员、专业技术人员学习参考，也可作为其他管理人员的培训教材。

图书在版编目（CIP）数据

供电企业生产与安全管理 / 马苏龙编著. —北京：中国电力出版社，2023.4（2025. 9重印）
ISBN 978-7-5198-7357-8

Ⅰ. ①供… Ⅱ. ①马… Ⅲ. ①供电–工业企业–安全生产 Ⅳ. ①TM72

中国版本图书馆 CIP 数据核字（2022）第 243168 号

出版发行：中国电力出版社
地　　址：北京市东城区北京站西街 19 号（邮政编码 100005）
网　　址：http://www.cepp.sgcc.com.cn
责任编辑：穆智勇
责任校对：黄　蓓　李　楠
装帧设计：张俊霞
责任印制：石　雷

印　　刷：三河市万龙印装有限公司
版　　次：2023 年 4 月第一版
印　　次：2025 年 9 月北京第六次印刷
开　　本：787 毫米×1092 毫米　16 开本
印　　张：19.75
字　　数：301 千字
印　　数：9001—10500 册
定　　价：90.00 元

前言 Preface

生产工作是供电企业最基础、最重要的工作之一，一般把电能从发电厂输送到用户的供电服务称为生产运行，把设备运行检修、电网运行调度、新设备投产等称为生产工作。电力系统发输变配用电连续运行，电网处于电力系统的枢纽，要求生产工作时刻都不能停顿、不能放松；电网设备规模大、分布地域广，缺陷处理、设备检修工作面广量大；当前电网又处于快速发展期，新建、改造、扩建以及市政迁改项目多、规模大，对于电网运行方式安排、现场作业人员安全和电网安全提出更高要求；另外，电网运行受雷雨大风、冰雪灾害等气象环境影响显著；地方经济社会建设、市政施工对电网的外力破坏突发事件多。生产工作头绪多、工作量大、管理十分繁杂，稍有疏漏就会出现问题，甚至事故。这就要求生产管理工作要整体化和体系化，要做到长时间重复工作不疏漏、执行不松懈。生产管理者要管住框架、系统谋划，抓住主线、纲举目张，把握关键节点、有序推进各项生产工作，确保安全生产。

如何做好生产管理工作，一方面生产管理已经积累了大量的技术标准和规章制度，大部分生产管理人员对生产管理工作都有自己的经验和见解；另一方面规章制度一般是按专业制定，生产管理的整体协同不够明确。生产管理人员一般从事某一专业，或具有某个生产专业背景，熟悉某个专业领域的标准、制度和工作，对其他专业的工作可能了解不深。还有少数非生产专业背景的人员，对生产管理相关制度标准了解更是不多。如何使生产管理人员能够有效统筹生产管理工作，首先要理解各项生产管理工作的目的与任务，站在生产运行与检修施工的综合管理层面，对生产工作进行计划组织、协调控制，保障生产工作目标的实现和生产任务的完成，确保生产秩序良好，工作有条不紊。

做好生产工作，重点要做好生产技术、现场工作、生产管理三方面的工作。本书重点讨论现场工作和相应的生产管理工作，不涉及具体的技术问题。生产管理工作建立在生产工作所应用的技术和现场作业的方法的基础之上，生产管理人员需要掌握所应用的技术和了解现场作业的组织开展情况，不能脱离生产技术和现场谈生产管理。

生产工作和安全生产密不可分，要把生产与安全相融合，把生产工作的安全作为生产任务的一个内容来考虑和安排。这里主要考虑两个与电力直接有关的特殊安全：电网安全和防触电。电网安全是指电力系统安全稳定运行和电力正常供应，即对外供电的连续性和防范大面积停电。防触电则是电力生产现场保证人身安全的特殊安全问题。其他安全问题，如高处坠落、机械伤害、物体打击等一般建设施工的安全问题本书不作讨论。

做好生产工作要树立运行部门是设备主人的意识，对与电网设备有关的规划、建设等工作要主动参与、提前介入。各级生产部门要树立守土有责的理念，对进入运行现场与设备有关的电网改造扩建等现场工作要主动监管。今后，进入运行现场的工作人员会更加复杂，生产部门要通过管理手段、技术手段管好设备和电网。

本书试图从生产运行的角度总结如何管理好生产工作。写作过程中得到了戴锋、刘华伟、崔恒志、邓洁清、周文俊等同志的大力支持，在此表示由衷的感谢。

限于编者的经验和水平，本书不妥之处在所难免，敬请广大读者批评指正。

编　者

2023 年 1 月

目录 Contents

第一章

生 产 工 作 概 述

本章分析生产工作的特点，简述生产工作的内容和任务，归纳生产工作的主线，提出生产管理工作的重点。

第一节　生 产 工 作 特 点

供电企业的生产工作所面对的情况和一般生产企业有着显著的不同，主要是设备规模大、分布地域广、改扩建项目多、受气象和环境影响明显；另外，经济社会发展对供电可靠性的要求越来越高。这些特点是安排工作计划、生产组织实施和故障处理等生产管理工作必须要考虑的基本要素。

一、设备规模大

截至 2021 年底，国网江苏省电力有限公司（简称江苏公司，以下无特殊说明均为江苏公司数据）管辖 35kV 及以上变电站 3305 座，变压器 6804 台，变电容量约 627932MVA，换流站 4 座，额定输送容量 31200MVA；管辖 35kV 及以上输电线路 8795 回 107042km，其中架空线路 98849km、电缆线路 8193km；管辖配电线路 40663 条约 393736km，10kV 配电变压器 621420 台；管辖 35kV 及以上继电保护及安全自动装置总计 173756 套，其中 220kV 及以上继电保护及安全自动装置共计 35009 套。设备规模约占国家电网公司总量的 10%，是国家电网公司系统内规模最大的省级电网公司。

设备规模大、数量多的不利影响主要有：一是周期性修试工作量繁重，据统计 2021 年按周期开展约 6984 套 35kV 及以上保护校验，1586 台 35kV

及以上变压器、7086 台断路器检修试验。二是设备缺陷处理总量多，2021 年共发生 35kV 及以上设备缺陷 14266 起，其中危急缺陷 697 起，严重缺陷 2479 起。如果这些缺陷处理不及时，极易造成设备故障，甚至威胁电网安全。三是周期性巡视检测工作量大，为发现设备缺陷和环境隐患，2021 年各类巡视检查等工作共投入运维人员 64.35 万人次。

二、分布地域广

供电企业的生产工作不同于其他生产企业，电力设备不是集中安装在一处，而是分散在城市和农村。例如江苏有 1455 座变电站分布在远郊，约占变电站总数 44.1%；220kV 及以下变电站均采用无人值班模式，运维班组驻地到所辖变电站的平均距离约 25km，城市正常通勤时间约 30min、农村约 45min；而距离最远的变电站可达 100min 车程，例如 XZ 供电公司的苏堤运维班到 220kV 常店变电站。架空线路基本都在旷野，途径地形复杂，穿越农田、河流、山地、树林。运维人员到现场的时间一般在 60min 以上，最长可达 120min，属地化的外委人员到达现场最长也需要 30min。

输变电设备分布地域广的不利影响有：一是有效工作时间短，对于计划性工作，生产人员每天需往返生产驻地和作业地点，大量时间耗费在路途上。以变电运维人员为例，据统计往返时间约占工作时间的 33%。二是响应速度慢，当发生设备故障跳闸等紧急情况时，赶赴现场检查确认故障情况、开展抢修或消缺工作需要较长时间。三是集约化程度低，为兼顾紧急情况的响应时间，生产组织集约化程度不高，全省 245 个运维驻点平均每个驻点 14 人，当管辖范围内有改扩建工程时，班组人手明显不足，无工程时又显空闲。

三、改造、扩建项目多

由于长时间运行设备老化、性能下降、缺陷多发，一般需要对运行超过 12 年的保护、自动化设备，超过 20 年的隔离开关、互感器，超过 30 年的变压器、电抗器进行更新改造。由于设备规模大，改造项目数量居高不下，2021 年 35kV 及以上设备改造 2006 项，其中变压器改造 187 项、变电站综合自动化改造 214 项，继电保护改造 307 项。随着电网的快速发展，扩建项目数量也迅猛增加，2021 年 35kV 及以上扩建 1095 项，其中扩建主变压器 116 项、扩建线路间隔 465 项。

改扩建项目数量多、规模大的不利影响有：一是电网运行风险大，改造扩建工程受运行现场和电网方式安排制约，施工工期一般都较长，电网长时间处于非完整接线状态，大大削弱电网抵御风险的能力。二是现场作业风险高，改扩建工程都是在运行场所开展工作，临近带电设备，且设备吊装、二次电缆更换工作多，稍有不慎极易发生因吊装安全距离不足和误碰误伤二次电缆，引起设备跳闸，造成人身和电网事故。三是运维配合工作量大，需要配合改扩建工程开展倒闸操作、工作票办理、工作许可等工作，进行隐蔽工程验收、竣工验收、启动试验等工作，以保障设备零缺陷投运。还需要进行现场运行规程修编及其他生产准备工作，改扩建工程配合和生产准备工作约占日常运维工作的 15%。

四、受气象和环境影响明显

输变电设备受气象条件影响明显。潮湿天气容易造成户内开关柜、户外箱柜凝露进而引发跳闸。雨雪冰冻天气容易发生设备线夹、支柱绝缘子等积水冻裂。高温天气容易引起注油设备漏油，低温天气容易引起充气设备漏气。雷击会引起设备跳闸，大风（台风、飑线风等）会引发风偏、舞动甚至倒塔，覆冰会引发舞动、跳跃甚至倒塔，绝缘子污秽严重时会引发污闪。2017～2021 年，受气象影响，220kV 及以上输变电设备跳闸 178 起，其中输电线路 157 起、变电设备 21 起。

输电线路受通道环境影响明显。在架空输电线路周边使用吊车（包括船用吊车）、泵车等大型机械施工时，极易发生外力破坏跳闸，在电缆通道周边开挖等施工时，极易损坏电缆。此外，线下树木生长、塑料薄膜等易飘浮物、通道周边放风筝、鸟类活动、山火等因素也会导致线路跳闸。2017～2021 年，受通道环境的影响，220kV 及以上输电线路跳闸 226 起，其中外力破坏 61 起、树木 2 起、漂浮物及风筝 83 起、鸟害 80 起。

五、供电可靠性要求不断提升

近年来，随着经济社会的发展，社会正常运转、群众日常生活对电力的依赖越来越强，已经成为须臾不可或缺的必需品。不管是计划检修施工安排的停电还是故障停电，都会影响高铁、地铁、医院等重点与民生有关的用户用电，还会影响手机通信、高层住宅电梯运行和供水等其他日常生活用电，社会对停电的耐受度越来越低，对电力可靠供应的要求也越来越高。有序用电从过去的限农村和居民用电、保生产用电，到现在的限生产用电、保民生用电。虽然江苏公司对用户的年平均停电时间从 2010 年的 10.26 小时下降到 2021 年的 3.1 小时，但不管是城市还是农村对有关停电的投诉总量还是不少。

此外，地方举办的各类大型活动对电力的依赖越来越强，为保万无一失，需要采取保障安全供电的措施。电网在某些检修方式下，可能会存在 35kV 及以上 $N-1$ 或同塔 $N-2$ 对外减供较大负荷的电网运行风险，特别是 220kV 及以上电网运行风险，会对社会产生较大的影响，需要采取有效措施进行管控。为保障安全供电，除了采取必要的技术措施外，还要视严重程度采取必要的人防措施，其中涉及保障的变电站需要恢复有人值班、检修人员驻站值守，有关线路需要安排人员加强巡视检查，对于危险源安排人员现场值守管控，这些都需要安排大量的人力资源。以变电运维为例，2021 年共开展 5 级电网风险预警保电 1263 项，开展国家和地方重大活动保电 654 项，再加上直流满送保电、度夏度冬保电，整体安排 34635 人天，约占全年工作量的 9%。

第二节　生产工作内容

供电企业的生产工作归纳起来主要是两大方面六条主线，其中：两大方面是指设备运行和现场作业，六条主线是指设备缺陷管理、运行环境管理、现场作业管理、电网检修管理、倒闸操作管理和供电可靠性管理。改扩建工程与电网、设备运行紧密相关，这里用“现场作业”而不是“检修”，其目的是强调生产工作要把属于建设专业管理的改扩建工程在运行现场的施工一起统筹考虑。

一、设备缺陷管理

健康的设备状态是确保设备、电网安全运行的首要条件。缺陷管理是保

证设备健康水平最重要的手段，目的是发现缺陷、控制缺陷、消除缺陷，从而全面提升设备健康水平。

设备投运初期，由于设备在设计、制造、安装等环节会遗留缺陷。设备运行过程中因绝缘受潮、紧固松动、接触不良、机械润滑等问题而发生接头发热、绝缘放电、机械卡涩等缺陷。老旧设备会发生绝缘水平下降、操作失灵等缺陷。需要及时发现和处置设备缺陷，否则将会导致故障跳闸，甚至扩大事故。2021 年共发生 35kV 及以上因设备缺陷而引起的跳闸 106 起。

设备缺陷管理重点做好以下四个方面的工作。一是发现缺陷，应用具有针对性的技术手段和管理策略，及时有效发现设备缺陷。通过提高巡视检测质量、丰富技术手段、合理安排周期，精细数据分析等措施，提高缺陷的发现率，尤其是潜伏性缺陷的发现率。二是控制缺陷，采取有效措施降低缺陷的严重程度或者延缓缺陷的发展进度，为消除缺陷工作的安排争取时间。例如：采取降低回路电流、临时补气等技术措施；先简单处理，降低缺陷的严重程度，为后面根本消除缺陷创造条件；增加带电检测频次或采取在线监测等管理措施，跟踪缺陷的发展趋势。三是消除缺陷，区分危急、严重、一般缺陷，采取不同的策略加以消除。对于危急、严重缺陷，应创造条件尽快安排停电消缺，暂不具备条件的应尽快采取措施将缺陷降级为能够继续运行的一般缺陷。对于一般缺陷也应及时安排计划予以消除，防止缺陷发展。四是关口前移，一方面优化巡视检测技术和策略，在缺陷发展初期就能及时发现，避免发展到危重程度而形成较大的风险；另一方面强化缺陷成因分析，开展主动检修和维护，前移缺陷治理关口，对于重复发生缺陷的设备应列入大修技改计划，从根本上消除隐患。

二、运行环境管理

运行环境是指影响输变电设备正常运行的气象条件、线路通道环境等外部因素。运行环境管理是设备安全运行的重要保证，其任务是采取预防性措施，防止对设备造成危害而引起跳闸。

运行环境管理具有季节性特点，春季易发生风筝挂线、树木碰线事故，夏季易发生雷雨大风等引起的雷击和易飘物事故，秋冬季易发生小动物事故，冬季易发生雨雪冰冻等引起的设备事故。此外，在春夏之际的梅雨季易发生潮湿凝露事故，冬春之际的雾霾小雨天气易发生污闪事故。线路通道周边的安全隐患还与市政工程建设高度相关。

对于变电设备，运行环境管理的重点是采取预防性措施，做好防小动物、防潮湿凝露、防雨雪冰冻、防污闪、防高温、防汛、防漏雨、防场地沉降、防周边漂浮物进入等工作。

对于输电线路，运行环境管理除了做好防雷击、防污闪、防覆冰、防风偏、防山火、防鸟害等工作外，还要重点做好线路通道附近建设工地大型机械施工碰线、线下树木生长、塔基周边取堆土、船用吊车碰线、易飘物挂线、风筝放飞挂线等外力破坏的防护工作。

三、现场作业管理

现场作业是指在运行现场围绕运行设备或临近运行设备开展的维护检修和改造扩建等工作，主要包括检修试验、改造扩建、缺陷处理、故障抢修等。现场作业管理是确保人身、设备和电网安全的关键。

现场作业特别是改造扩建工程由于涉及运维单位、施工单位及设备厂家等支持单位，作业人员多、专业交圈地带多、设备吊装风险大，组织协调要求高，各类风险交织叠加，容易引发安全事件。由于前期准备不足，设备状态掌握不清楚，现场工序安排不合理，会造成现场不能按计划恢复送电。由于工艺控制不到位、验收把关不严格等原因，会造成新设备投运后短时间内强迫停运，影响后续电网运行安排。

现场作业管理需要重点关注三个方面：一是管控风险。运维人员和施工作业人员开展运行设备与施工范围交圈地带的交底对接，精准辨识风险，落实风险预控措施，严格执行到岗到位、旁站督察制度，防止作业过程发生安全事故；细致做好安措恢复和一二次设备状态核对工作，防止恢复送电过程发生跳闸。二是保证质量。梳理作业项目内容，做到全面完成不遗漏；关键环节细化工艺要求，加强过程监督；严格验收把关，确保零缺陷投运。三是抓紧进度。提前做好人员、物资、工器具的准备工作；充分考虑天气、工序相互影响等因素，合理安排作业工序；对于大型作业，严格执行每日例会制度，及时发现影响工期的问题；对于关键工序，严格做好过程监督。

四、电网检修管理

电网检修是调度为满足发输变配用电设备检修试验、改造扩建、建设投产等需要，将设备退出或投入运行。电网检修客观上改变了电网结构，可能降低电网运行可靠性、系统稳定性和电力输送能力，增加电网运行风险，需要采取调整运行方式、电网运行风险预控等措施。设备退出和投入、运行方式调整都需要调度统一组织指挥，设备停电和方式调整的安排均以停电申请单为载体，停电申请单管理是调度日常工作的核心业务之一。

近年来停电检修、设备启动和风险预控数量居高不下。2021 年，110kV 及以上电压等级，全年省地两级调度审批各类申请单共计 25000 余项，主要集中在春秋季检修窗口期的 7 个月。编制并发布调度启动方案共计 1700 余份，发布五级电网风险预警通知书共计 1263 份，六级电网风险预警通知书共计 2370 份。电网结构长期处于非完整状态，调度运行人员工作量饱满。

做好电网检修管理，重点关注以下三个方面工作：一是统筹设备停电计划。坚持“一停多用”原则，做好“四个统筹”：统筹发电设备与电网设备检修，统筹基建、技改、消缺、修试、市政等多源头停电需求，统筹中长期停电计划和短期停电计划，统筹上下级调度停电安排。二是加强电网运行方式安排。设备停电造成对电网安全稳定运行的影响，通过调整网络结构、重构分区、制定临时限额、协调区外来电、调整开机方式等措施控制短路电流、潮流和系统安全稳定；通过调整母线结排、旁路代开关、转移负荷、启停机组等措施做好发用电平衡和降低故障引起对外停电的风险等级和减供负荷数量。三是做好停电申请单管理。审查停电必要性和工期合理性，优化停电安排和先后次序，协调上下级调度和发电安排；合理考虑电网安全稳定裕度和供电能力，安排好检修运行方式，做好启动投运的方案编制；根据一次方式变化，调整好二次保护配置，统筹通信设备检修；根据日内电网运行实际，执行申请单开竣工流程和设备停复役操作，统筹好计划停电、临时停电和事故处理。

五、倒闸操作管理

倒闸操作是指根据调度指令，通过分合断路器、隔离开关以及挂、拆接地线等操作，改变电力系统的运行方式和设备的运行状态。倒闸操作是运维人员最基本的工作之一，也是日常工作的核心业务之一。

电网检修设备停复役、新设备启动、电网方式调整时都会进行倒闸操作，2021 年共执行操作票 214440 张。由于人员安全意识淡薄、技能水平不足、制度执行弱化等原因，误操作事件时有发生。

防止误操作是倒闸操作中需要重点关注的问题，应做好以下三个方面的工作：一是强化制度执行。牢固树立规矩意识，严格执行操作票制度和工作监护制度，仔细核对设备名称、设备状态，按顺序逐项执行操作，坚决杜绝违规行为的发生。二是强化现场运行规程、典型操作票的编审。动态修订现场运行规程、典型操作票，组织好各专业、各层级的审核，保证内容的针对性和准确性，能够实际指导现场操作。三是做好防误系统的建设和维护。防误装置应与主设备同建设、同投运，把好验收投运关；日常巡视及缺陷管理应等同主设备管理，把好运行维护关；操作中出现异常时，严禁擅自解锁，把好解锁审批关。

六、供电可靠性管理

供电可靠性是评价供电系统对用户连续供电能力的指标，是配电网建设运行和管理水平的综合体现。供电可靠性管理是指以供电可靠性指标为抓手，发现和解决配电网在规划设计、检修施工、运行维护、故障处理等方面存在的问题，最大程度减少对用户停电。

江苏公司 2021 年对用户的年平均停电时间为 3.1h，其中，故障停电 1.97h，占比 63.5%；计划停电 1.13h，占比 36.5%。与供电可靠性达到 99.99%，即年平均停电时间为 1 小时相比，还有较大差距，说明在配电网网架、施工方案优化和带电作业等方面仍有较明显的不足。

提升供电可靠性，减少对用户的停电，要重点关注以下五个方面：一是转变理念。要从以设备为中心转变为以用户为中心，从计划停电转变为设备计划检修对用户不停电、短时停电或对少量用户停电，切实提升供电可靠性。二是优化施工检修方案。要严格开展时户数计算分析，执行时户数预算式管控，通过方案优化、停电拆分、配电网带电作业等方式实现停电时间最短、涉及用户最少；对大时户数停电做到超限原因说清楚、后续改善有举措。三是推广配电网带电作业。要加强配电网带电作业队伍建设，提高配电网带电作业能力，提升带负荷作业和旁路作业等复杂作业的数量，做到能带电不停电；要通过配电网带电作业，减小停电范围，减少用户停电；配电网一次设备布置的结构有利于现场带电作业的开展，要加强适应配电网带电作业开展的友好型配电网建设，有利于带电作业的开展。四是加强配电网架建设。配电网转移负荷能力是提升供电可靠性的重要基础，有针对性地开展配电网架建设，使配电线路用户数量合理、线路分段最优、负荷组大小适宜，保障供电网络灵活可靠。五是强化故障管控。要提升配电线路健康水平，降低配电网故障停运率；应用配电网自动化等技术手段缩短故障查找和操作时间，树立“先复电、后抢修”的意识，缩短故障恢复时长。

第二章

变电设备运行管理

变电设备运行管理是指为了保证变电设备健康，通过开展针对性、差异化的检查、检测、维护等工作，及时准确地发现并处理设备缺陷和运行环境问题，减少设备非计划停运的频率和时间。主要工作包括不停电检查检测发现设备缺陷、巡视检查发现运行环境问题。

第一节　变电设备缺陷

设备缺陷是指设备达不到产品标准和运行标准的状态。电力设备在运行中受电压电流、材料老化、环境侵蚀等因素的作用会出现缺陷。设备运行管理工作最主要的内容之一就是通过一定的技术手段和检查检测策略发现设备的缺陷和问题。

变电设备的缺陷主要表现为发热和放电两大方面，包括：因接触电阻增大在电流的作用下引起的电流型发热，因绝缘介损增大在电压的作用下引起的电压型发热，因绝缘中存在杂质、异物、间隙等原因在电压作用下引起的放电。针对以上缺陷，可以采用反映热、声、磁、电、光等特征的技术手段，根据不同设备类型开展有针对性的检查检测，通过多维度数据比对分析，及时准确发现电流致热型缺陷、电压致热型缺陷、油浸线圈类缺陷、GIS 缺陷、机械型缺陷、开关柜缺陷等。

一、电流致热型缺陷

电流致热型缺陷主要发生在通流回路（特别是重载回路）及磁回路中，

表现为发热部位的温度明显高于其他相别、环境温度和历史温度。发生电流致热型缺陷的主要原因有：① 由于接头氧化、运行振动、材料疲劳等因素，造成引线搭接面接触不良、设备触头接触不良，从而引起接触电阻增大；② 磁回路中存在环流、涡流等电磁效应致热。电流致热型缺陷通常发生在新设备投运或检修投运初期、大负荷期间、高温期间及投运年限较长的设备。

红外测温法是发现该类缺陷的主要方法，即通过红外热像仪将物体不可见的红外辐射转换为可见的温度图像，并比对三相温度、环境温度、历史测温情况就可以比较准确地发现问题。红外测温法是检测电流致热型发热最有效、最方便的方法，电流致热发热量大，在可以直接测量发热部位的场景下比较容易被发现。但发现设备内部的电流致热型缺陷比较困难，需要进行精确测温和认真比对分析。

典型案例 2-1　隔离开关接头发热

2020 年 6 月 12 日，对 220kV 窦庄变电站进行红外测温时，发现 25106 隔离开关 A 相旁路母线侧接线板发热（见图 2-1），表面最高温度达 69.9℃（B 相温度 28.5℃、C 相温度 27.7℃），负荷电流 218A，相间最大温差 42.2℃，最大相对温差达 93.9%，为严重缺陷。经停电检查，发现 A 相旁路母线侧接线板由于材质不合格，长期运行过程中发生腐蚀，致使接触电阻变大，产生过热现象。

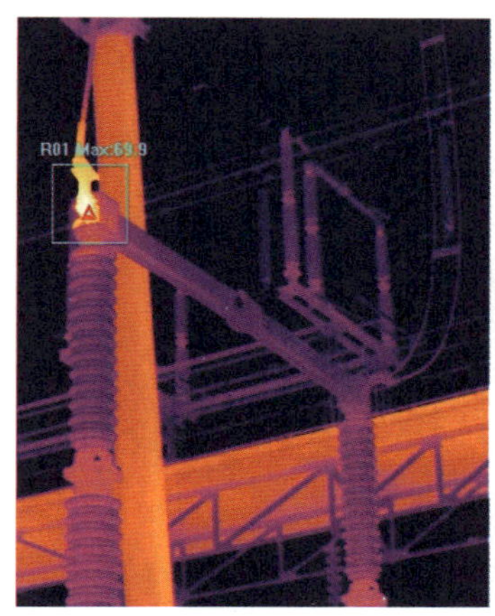

(a) A 相红外测温

(b) B 相红外测温

(c) C 相红外测温

图 2-1　隔离开关接头发热红外测温示意图

典型案例 2-2　变压器套管柱头发热

2020 年 5 月 24 日，对 500kV 吴江变电站进行红外测温时，发现 7 号主变压器 B 相中性点套管柱头发热（见图 2-2），A 相 36.3℃，B 相 97.2℃，C 相 29.6℃，负荷电流 596A，相间最大温差 67.6℃，最大相对温差 85.3%，为严重缺陷。经解体检查，发现套管柱头发热的原因为载流端子与导电铜杆之间的螺牙产生氧化物，导致通流面接触不良。

(a) A 相红外测温

(b) B 相红外测温

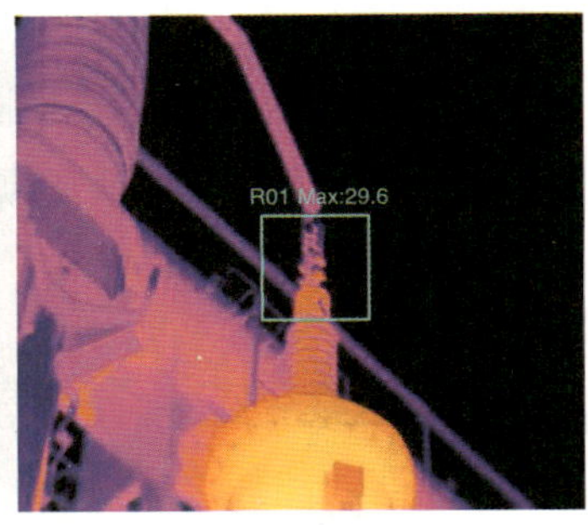

(c) C 相红外测温

图 2-2　变压器套管柱头发热红外测温示意图

典型案例 2-3　低压电抗器磁回路发热

2018 年 3 月 23 日，对 1000kV 泰州变电站进行红外测温时，发现 110kV1154、1164 低压电抗器（干式电抗器）底座存在异常发热现象（见图 2-3），判断为底座内部钢筋形成磁环路。4 月 2 日，安排低压电抗器检

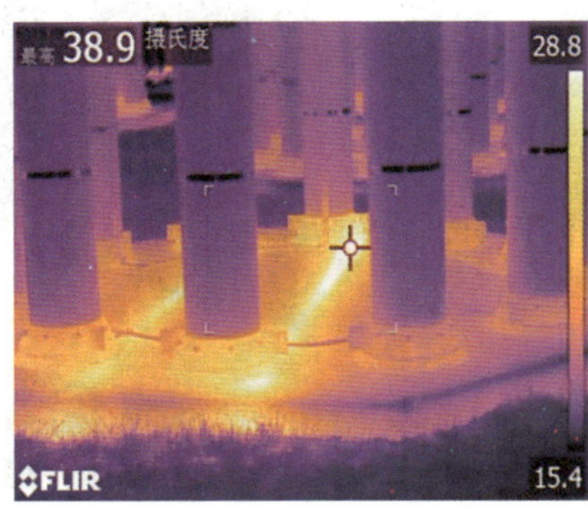

(a) 1164 低抗基础发热点

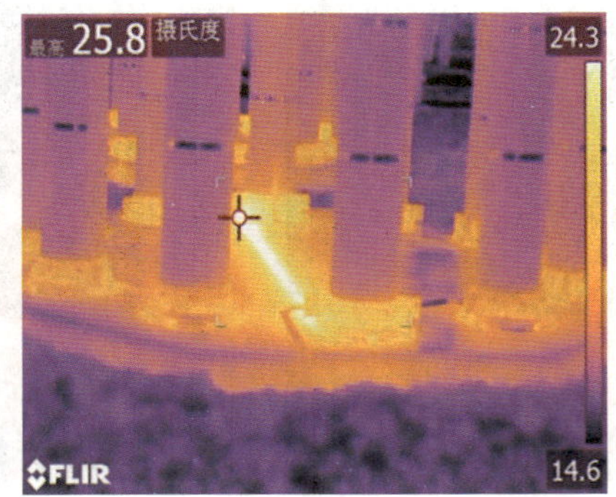

(b) 1154 低抗基础发热点

图 2-3　低压电抗器磁回路发热红外测温示意图

修，进一步检查发现，土建施工时未按设计要求在底座钢筋交接处使用绝缘玻璃丝带包裹6层绑扎工艺。按设计要求整改后缺陷消除。

典型案例2-4 箱柜二次回路发热

2021年4月24日，对500kV三汉湾变电站进行红外测温时，发现5053电流互感器的端子箱内湾安5K08线第一套线路保护A相电流端子异常发热（见图2-4），红外测温结果为34.4℃，正常端子温度为27.7℃，最大温差6.7℃，最大相对温差47%，为一般缺陷。经检查，发现发热原因为接线端子连接片底座断裂。

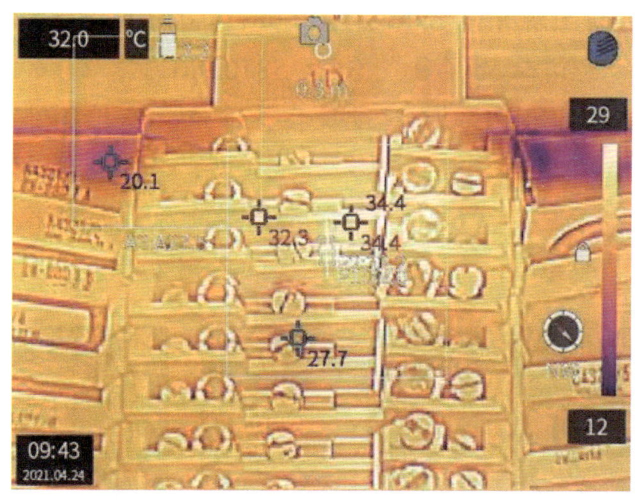

图2-4 箱柜二次回路发热红外测温示意图

二、电压致热型缺陷

电压致热型缺陷主要发生在运行时间较长或存在绝缘异常的电压（电流）互感器、套管、避雷器、电缆终端等设备，致热效应由电压引起，与负荷电流无关。发生电压致热型缺陷的主要原因是绝缘老化、受潮等内部绝缘不良引起绝缘介损增大，以及内部存在局部放电等。电压致热型缺陷通常发生在冷热交替、雨雪天气等潮湿或污秽环境中。

检测该类缺陷的方法有红外测温法和电气试验法，运行中主要应用的是红外测温法。值得注意的是：电压致热型缺陷的发热原因主要是绝缘介质损耗升高，发热量不大，绝对温度不会很高，需要进行精确测温。同时，应进行同一回路中三相设备温度、相邻回路中同类型设备温度以及历史测温情况的比较分析，并注意环境温度对检测的影响，必要时应在晚上环境温度较低时进行检测。

典型案例 2-5　变压器套管本体发热

2022 年 6 月 17 日，对 500kV 东善桥变电站进行红外测温时，发现 2 号主变压器 500kV 侧 C 相套管顶部油室底部 40.7℃，同部位 A 相 35.4℃，B 相 37.2℃，相间温差达到 5.3K，如图 2-5（a）、（b）所示。停电后进一步试验发现 C 相套管主屏介质损耗值为 0.681%（明显高于 2021 年的历史值 0.326%），进行油色谱试验，氢气含量 5870.9μL/L、乙炔 2.78μL/L、总烃 546μL/L、甲烷 429.65μL/L，均超过规程标准值。安排备件更换后，对缺陷套管进行诊断试验发现运行电压下有局部放电，解体发现芯体有褶皱现象和黑色放电痕迹，如图 2-5（c）、（d）所示，判断原因为电容屏褶皱引起电场畸变，导致局部放电发生，使介质损耗及油色谱发生异常。

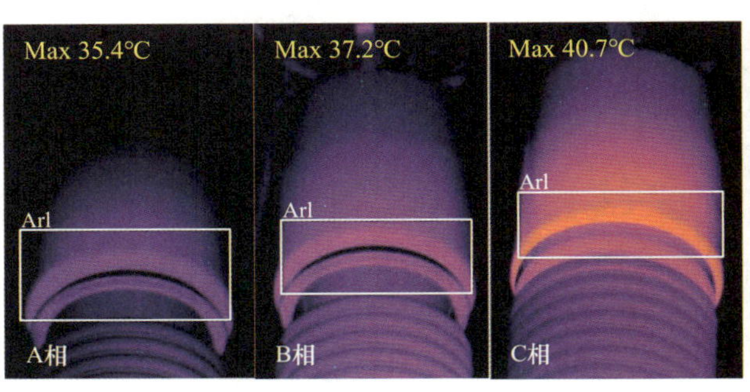

(a) 三相红外测温图谱

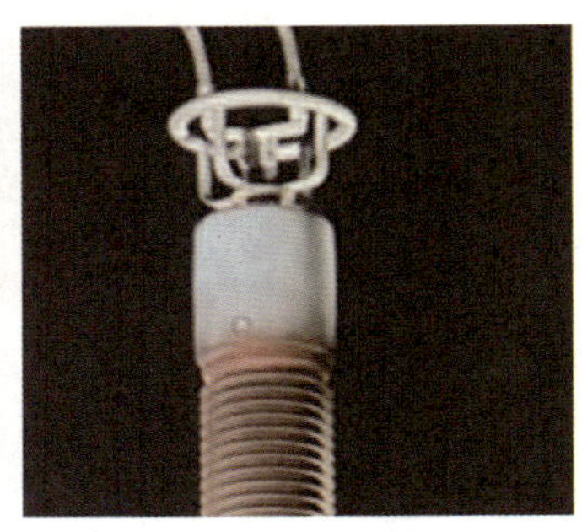

(b) C 相可见光图

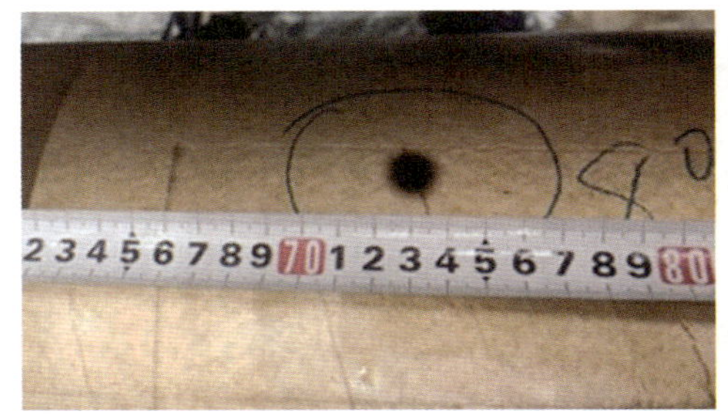

(c) 绝缘表面黑色斑块

(d) 绝缘皱褶及错位

图 2-5　变压器套管本体发热示意图

 典型案例 2-6　电容型电压互感器发热

2022 年 1 月 19 日，对 220kV 洋口变电站进行红外测温时，发现 220kV 正母线 B 相电压互感器下部存在异常发热，上部温度 5.4℃，下部温度 11.7℃，温差达 6.3℃，属于电压致热型缺陷，如图 2-6 所示。电压互感器设备本体温差大于 2～3℃时，为严重缺陷。分析原因为制造工艺不良，长期运行过程中绝缘油发生低能放电，造成油劣化、介质损耗升高，引起电压互感器发热。

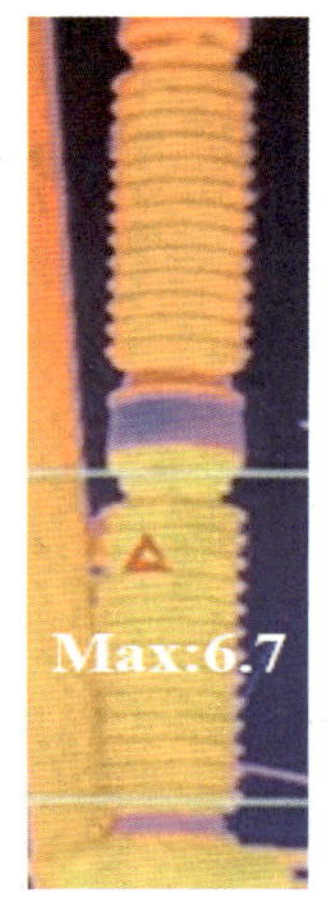

(a) A 相红外测温

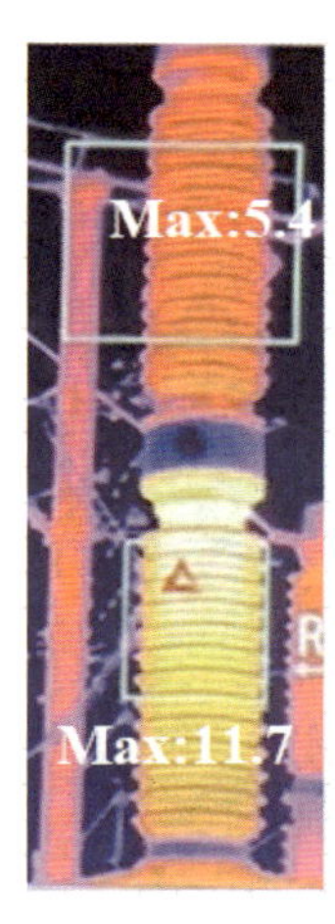

(b) B 相红外测温

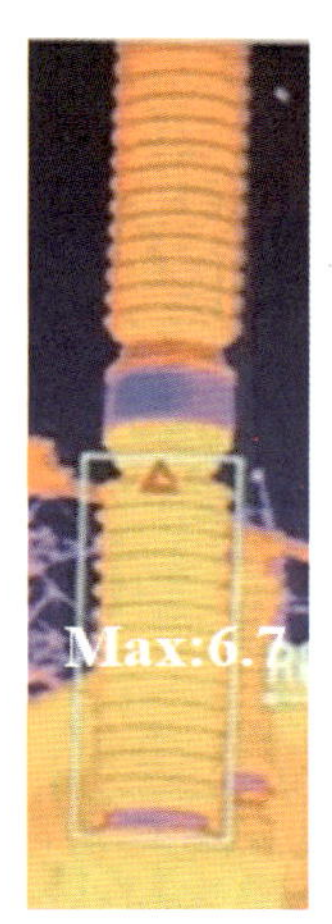

(c) C 相红外测温

图 2-6　电容型电压互感器发热红外测温示意图

 典型案例 2-7　电容型电压互感器电磁单元发热

2020 年 7 月 3 日，对 500kV 旗杰变电站进行红外测温时，发现 500kV 旗潘线 5K27 电压互感器 B 相电磁单元发热达 41℃，A、C 相均为 24℃，温差达 17℃，属于电压致热型缺陷，如图 2-7（a）～（d）所示。电压互感器设备本体温差大于 2～3℃时，为严重缺陷。解体检查发现，电磁单元中间变压器一次绕组的串联两绕组之间连接部位发生放电，绝缘纸严重碳化，如图 2-7（e）所示。分析缺陷原因为中间变压器一次绕组包扎固定工艺不良，长期运行过程中绝缘受损产生放电。

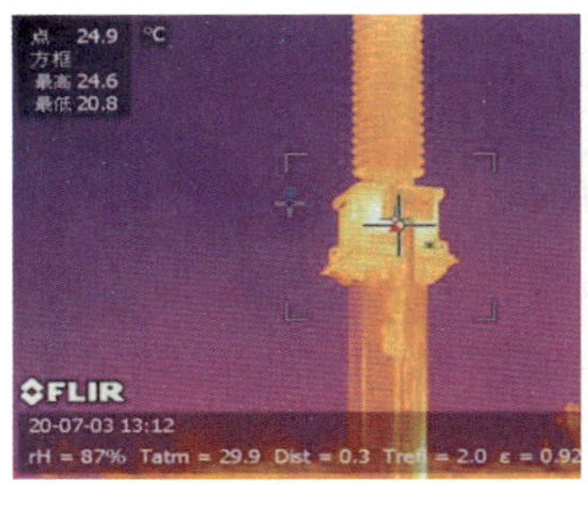

(a) A 相红外测温

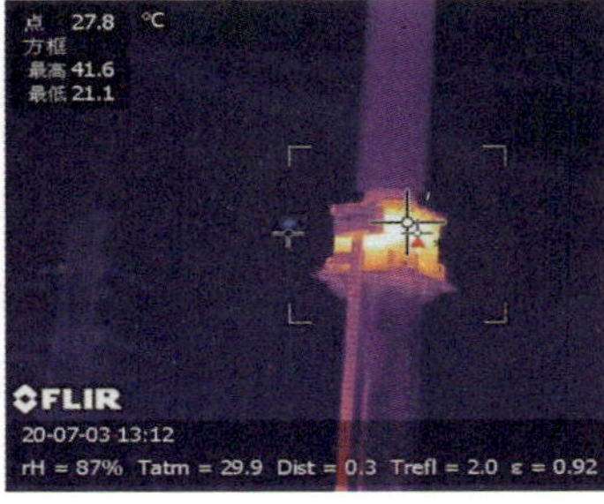

(b) B 相红外测温

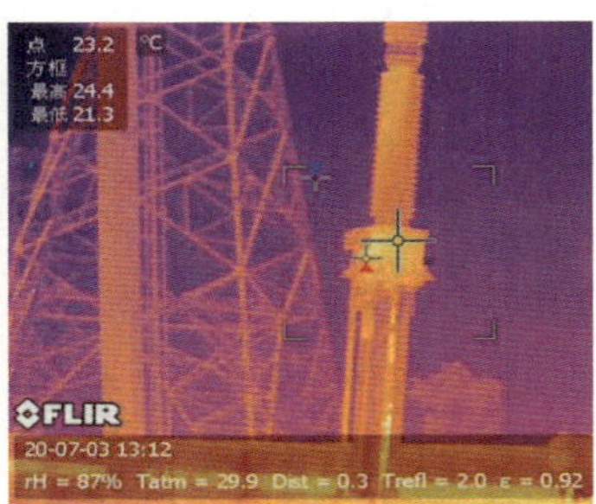

(c) C 相红外测温

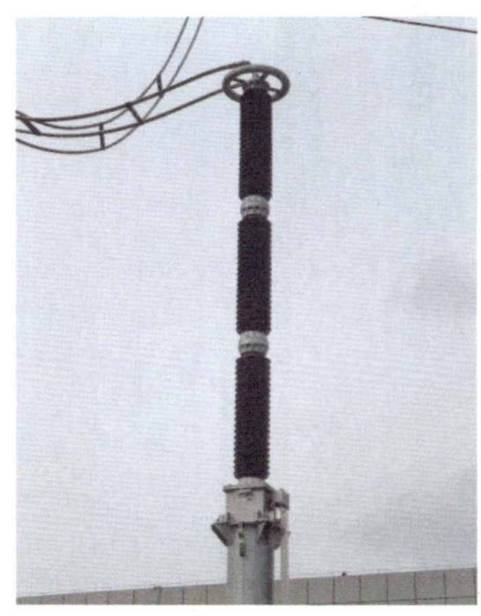

(d) B 相可见光照片

(e) 电磁单元中间变压器放电碳化痕迹

图 2-7　电容型电压互感器电磁单元发热红外测温示意图

典型案例 2-8　避雷器发热

2015 年 5 月 20 日，对 110kV 新城变电站进行红外测温时，发现Ⅰ母避雷器 B 相上部存在异常发热，上部温度 42.3℃，下部温度 35.8℃，温差达 6.5℃，属于电压致热型缺陷，如图 2-8（a）～（c）所示。避雷器设备本体局部温升大于 0.5～1℃时，判断为严重缺陷。经解体检查发现，发热原因为避雷器内部氧化锌阀片受潮，如图 2-8（d）所示。

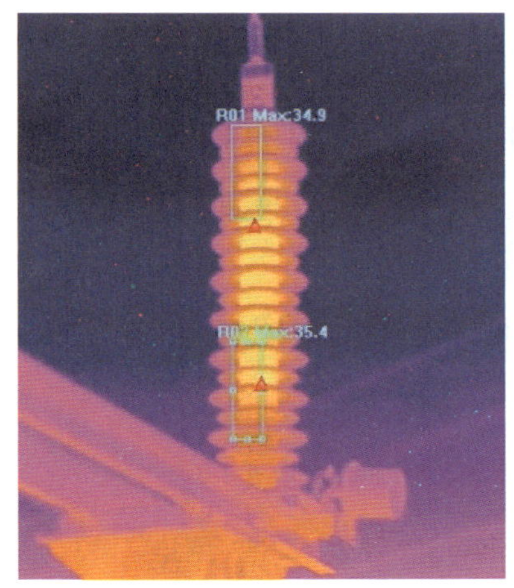

(a) A 相红外测温

(b) B 相红外测温

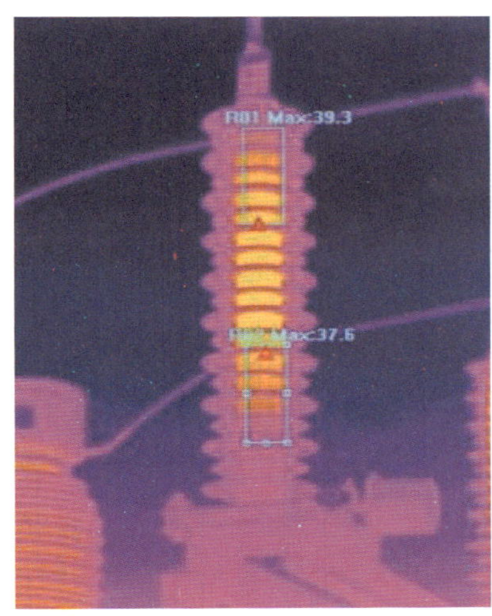

(c) C 相红外测温

(d) 阀片受潮

图 2-8　避雷器发热示意图

三、油浸线圈类缺陷

油浸线圈类缺陷是指以变压器油为绝缘介质的线圈类设备的缺陷。这类设备包括油浸式变压器（电抗器）、油浸式互感器等，其本体缺陷主要发生在油箱内，可能发生电流回路接头发热、线圈匝间绝缘老化放电、磁回路两点接地环流发热，特别是在经历大负荷、近区短路冲击引起绕组变形、移位后。缺陷主要表现为色谱异常、内部放电、气体继电器告警等。

油色谱检测是油浸式设备缺陷最灵敏、最有效的发现方法，并且应用三比值法可以判断故障性质和严重程度。此外，还可应用超声波检测、特高频检测等技术对设备内部放电缺陷进行定位。

注：“三比值”是指 C_2H_2（乙炔）/C_2H_4（乙烯）、CH_4（甲烷）/H_2（氢气）、C_2H_4（乙烯）/C_2H_6（乙烷）三项比值。

典型案例 2-9　变压器绕组股间短路导致色谱异常

2021 年 4 月 15 日，500kV 张家港变电站 3 号主变压器 C 相油色谱在线监测装置报总烃超标告警（总烃 160.60μL/L），色谱三比值编码为 021，缺陷类型为中温过热。跟踪至 6 月 6 日，色谱检测总烃增长至 456.41μL/L，乙炔增长至 0.51μL/L，色谱三比值编码为 022，缺陷类型为高温过热，判断变压器内部存在过热性缺陷，并呈现严重劣化趋势，见图 2-9（a）所示，申请主变压器临停消缺。经返厂解体检查发现，变压器中压绕组股间短路，如图 2-9（b）所示。

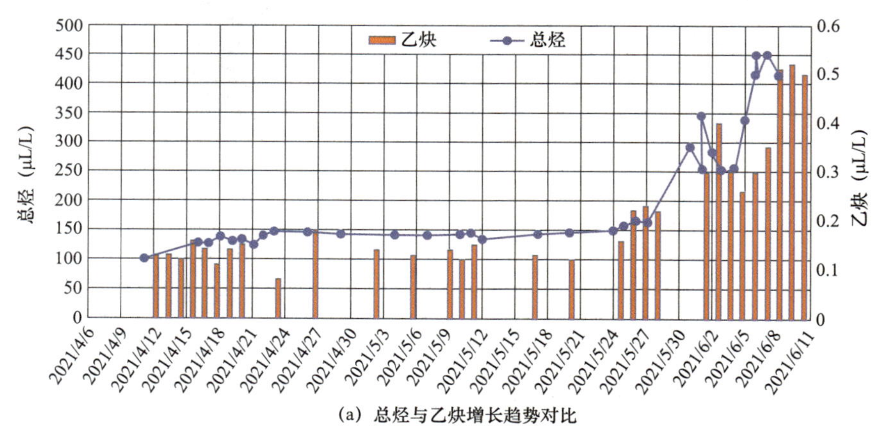

(a) 总烃与乙炔增长趋势对比

图 2-9　变压器绕组股间短路导致色谱异常示意图（一）

(b) 中压绕组股间错位、股间短路图

图 2–9　变压器绕组股间短路导致色谱异常示意图（二）

典型案例 2–10　主变内部放电导致绝缘损伤

2016 年 11 月 9 日，500kV 艾塘变电站 3 号主变压器 B 相离线色谱发现乙炔含量为 0.3μL/L，后进行跟踪，乙炔含量稳定在 0.3μL/L，总烃 4.5μL/L。11 月 21 日，乙炔含量增长至 2.4μL/L，色谱三比值编码为 100，缺陷类型为电弧放电。利用超声定位发现，中性点套管下部超声信号强烈，如图 2–10（a）所示。现场内检发现，中性点套管末端均压环脱落，对中性点引线放电，如图 2–10（b）、（c）所示，导致油中乙炔含量超标，放电位置与超声定位点吻合。

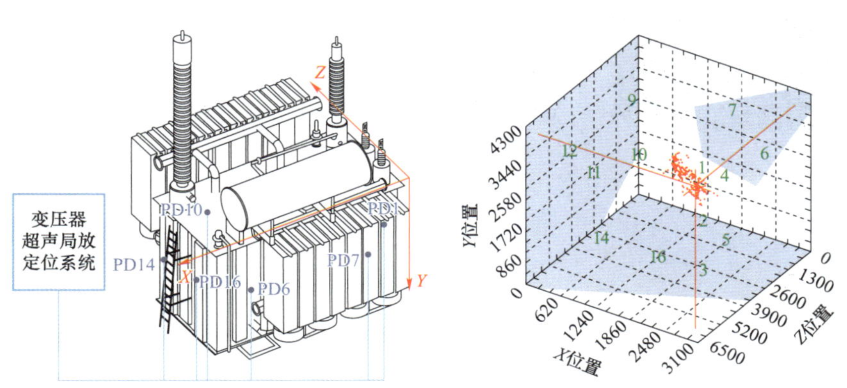

(a) 超声定位检测位置标记图

图 2–10　主变压器内部放电导致绝缘损坏示意图（一）

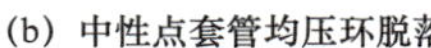

(b) 中性点套管均压环脱落

(c) 均压环与引线间放电

图 2-10　主变压器内部放电导致绝缘损坏示意图（二）

典型案例 2-11　红外检测发现变压器油位异常

2020 年 6 月 9 日，对 220kV 向阳变电站进行红外测温时，发现 2 号主变压器储油柜温度为 35℃，储油柜上部和下部无明显温差，如图 2-11 所示。巡检发现主变压器周围存在油迹，但本体油位指示正常。综合分析判断，主变压器本体严重渗漏油，储油柜缺油，油位计存在缺陷未能指示真实油位，申请紧急停运。停电检查发现油位指示器卡涩，无法反映真实油位。

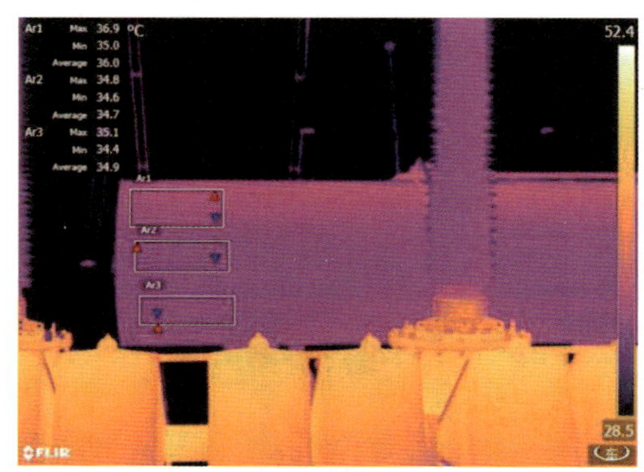

(a) 异常油位储油柜红外热像图

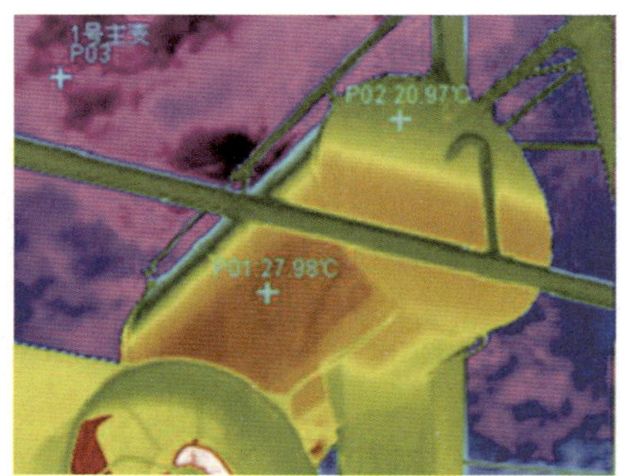

(b) 正常油位储油柜红外热像图

图 2-11　红外检测发现变压器油位异常示意图

四、GIS 缺陷

GIS 缺陷是指盆式绝缘子缺陷、筒体内微小异物、漏气等，主要表现为盆式绝缘子等绝缘件沿面闪络、内部击穿、破裂等，微小异物引起局部放电，筒体、伸缩节及表计管道漏气。主要原因为盆式绝缘子表面附着异物、浇注工艺不良、异常受力等，安装工艺控制不严、清洁不净，筒体焊缝质量不佳、法兰面对接安装工艺不良。

通过特高频、超声波检测等技术可发现筒体内存在的局部放电，从而确定盆式绝缘子和微小异物的局部放电，也可以通过 SF_6 气体微水检测、SF_6 分解物检测等方法发现异常。对于筒体等漏气问题，可采用红外检漏技术检测发现。

典型案例 2-12　GIS 特高频检测发现局部放电异常

2015 年 8 月 20 日，对 500kV 胜利变电站进行特高频局部放电检测时，发现 252kV GIS Ⅷ段母线 7 号气室盆式绝缘子附近存在异常局部放电信号，见图 2-12（a）。局部放电图谱存在放电幅值分散、相位稳定、无明显极性效应等特征，见图 2-12（b），判断可能存在绝缘件内部气隙放电。经复测确认后，现场立即申请停电对 7 号气室进行开盖检查。经肉眼观察，盆式绝缘子不存在损伤、脏污及放电痕迹。为进一步查明原因，对缺陷绝缘子进行了 X 射线探伤，发现绝缘子内部存在裂纹缺陷，见图 2-12（c）。更换该绝缘子后，设备状态恢复正常。

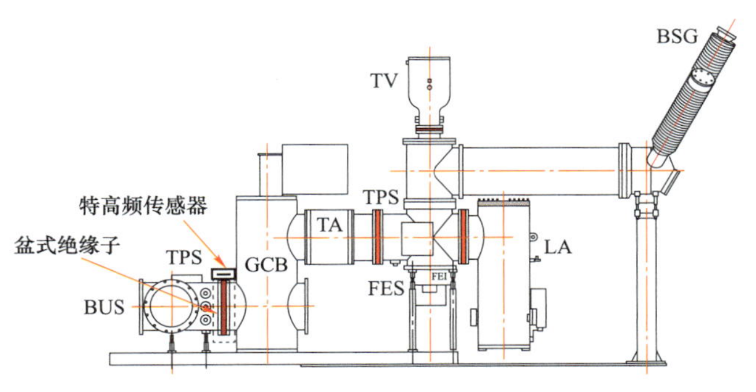

（a）特高频局部放电检测

图 2-12　GIS 特高频检测发现局部放电异常示意图（一）

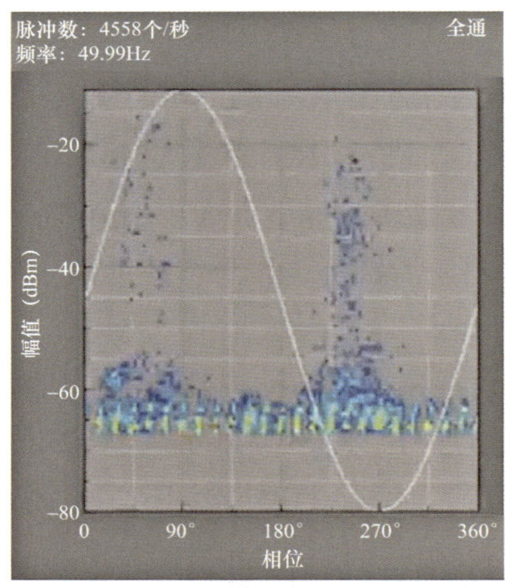

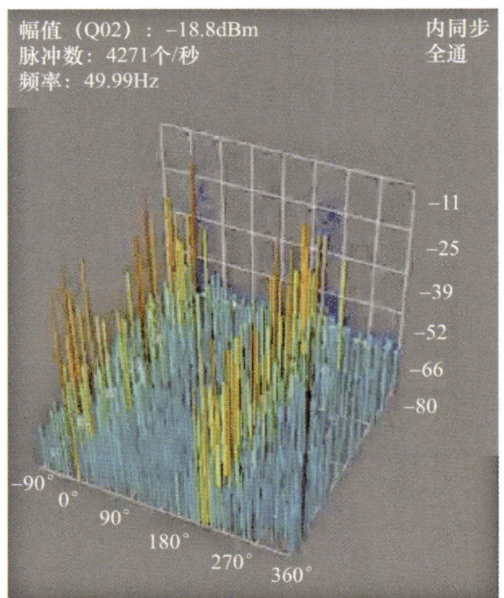

(b) 特高频局部放电检测图谱

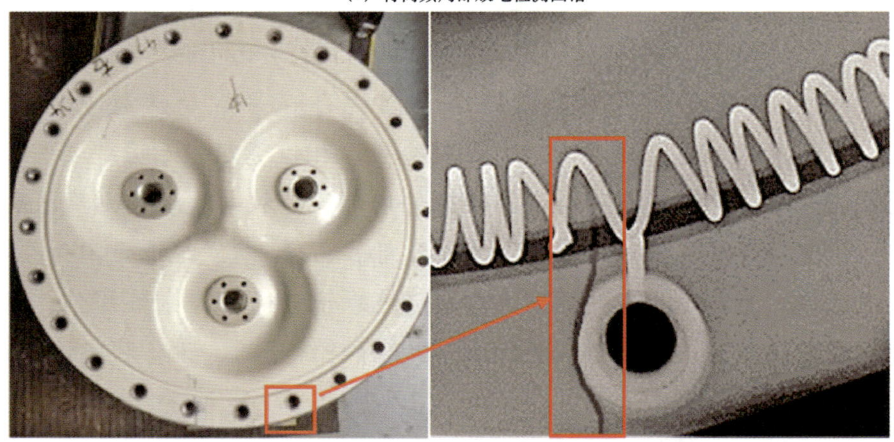

(c) X射线检测发现盆式绝缘子内部存在裂纹缺陷

图 2-12　GIS 特高频检测发现局部放电异常示意图（二）

 典型案例 2-13　GIS 超声波检测发现局部放电异常

2016 年 11 月 24 日，对 1000kV 东吴变电站进行超声波局部放电检测时，发现 500kV 50041 隔离开关气室 B 相 L 形拐弯下方存在异常局部放电信号。局部放电信号周期峰值为 12dB，远大于背景信号 4dB，见图 2-13（b），判断可能存在内部缺陷。12 月 17 日，对异常设备进行解体，发现内部存在两处异常微粒。其中，一颗（A）为黄褐色，有树脂光泽，呈薄片状；另一颗

（B）为黑色，呈团絮状。两个微粒的尺寸约 1mm，见图 2－13（c）。对异常微粒进行清除后，设备状态恢复正常。

(a) 超声波局部放电检测

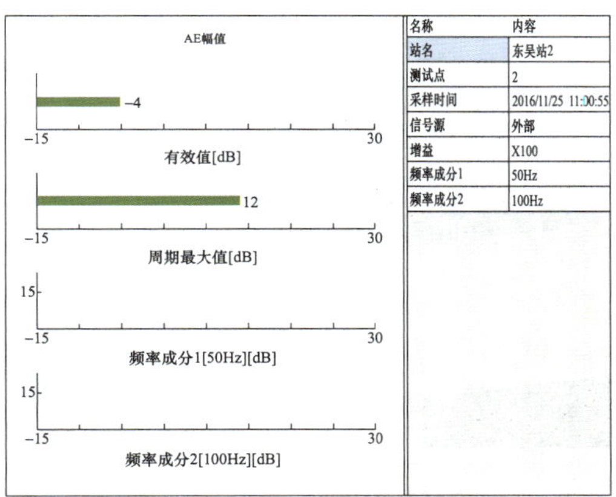

(b) 超声波局部放电检测结果

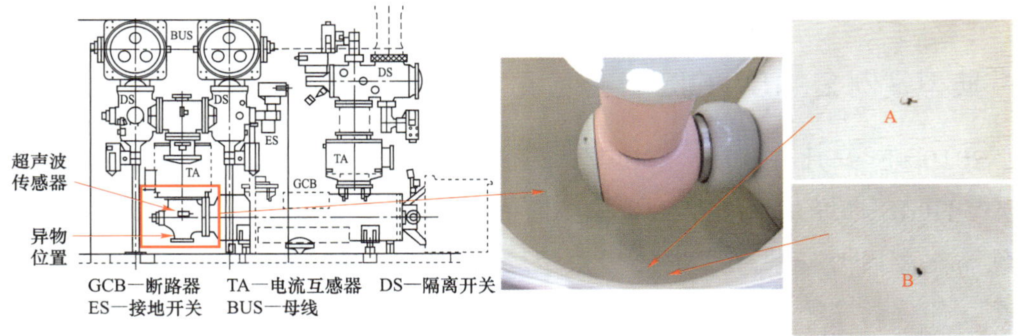

(c) GIS内部存在异物

图 2－13　GIS 超声波检测发现局部放电异常示意图

 典型案例 2－14　X 射线检测发现 GIS 异常

2016 年 9 月 5 日，运维人员在 220kV 六里变电站倒闸操作过程中发现Ⅰ/Ⅱ母联 2630 开关间隔的电流显示为零，因此怀疑母联 2630 开关间隔内断路器或隔离开关合闸不到位。现场检查发现，所有机械及电气指示显示 2630 断路器、26301 和 26302 隔离开关均在合闸位。由于六里变电站的电源进线均来自双泗变电站同一段母线，间隔两侧的母线电压相同，隔离开关触头与触指处于等电位状态，无电压差，通过局部放电检测无法发现隔离开关是否分合闸到位。为确认该间隔隔离开关的分合闸状态，9 月 13 日，对该间

隔 26301、26302 隔离开关进行了 X 射线检测，发现 26302 隔离开关的 A、B、C 三相均存在合闸不到位的现象，如图 2-14 所示。

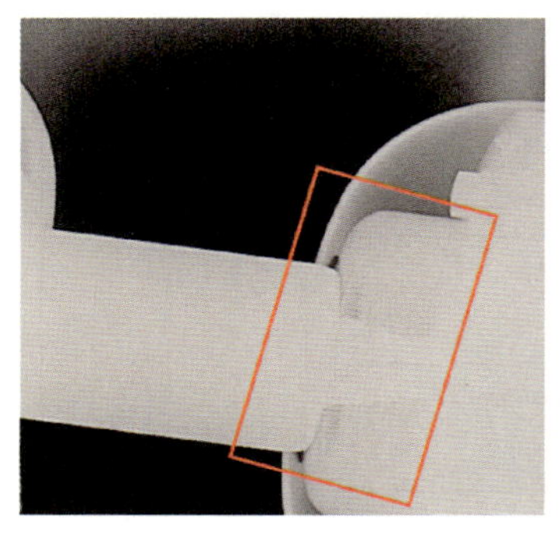
(a) A 相合闸不到位

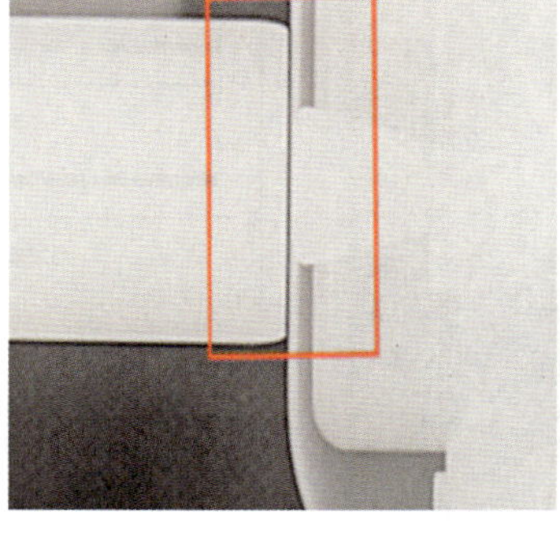
(b) B 相合闸不到位

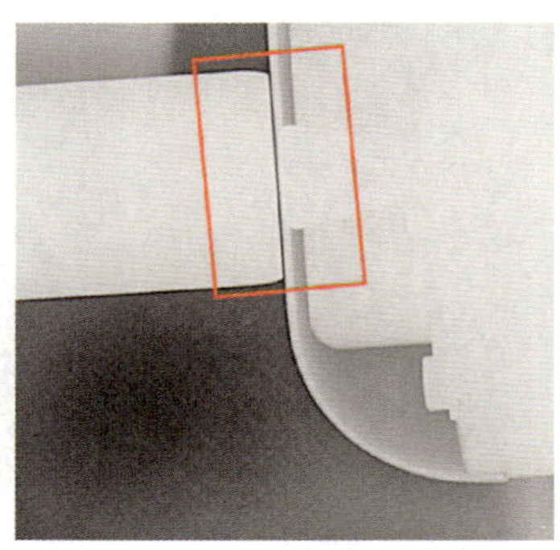
(c) C 相合闸不到位

图 2-14 X 射线检测发现 GIS 异常示意图

典型案例 2-15 GIS 红外检漏发现缓慢漏气

2010 年 9 月 10 日，500kV 梅里变电站利用红外成像气体检漏仪发现 550kV HGIS 部分法兰对界面存在 SF_6 气体泄漏，如图 2-15 所示。经检查，发现漏气原因为安装过程中使用快干胶固定密封圈，不满足密封要求。现场对漏气部位的密封圈进行了更换，重新装配后密封试验合格。

(a) HGIS 漏气部位

图 2-15 GIS 红外检测发现缓慢漏气示意图（一）

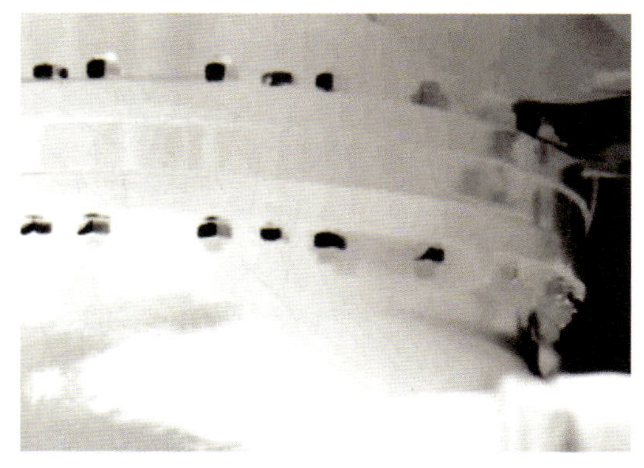

(b) 红外检漏结果

(c) 可见光图片

图 2-15　GIS 红外检测发现缓慢漏气示意图（二）

五、机械型缺陷

机械型缺陷是指机械装置功能失效或异常，主要包括机构缺陷、振动缺陷及电晕放电等。

（一）机构缺陷

机构缺陷主要发生在断路器、隔离开关等开关类设备中，表现为拒分、拒合、分合闸不到位等，通常发生于投运年限较长、设备长期未操作、运行环境较差等情况下的开关设备。主要原因为传动部件润滑不足、锈蚀卡涩等，少量投切无功设备的断路器因频繁操作而使传动部件磨损。

机构缺陷一般通过操作才能发现，或者通过周期性的检修试验发现，这也说明周期性的维护保养对开关类设备的重要性。

典型案例 2-16　隔离开关拒分

2015 年 6 月 1 日，500kV 东洲变电站运维人员在操作吕东 50511 隔离开关分闸时，A 相隔离开关拒分。缺陷发生后，检修人员对该相隔离开关采取了多次手动试分合操作，隔离开关均无法动作。经停电解体分析，发现动触头防脱钩轴销锈蚀、卡涩，造成分闸时防脱钩与静触杆咬死，因此隔离开关拒分，如图 2-16 所示。更换 50511 隔离开关 A 相动触头后，设备状态恢复正常。

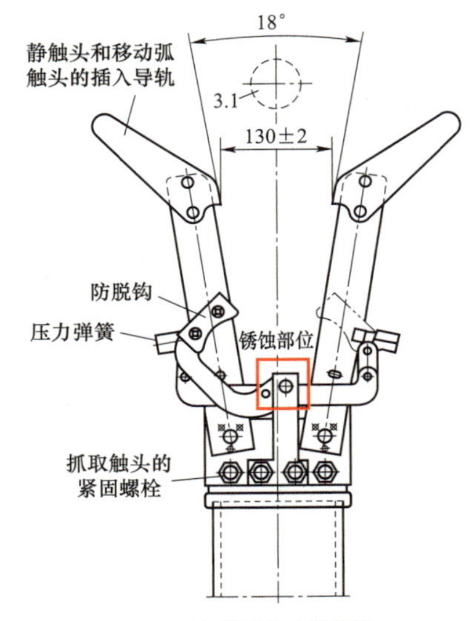

(a) 分闸失败现场照片　　(b) 动触头防脱钩轴销　　(c) 防脱钩轴销结构

图 2-16　隔离开关拒分示意图

 典型案例 2-17　隔离开关合闸不到位

2021 年 11 月 26 日，220kV 富强变电站在 220kV 母线倒排过程中，富永 4E491、富华 2W251 隔离开关 A 相合闸导电臂均不过死点，合闸不到位。经停电检查发现，造成本次缺陷的主要原因为 220kV 富永 4E491、富华 2W251 隔离开关 A 相传动连杆固定螺栓及齿板发生松动，导致传动小连杆合闸行程不足、隔离开关导电臂合闸无法过死点，合闸不到位，如图 2-17 所示。对传动

(a) 隔离开关合闸不到位　　(b) 传动连杆固定螺栓及齿板松动

图 2-17　隔离开关合闸不到位示意图

连杆固定螺栓按规定力矩值进行紧固，并对传动连杆涂覆润滑脂后，设备状态恢复正常。

 典型案例 2－18　断路器拒分

2014 年 1 月 18 日，220kV 水乡变电站 4X76 断路器在执行遥控分闸操作时，B、C 相无法分闸。现场检查发现 B、C 相断路器分闸线圈烧毁，且分闸弹簧未储能到位，如图 2－18 所示。经检查，该断路器 B、C 相弹簧的分闸弹簧能量调整值过高（分别为 470J、463J，大于设计要求的 450J 限值），导致其需要更多能量才能拉伸储能到位。因此，B、C 相合闸弹簧在完成合闸操作后，无法对分闸弹簧进行充分储能，进而形成断路器已合闸、合闸弹簧未完全释能、分闸弹簧未完成储能的“中间状态”。在此状态下，断路器无法执行分闸操作。

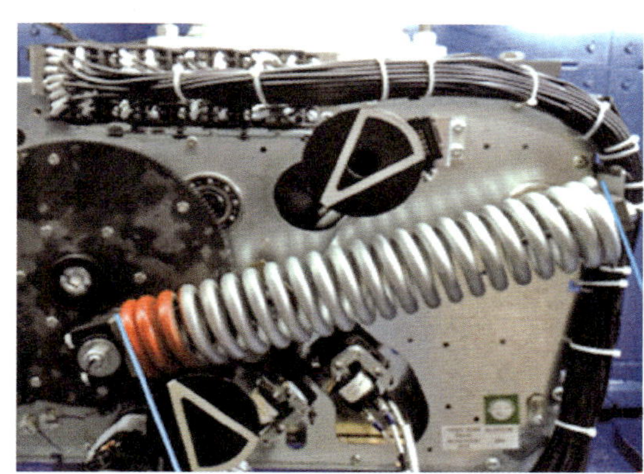

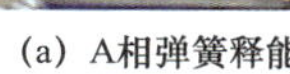
(a) A相弹簧释能

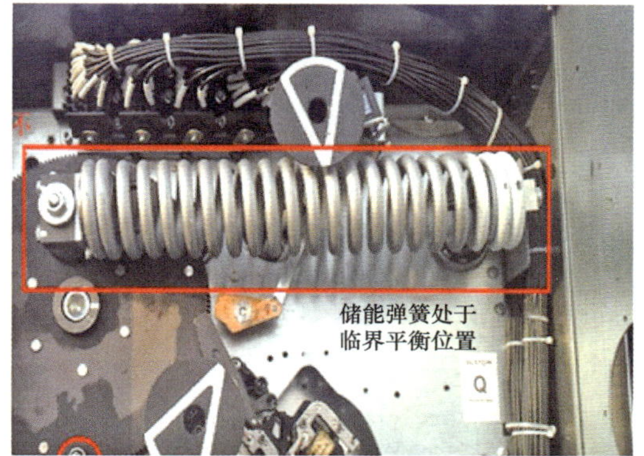

(b) B、C相弹簧未完全释能

图 2－18　断路器拒分示意图

 典型案例 2－19　用于无功投切的断路器磨损

2018 年 4 月 1 日，110kV 红庄变电站检修人员发现 10kV 手车式开关柜中用于投切电容器的 12kV 断路器机械特性不合格，平均分闸速度 1.27m/s（设计要求大于 1.5m/s），因此对该断路器进行了返厂检查。经解体检查，发现断路器主轴严重磨损，如图 2－19 所示。

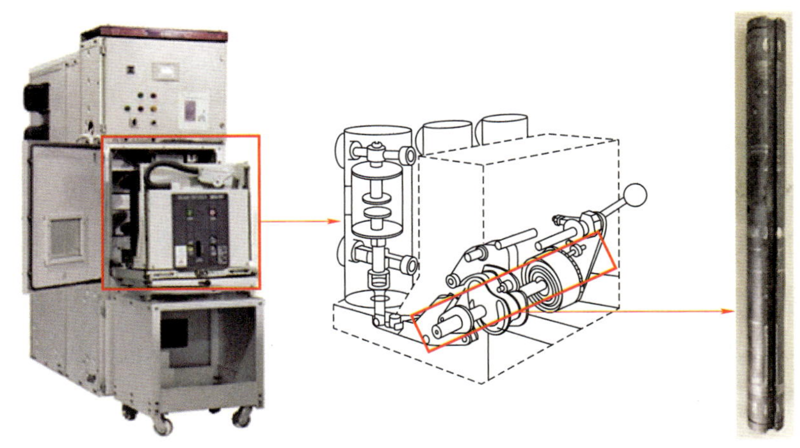

图 2－19 断路器主轴严重磨损示意图

（二）分接开关缺陷

分接开关缺陷是指变压器有载分接开关传动系统、操作系统、控制系统、动触头、静触头等机械部位的缺陷，表现为分接开关油色谱异常、控制器故障、传动机构损坏、传动系统异响、分接开关气体继电器告警等，主要是设备制造质量、设备安装质量、以及频繁操作等原因造成。

发现该类缺陷的方法是油色谱在线监测、分接开关振动在线监测、控制电机电流在线监测等。

典型案例 2－20 换流变压器有载分接开关振动异常

2020 年 5 月，±800kV 淮安换流站通过分接开关在线监测装置发现，极 2 高端 Y/Y－B 相换流变压器分接开关振动信号异常，切换过程存在传动卡涩特征。年度检修期间，通过吊芯检查，发现分接开关切换开关上部均压罩与温度传感器护套摩擦，导致切换过程阻尼增大，引发振动信号异常，现场更换护套后缺陷消失，如图 2－20 所示。

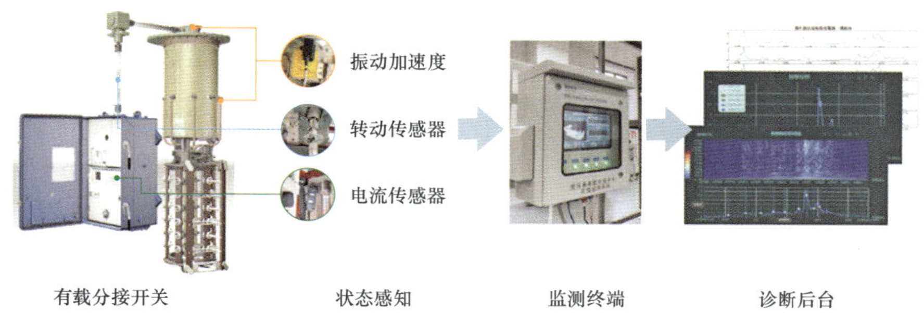

(a) 分接开关在线监测装置传感器安装位置示意图

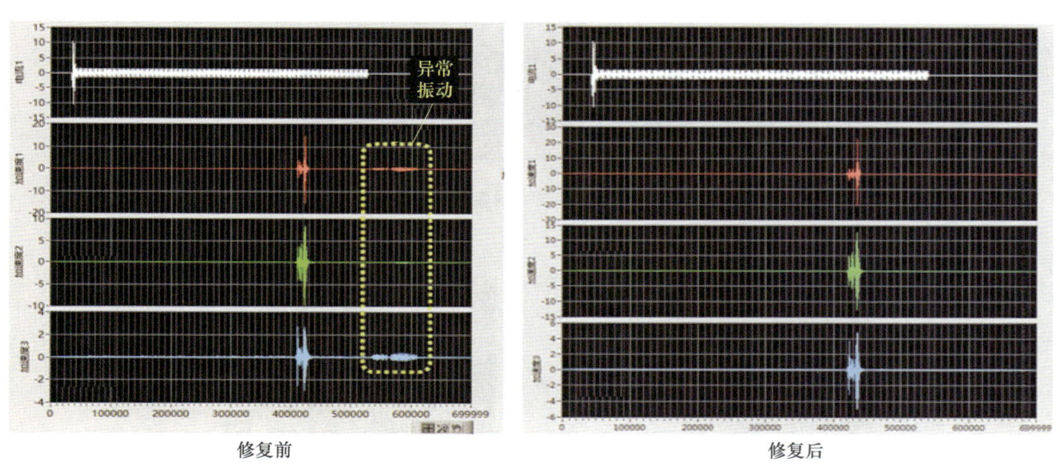

(b) 修复前后分接开关振动信号对比

图 2-20 换流变压器有载分接开关振动异常示意图

（三）振动缺陷

振动缺陷主要发生在变压器、电抗器、组合电器等设备中，通常发生于新设备投运或检修后投运初期、投运年限较长时，主要表现为设备壳体振动或发出异响。主要原因为安装工艺不良、部件松动、部件老化变形等。

发现该缺陷的方法是：通过振动检测、声学成像检测、超声检测等方式可发现振动位置，基于信号图谱特征可诊断缺陷类型，如判断螺丝松动、触头不对中等。

典型案例 2-21 苏通 GIL 异常振动缺陷

2020 年 1 月 11 日，苏通 GIL 管廊例行巡视过程中，发现泰吴Ⅰ线 A 相

2605环附近有连续的嗡嗡振动声。采用声学成像仪对GIL异响区域进行扫描，发现声源信号主要集中在抱箍和法兰之间的区域内，如图2-21所示。判断异响原因为GIL壳体微量扭曲导致受力异常，在电动力的作用下发生振动，进而产生异响。通过锁紧抱箍来补偿GIL壳体微量形变，异响消失。

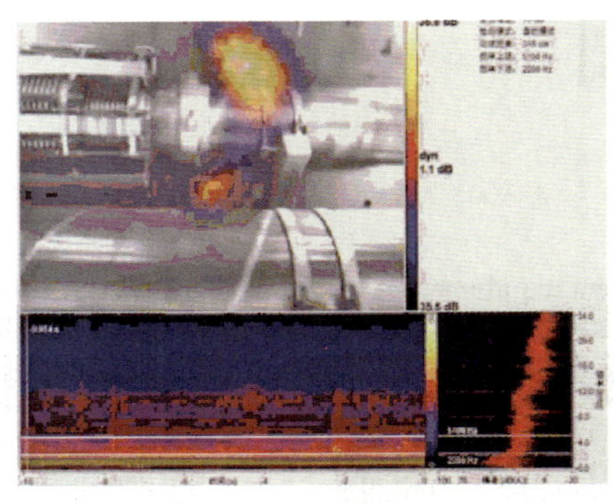

(a) 声学成像检测结果

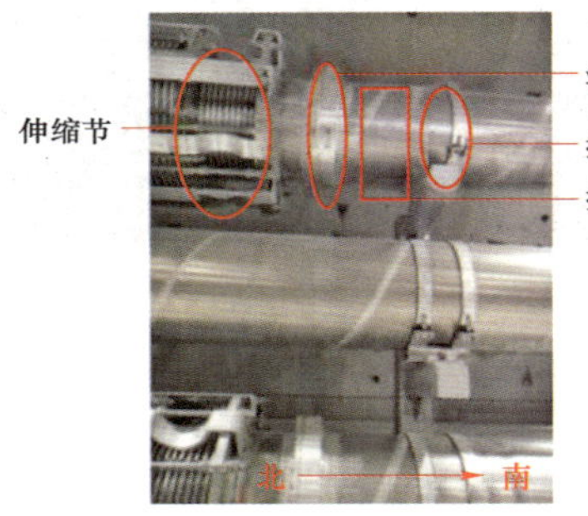

(b) 振动位置

(c) 声学成像检测

图2-21 苏通GIL异常振动缺陷示意图

典型案例2-22 高压电抗器异常振动缺陷

2016年3月19日，在特高压泰州变电站启动调试期间，对1000kV盱泰Ⅱ线高压电抗器进行振动测试，发现A、B、C三相高压电抗器振动最大幅值均超出GB/T 50832—2013《1000kV系统电气装置安装工程电气设备交接试验标准》规定的最大100μm限值，最大振动位移幅值（峰峰值）分别为135、173、103μm，测点均位于高压电抗器高压升高座右侧中部，如图2-22所示。分析振动超标原因为高压抗器外壳加强筋设置不合理，现场调整配重后振动强度降低。

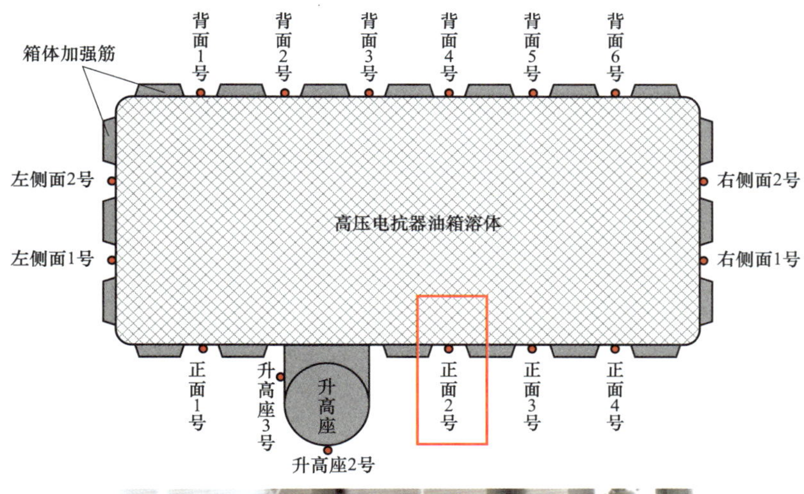

(a) 高压电抗器振动测点布置及最大幅值测点位置

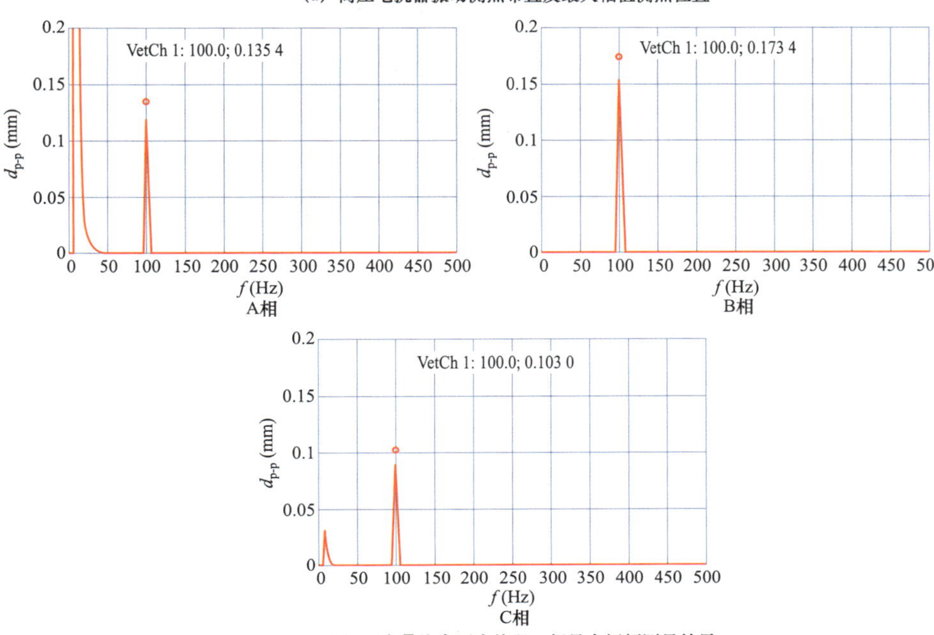

(b) 盱泰Ⅱ线高压电抗器三相最大振幅测量结果

图 2-22　高压电抗器异常振动缺陷示意图

（四）电晕缺陷

电晕缺陷主要发生在设备套管、绝缘子等外绝缘部件表面和高电位金属部件尖端，表现为绝缘部件表面发生局部放电和金属尖端放电。主要原因为附着异物、部件破损、材料劣化等。

可通过紫外成像检测对电晕放电进行定位，并根据光子数对放电严重程度进行评估。

典型案例 2-23　套管电晕放电

2010 年 12 月 2 日，±500kV 宝鸡换流站进行紫外检测时，发现极Ⅱ平波电抗器极母线侧套管紫外信号异常，判断为套管表面电晕放电。经停电检查，缺陷原因为套管硅橡胶外绝缘分段粘接时工艺不良，形成内部气隙，在电场作用下产生局部放电，不断烧蚀该部位的环氧树脂筒和硅橡胶绝缘，形成凸起固化物，如图 2-23 所示。

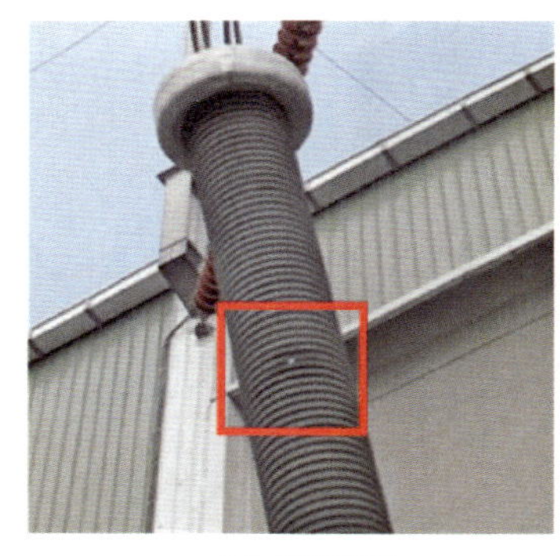

(a) 缺陷套管

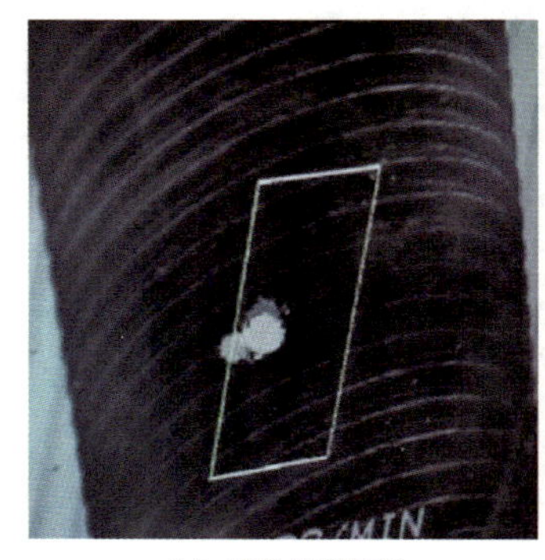

(b) 紫外检测结果

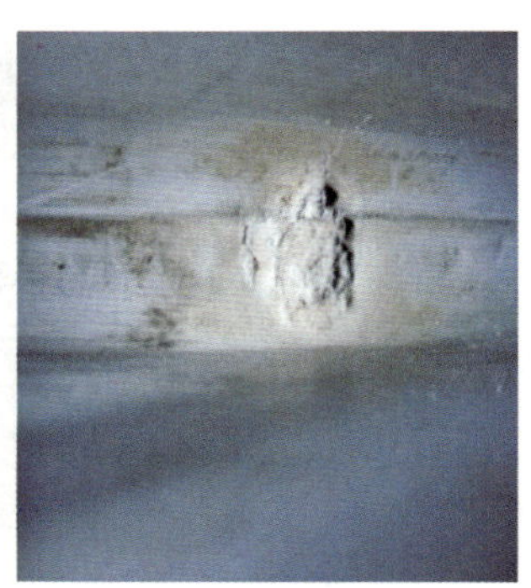

(c) 接缝处存在固化物

图 2-23　套管电晕放电示意图

典型案例 2-24　设备污秽电晕放电

2022 年 1 月 22 日，运维人员发现苏通 GIL 南牵引站内泰吴Ⅰ线、Ⅱ线引下线绝缘子下表面出现异常发热现象，其中泰吴Ⅰ线 A、B 两相绝缘子端部紫外信号异常，如图 2-24（a）、（b）所示。经现场无人机可见光及长焦拍摄勘查，A、B 相绝缘子下表面有明显脏污及放电发黑痕迹。判断缺陷原因为绝缘子下表面积污严重，在湿润条件下泄漏电流增加并引发绝缘子端部电场畸变，引起局部放电及绝缘子表面发热异常，如图 2-24（c）所示。

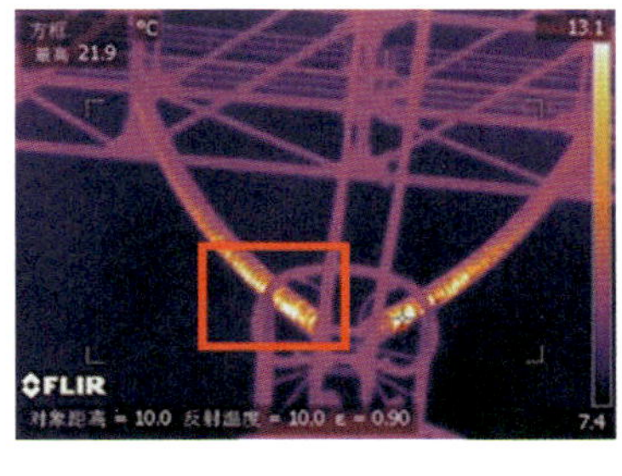

（a）红外检测结果

（b）紫外检测结果

（c）绝缘子下表面积污

图 2-24 设备污秽电晕放电示意图

典型案例 2-25 设备尖端电晕放电

2012 年 4 月 18 日，天荒坪抽蓄电站开展 500kV 设备紫外检测时，发现 5405 出线 A 相阻波器、支柱绝缘子上端有电晕放电，光子数为 6184/min，如图 2-25（a）所示。经分析，发现放电原因为阻波器支柱绝缘子上端的 4 个固定螺栓未设置防晕措施，螺杆的螺牙等尖端部位在高电场下形成尖端电晕放电。结合设备停电检修，在该类型双头螺杆下端加装半球形屏蔽螺母，送电后电晕放电消失，如图 2-25（b）所示。

（a）紫外检测结果

（b）尖端屏蔽后电晕放电消失

图 2-25 设备尖端电晕放电示意图

六、开关柜缺陷

35、10kV开关柜由于结构紧凑，相间间距小，固体绝缘使用多，容易因受潮、绝缘老化等原因出现缺陷故障，甚至发生“火烧连营”的事故。

开关柜缺陷主要发生在绝缘子、套管、触头盒、绝缘热缩护套等固体绝缘部件，主要表现为绝缘件局部放电、沿面闪络、破裂等。通常发生于运行环境潮湿、污秽密度较大、投运年限较长的设备。主要原因为绝缘件凝露、部件材质不良、安装不符合规范等。

可通过特高频、超声波、地电波检测等技术检测设备内部局部放电信号，根据信号图谱特征开展缺陷诊断。

典型案例 2-26 开关柜绝缘件局部放电

2011年3月26日，对220kV惠安变电站开关柜局部进行放电检测时，发现3529开关柜存在超声波异常信号。通过使用超声波局部放电和暂态地电压两种局部放电检测手段进行检测分析，判断3529开关柜存在局部放电缺陷。停电检查发现3529开关柜后面板中下部B相母排的瓷支柱绝缘子有明显的裂纹，裂纹长度3cm左右，如图2-26所示。检修人员对该绝缘子进行了更换，送电后局部放电消失。

(a) 暂态地电压检测

(b) 超声波检测

图2-26 开关柜绝缘件局部放电示意图（一）

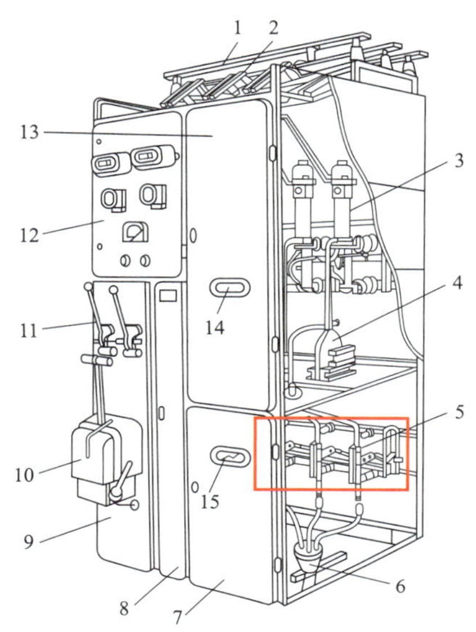

1—母线；2—母线侧隔离开关；3—少油断路器；4—电流互感器；5—线路侧隔离开关；6—电缆头；7—下检修门；8—端子箱门；9—操作板；10—断路器手动操动机构；11—隔离开关操动机构手柄；12—仪表继电器屏；13—上检修门；14、15—观察窗

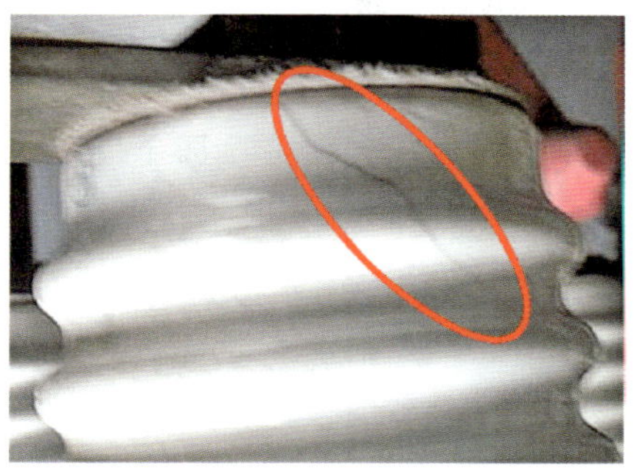

（c）B 相母排瓷支柱绝缘子存在裂纹

图 2–26　开关柜绝缘件局部放电示意图（二）

典型案例 2–27　开关柜悬浮电位放电

2013 年 5 月 17 日，对 110kV 龙南变电站开关柜进行局部放电检测时，发现 9201 母联开关柜暂态地电压最大幅值为 46dB（背景幅值为 19dB），特高频局部放电最大幅值为 58dB（背景幅值为 11dB），如图 2–27（a）所示。经停电检查，发现 9201 母联开关柜内 B 相母排夹紧件螺丝松动，造成悬浮电位放电，如图 2–27（b）所示。现场对螺栓与母排接触部位的绝缘护套进行打磨，并紧固螺栓使夹紧件与母排接触良好，耐压试验通过后恢复送电，局部放电异常信号消失。

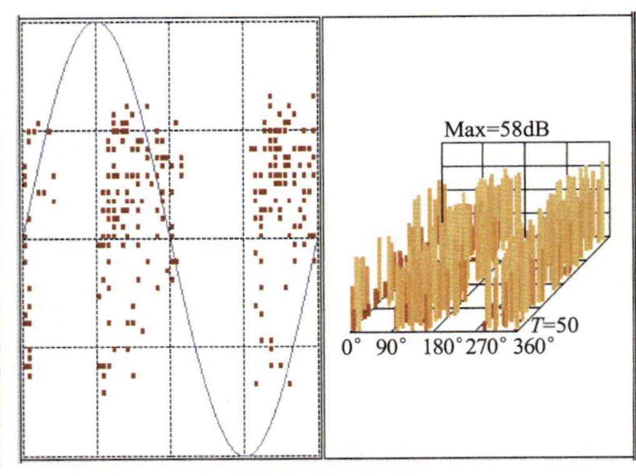

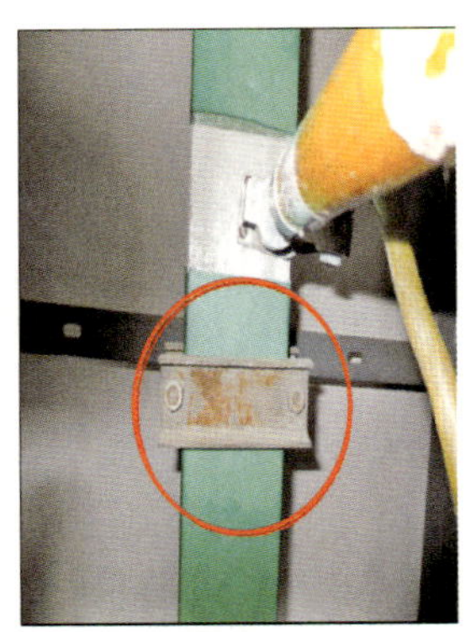

(a) 特高频检测及结果　　(b) 母排夹紧件松动

图 2-27　开关柜悬浮电位放电示意图

第二节　变电运行环境隐患

运行环境隐患是指潮湿、污秽、雨雪、大风、高温、低温等容易引起设备故障的环境情况。

一、潮湿环境

潮湿环境下，户内开关柜等紧凑型设备容易受潮而引发闪络故障，户外箱柜端子排等绝缘性能降低，容易导致户外设备发生直流接地、端子排击穿等故障，影响开关、保护装置的正确动作。

典型案例 2-28　开关室内电缆沟潮湿

2013 年 8 月 24 日，220kV 依坝变电站 35kV 1 号站用变压器 6911 手车柜 A、B、C 三相绝缘击穿，1 号主变压器 35kV 601 开关跳闸。事故原因为开关室内电缆沟严重凝露，造成开关柜内湿度较大而导致绝缘降低，35kV 线路遭雷击发生单相接地后，不接地的两相电压抬高，击穿 6911 手车柜内绝缘，发生相间短路故障，如图 2-28 所示。

(a) 电缆沟严重凝露

(b) 设备故障损坏

图 2–28 开关室内电缆沟潮湿隐患示意图

二、污秽环境

户外设备长时间处于空气积污环境条件下，设备外绝缘表面污秽度超出所在污区等级，每年春天小雨、雾天时极易发生外绝缘沿面爬电、起弧，甚至发生污闪跳闸。

典型案例 2–29 变电站外绝缘污闪跳闸

2013 年 2 月 27 日，500kV 东明开关站出现严重雾霾天气，环境湿度达 100%，能见度不足 10m，如图 2–29（a）所示。当日 6 时 8 分起，500kV 东三Ⅰ线、东三Ⅱ线、阳东Ⅰ线、阳东Ⅱ线，500kVⅠ母、Ⅱ母相继发生污闪跳闸，影响阳城电厂送出。东明开关站所处地区污秽严重，污区等级从 c 级劣化到 d 级，设备污秽严重，外绝缘配置已不满足要求，清扫也不及时，如图 2–29（b）所示。

（a）现场严重雾霾天气

（b）设备放电痕迹

图 2－29　变电站外绝缘污闪跳闸隐患示意图

三、雨雪天气

大雨天气容易造成户外箱柜雨水侵入、开关室进水、地面沉降，从而引发设备故障跳闸。设备积雪容易在设备外绝缘表面发生桥接，会减少有效外绝缘距离，导致设备发生闪络。

典型案例 2－30　隔离开关机构箱进水

2016 年 11 月 14 日，对 1000kV 盱眙变电站 500kV 设备进行检查时，发现 50112 隔离开关 C 相机构箱拆盖过程中，有线状水流出，箱体底部有积水，如图 2－30 所示。进行烘干处理后，对机构箱所有接缝处涂防水胶，加强密封性能，同时给同型号机构箱增加外部防雨罩。后续检查再未出现凝露及积水问题。

(a) 机构箱积水流出

(b) 机构箱内部积水

图 2–30　隔离开关机构箱进水隐患示意图

典型案例 2–31　大雨导致地面塌陷

2013 年 7 月 17 日，运维人员在 220kV 西郊变电站进行大雨后特殊巡视，发现场地中雨水管道破裂，地面出现塌陷，220kV 西红 4W56 间隔电流互感器 C 相发生轻微倾斜，立即汇报调度申请停运并安排人员进行处理，如图 2–31 所示。若运维人员未及时开展巡视并发现缺陷，塌陷进一步发展将会造成设备下沉、倾倒。

(a) 场地塌陷

(b) 设备发生倾斜

图 2–31　大雨导致地面塌陷隐患示意图

四、大风天气

大风天气下，变电站周边异物可能被大风吹至运行设备，造成故障跳闸。大风天气造成设备异常晃动，导致紧固件松动，严重时使设备倾覆、瓷柱断裂；还会造成设备引线风偏，对架构、设备支柱等放电，反复摇摆可导致引线断股、断裂。

典型案例 2-32　大风导致异物挂线

2013 年 3 月 1 日，220kV 苏庄变电站的 220kV 一、三母线母差保护动作，跳开该母线上所有断路器。检查发现 1 号主变压器 2501 断路器与 25011 隔离开关 B、C 相连线上缠绕着一只气球及其横幅，造成母线短路故障，如图 2-32 所示。

图 2-32　大风导致异物挂线隐患示意图

五、高温天气

高温天气下，设备线夹、导线接头等连接部位更易过热。户外箱柜如通风散热不足，柜内电器元件长时间在高温环境下运行，可能导致缺陷产生。

典型案例 2-33 户外箱柜内高温导致元件缺陷

2013 年 7 月 8 日，500kV 木渎变电站的监控系统先后报 500kV 1 号主变压器 A 相、C 相，2 号主变压器 C 相控制箱电源故障，运维人员现场检查后，判断为热敏脱扣引起的跳闸，随后将风冷箱打开散热，散热 10min 后，试送成功。

苏州地区 7 月份持续出现 35℃以上高温天气，主变压器总控风冷箱位于户外，在烈日暴晒下密闭的箱体内温度达到 50℃以上，超过了风冷电源接触器正常的工作温度范围（-25～+45℃），导致接触器热敏脱扣动作跳闸，如图 2-33 所示。

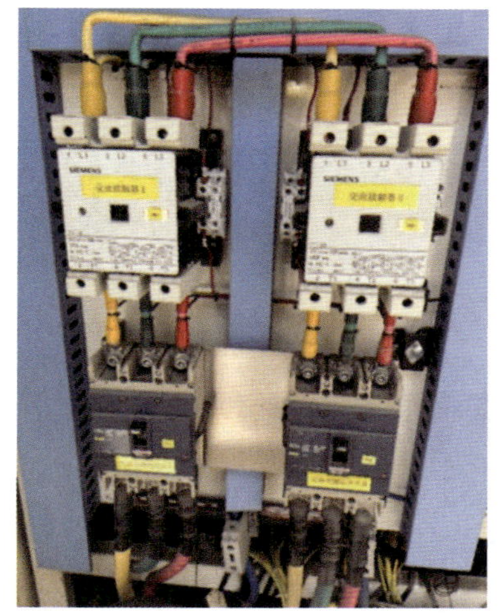

图 2-33 户外箱柜内高温导致元件缺陷示意图

六、低温冰冻天气

低温天气时，设备密封圈、导线等易发生收缩，导致户外充油、充气设备发生渗漏，导线收缩严重时设备本体受拉力影响，可能发生绝缘子断裂、设备基础倾斜等故障。

典型案例 2-34 设备内部积水冰冻缺陷

2016 年 1 月 26 日，500kV 石牌变电站的运维人员开展严寒天气巡视，发现500kV熟石线A相50611隔离开关与5061断路器之间导线的支柱绝缘子倾斜严重，立即汇报调度申请5061断路器间隔停运。安排检修人员进一步检查发现，由于支柱绝缘子底座钢管的顶部封板预留有加工孔，导致雨水长期渗入后内部严重积水，因天气骤冷内部积水结冰膨胀后顶起顶部封板，造成支柱绝缘子倾斜，如图2－34所示。

(a) 设备支柱顶部开裂，绝缘子倾斜

(b) 底座内部严重积水

(c) 底座开裂

图2－34 设备内部积水冰冻缺陷示意图

典型案例2－35 线夹内部积水冰冻缺陷

2019年3月3日，1000kV泰州变电站的1号主变压器停电检修过程中，发现主变压器C相1000kV套管引线线夹存在裂痕。分析原因为雨水渗入线夹内部，水腐蚀和冰胀造成开裂，如图 2－35 所示。

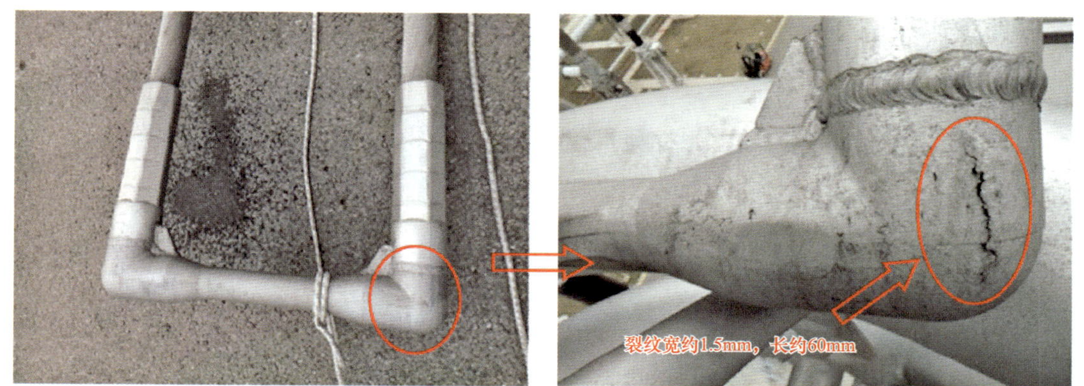

图 2－35　线夹内部积水冰冻缺陷示意图

第三节　变电设备巡视检测

变电设备巡视检测（简称巡检）是指按一定的周期对设备外观、声响、渗漏、二次及监控系统信号、运行环境等方面进行巡视检查，检查抄录温度、油位、气压等非数字化表计数据，运用热、声、磁、电、光等技术手段对设备进行不停电检测，并进行数据多维度比较分析，及时准确发现缺陷和问题，采取有效应对措施，预防事故发生。

在当前技术快速发展的背景下，使用并不复杂的技术手段，能够不停电检测出更多的缺陷和问题，并且在缺陷发生的早期就能及时发现。特别是红外检测技术的发展和普及，使电力设备最常见的发热缺陷能够及时、简便地发现。电力设备另一类常见的放电缺陷，也可以通过超声波、特高频等不停电检测予以发现。

巡视工作要与不停电检测相结合，不仅要巡视检查，更要不停电检测，把设备缺陷和问题及时、高效地发现出来。巡视检测工作要以发现缺陷和问题为目标。

巡检工作应综合考虑天气、设备异常、室内 SF_6 环境等因素造成的安全风险，严格执行巡检规范，做好个人安全防护。针对运行异常且可能造成人身伤害的设备应开展远方巡检，应尽量缩短在瓷质、充油设备附近的滞留时间。

一、巡检工作内容

变电站设备巡检一般分为例行巡检、全面巡检、特殊巡检三类。

（一）例行巡检

例行巡检是指对站内设备及设施外观、异常声响、设备渗漏、运行环境等情况进行常规性检查，对监控系统、二次装置及辅助设备的异常信号进行核查，对设备接头发热进行检测。

（二）全面巡检

全面巡检是指在例行巡检项目的基础上，增加设备开启箱门检查，设备油位、压力、温度等表计抄录，设备红外成像检测，运行数据多维度比对分析等工作。

典型巡检 1　220kV 油浸式变压器全面巡检

（1）本体及附件：检查有无异常声响和振动，各部位有无渗漏油，套管有无破损、裂纹和放电痕迹，气体继电器、压力释放装置等非电量保护有无异常，油温、线温、油位等表计有无异常并抄录数据，呼吸器、冷却器等附件有无异常。

（2）附属设施：检查各控制箱、端子箱和机构箱密封是否良好，加热、驱潮装置运行是否正常，检查消防等设施是否齐全完好。

（3）监控系统及在线监测：检查监控系统有无告警信号，检查在线装置运行是否正常、有无告警信号。

（4）运行环境：检查变压器周边有无异物、场地沉降、排水不畅等问题。

（5）带电检测：采用红外检测方法检测接头、套管及其末屏、电缆终端有无异常发热，箱柜内各类接线端子有无异常发热，检查套管及本体的真实油位；采用紫外检测方法检测外绝缘有无异常放电，检测铁芯及夹件接地电流是否超标。

典型巡检 2 220kV 线路间隔（敞开式）全面巡检

（1）外观：检查有无异物及异常声响，外绝缘有无裂纹、破损及放电现象，底座、支架、基础、均压环有无倾斜，连接螺栓有无锈蚀、松动、脱落，引线有无断股、散股。

（2）开关类设备：检查隔离开关传动部分有无明显变形、锈蚀，轴销齐全；检查断路器弹簧储能机构储能正常，SF_6 表计、动作计数器正常，并抄录数据。

（3）线圈类设备：检查膨胀位置指示正常，各部位有无渗漏油，金属膨胀器有无变形；检查避雷器动作次数及泄漏电流有无异常，并抄录数据。

（4）监控系统及保护装置：检查监控系统及保护装置有无异常告警信号。

（5）户外箱柜：检查背包空调、照明、加热驱潮装置工作正常，箱内清洁无异物、凝露、积水现象。

（6）运行环境：检查设备周边有无异物，场地有无沉降、排水不畅等问题。

（7）带电检测：采用红外检测方法检测接头、设备本体有无异常发热，箱柜内各类接线端子有无异常发热；采用紫外检测方法检测外绝缘有无异常放电。

典型巡检 3 二次回路的全面巡检

（1）监控系统及保护装置：通过 TA 断线信号、TV 断线信号、装置采样数据等信息，判断电流、电压二次回路有无异常。通过控制回路断线信号，可以判断断路器分合闸回路是否异常。

（2）直流系统：检查直流母线电压是否正常，有无接地告警，各支路绝缘检测是否正常。

（3）带电检测：通过红外检测电流二次回路有无异常发热。

（三）特殊巡检

特殊巡检是指在发生雷雨大风、冰雪、台风等恶劣天气，或在雨季潮湿、高温大负荷、低温冰冻等季节，以及设备存在缺陷、新设备投运、故障跳闸等状况时，开展的针对性巡检工作。以上情况是缺陷和问题的多发期，应开展有针对性的特殊巡检。

典型巡检 4　恶劣天气时的特殊巡视要点

（1）雷雨、大风等恶劣天气：重点检查户外箱柜门、设备间门窗关闭情况，防汛设施运行情况；事后检查绝缘子破损，避雷器动作次数、泄漏表数值，户外箱柜潮湿、房屋渗漏水等情况。大风后检查设备异物缠挂、歪斜情况，户外箱柜门、设备间门窗关闭情况。

（2）冰雪、雾霾等恶劣天气：重点检查设备积雪、变形等情况，外绝缘放电及电晕等情况，必要时进行紫外检测。

典型巡检 5　不同季节的特殊巡视要点

（1）雨季潮湿：重点检查开关柜室、站用变压器室、户外箱柜的温度湿度，除湿装置的工作情况。开展开关柜暂态地电压、特高频、超声波局部放电检测。

（2）高温大负荷：重点加强设备接头及本体红外测温，密切关注变压器（电抗器）的油温、油位。

（3）低温冰冻：重点检查设备线夹、均压环、构支架、绝缘子等冻裂变形情况，设备连接引线、GIS 设备伸缩节受力情况。检查注油设备渗漏油和油位越下限、充气设备压力值情况，检查端子箱、汇控柜加热器工作情况。

典型巡检 6　系统冲击后变压器的特殊巡检要点

（1）检查变压器声响是否均匀、无异声或放电声，各部件有无渗漏油，油温和油位有无异常；检查防爆膜、压力释放阀是否动作，套管外部有无破损裂纹、放电痕迹，引线有无断股。

（2）检查保护装置、监控系统有无异常动作及告警信号。

（3）对引线接头进行红外测温，检查有无异常；进行油色谱分析，检查数据有无异常。

典型巡检 7　新设备投入运行后的特殊巡检要点

（1）检查设备有无异声、渗漏油、渗漏气等情况；检查油温、线温、油位避雷器表计并抄录数据。

（2）检查保护装置及监控系统有无异常动作及告警信号。

（3）进行红外检测，检查设备本体及引线接头等有无异常发热；对 GIS 设备开展超声波、特高频局部放电检测；进行紫外检测，检查设备接头及外绝缘有无放电及电晕。

二、巡检策略优化

变电设备巡检策略优化的原则是：以及时准确发现缺陷和问题为核心，以全面掌握设备运行状况和运行环境为目的，充分利用各种技术手段，合理安排各类巡检策略，突出针对性和差异化，减少重复性和机械性，提高巡视工作的质量和效率。

巡检策略优化从技术和周期两个方面着手：一是用什么技术发现缺陷和问题，二是巡检周期如何确定。

（一）巡检技术优化

巡检工作包括用眼睛去发现设备外观、油液是否渗漏、站内环境等外部缺陷和问题，以及用仪器设备通过不停电检测发现接头发热、内部发热、内部放电等缺陷。

在过去，巡检工作一般是通过人工赴现场实施，这样做的缺点一是路程往返耗用大量的时间，影响工作效率；二是不能及时发现巡视周期之间出现的问题，影响设备安全。彻底解决这两个问题需要通过技术进步，对需要监视的电气量、非电气量和周围环境进行在线监测。最终目标是不到现场就可以远程完成巡检工作，并且实现智能报警，从而实现更高效率、更高质量和更加安全。

1. 实施远程视频巡视

建设高清视频系统，在监控中心开展远程巡视，代替站内环境、设备外观等的人工现场巡视，如图 2－36 所示。

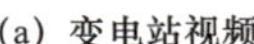
(a) 变电站视频

(b) 开关室视频

(c) 二次室视频

(d) 主变压器套管升高座视频

(e) 主变压器气体继电器视频

(f) 主变压器油温油位表视频

图 2－36　变电站视频远程监控

2. 实现表计在线监测

将 GIS 压力，变压器油位、油温、线温、铁芯夹件接地电流，避雷器泄漏电流等需要抄录的表计数字化，实现数据远程采集，实施远程实时监视，代替表计现场抄录。

典型案例 2－36　GIS 气室 SF_6 压力在线监测

2016 年 9 月 21 日，1000kV 泰州变电站的运维人员对 GIS 气室压力在线监测数据进行年度趋势分析，发现 1000kV Ⅰ母线 C 相 12 号气室压力虽一直为额定值，但有缓慢下降趋势，如图 2－37（a）所示。进一步安排红外成像检漏，发现密度继电器与截阀连接处有泄漏，如图 2－37（b）所示。紧固后缺陷消除，有效控制了缺陷的进一步发展。

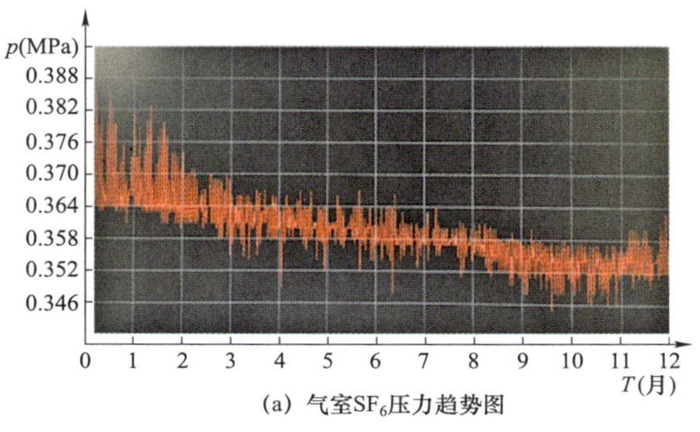

(a) 气室SF_6压力趋势图

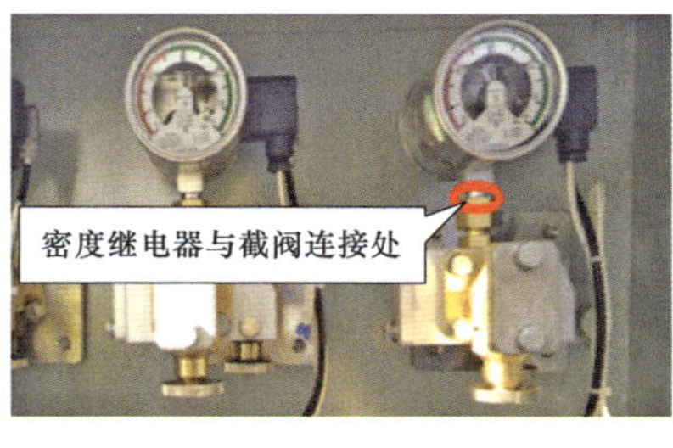

(b) 泄漏点

图 2－37　GIS 气室 SF_6压力在线监测示意图

典型案例 2－37　避雷器泄漏电流在线监测

2016 年 5 月 7 日，500kV 双泗变电站 500kV 双上 5235 线避雷器在线监测系统提示 C 相泄漏电流突增至 3.7mA，A、B 相均为 2.3mA，如图 2－38（a）所示。停电后安排检修人员进行检测发现 C 相避雷器上节绝缘电阻和直流 1mA 参考电压显著低于其他两节，且 0.75 倍直流参考电压下泄漏电流明显增大，超出交接试验值 2 倍，需进行更换。后续解体检查发现第 25 片绝缘电阻仅为 30 MΩ，其边沿存在贯通性裂纹，如图 2－38（b）所示。

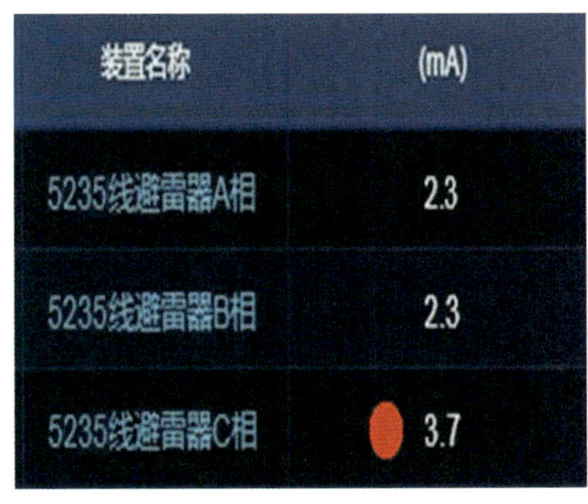

装置名称	(mA)
5235线避雷器A相	2.3
5235线避雷器B相	2.3
5235线避雷器C相	3.7

(a) 避雷器在线监测数据

(b) 避雷器电阻片裂纹

图 2－38　避雷器泄漏电流在线监测示意图

典型案例 2-38 变压器铁芯夹件在线监测

2021 年 5 月 25 日，1000kV 东吴变电站的变压器铁芯夹件在线监测系统显示，4 号主变调压补偿变压器 B 相夹件电流为 1280.615mA，A、C 相约为 36.2mA，现场测量夹件电流值为 1245mA，B 相油色谱检测结果正常，初步判断该夹件外部引下线与外壳有接地，如图 2-39 所示。安排进行持续跟踪，期间电流值及油色谱均未发生显著变化，计划停电后进行消缺。

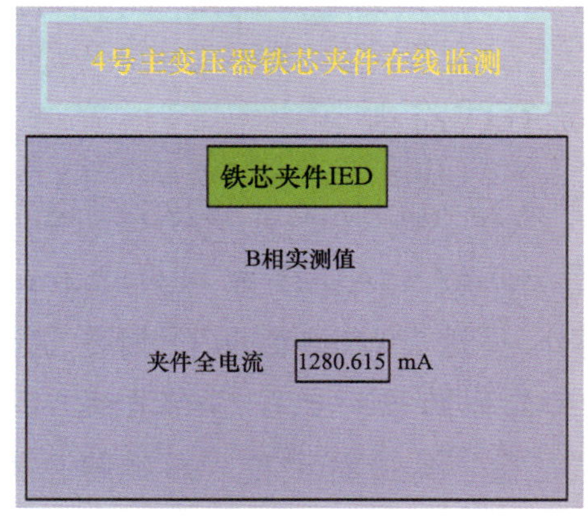

(a) 变压器铁芯夹件在线监测数据

(b) 运维人员检测数据

图 2-39 变压器铁芯夹件在线监测示意图

3. 实施机器人红外测温

利用巡检机器人对重点部位进行定点红外测温，对需要短周期频繁测温的部位，可以安装固定红外摄像头进行在线测温，代替人工检测。

典型案例 2-39 巡检机器人红外检测

2021 年 10 月 11 日，1000kV 东吴变电站的巡检机器人发现 1000kV 泰吴Ⅱ线高压电抗器中性点套管接头发热，其 B 相温度为 48.6℃、A 相温度为 30.8℃、C 相温度为 32.9℃，为一般缺陷，如图 2-40 所示。安排机器人和运维人员进行持续跟踪，测温数据均未发生显著变化。年度检修期间对套管接头进行打磨、紧固，送电后复测温度正常，缺陷消除。

(a) 检测数据

(b) 现场照片

图 2-40　巡检机器人红外检测示意图

典型案例 2-40　换流站阀厅机器人红外检测

2021 年 5 月 30 日，±800kV 淮安换流站大负荷试验期间，极Ⅰ高端阀厅机器人发现极Ⅰ高端 Yy 换流变压器 A 相阀侧 a 套管筒根部与墙面封堵连接部位发热为 145.3℃，其余相别同位置温度约为 36℃，如图 2-41 所示。判断为封板固定螺栓松脱后与套管接触，造成封堵构架经套管壳体形成环路，产生涡流导致发热。试验结束后检修人员更换了固定螺栓并紧固，缺陷消除。

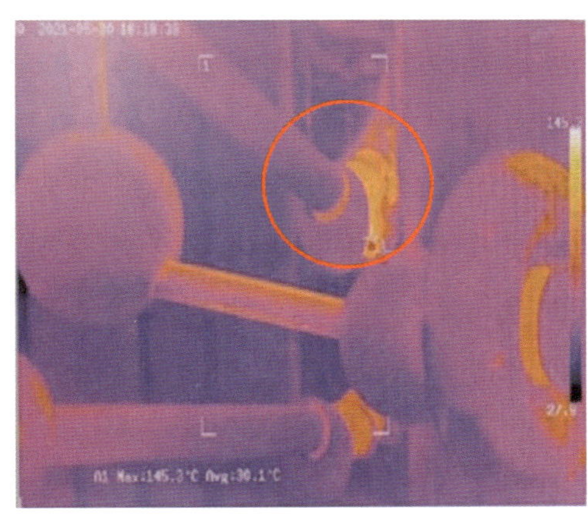

(a) 红外检测数据

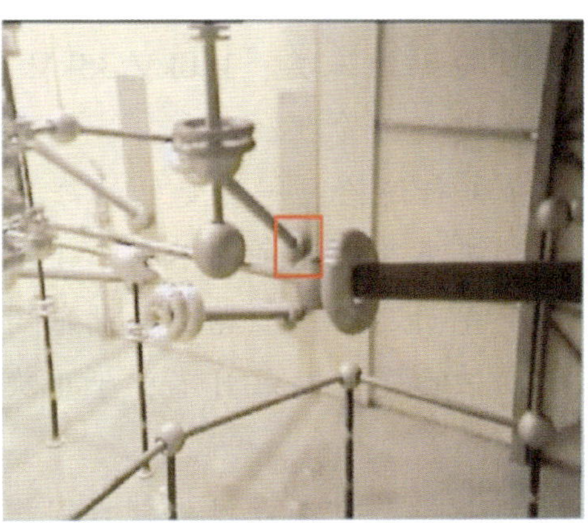

(b) 检测部位

图 2-41　换流站阀厅机器人红外检测示意图

4. 充分利用新技术和新设备

利用红外、紫外、超声波、特高频、X 射线、声波定位成像等检测技术，不仅可以代替过去“熄灯巡视”的作用，而且可以更好地发现接头发热、电晕、放电、震动、GIS 泄漏等缺陷。彻底改变过去依靠“眼睛看、耳朵听、鼻子闻、手触摸”来发现缺陷的状态。由此实现巡检工作的机器代人，将运维人员从繁复的巡检工作中解放出来，不仅提高了工作效率，还提高了潜伏性缺陷的发现率及巡检质量。

（二）巡检周期优化

变电站巡检工作除了充分利用各种技术手段来提高发现缺陷的能力外，还需要考虑以多大的频度实施巡视检测。理论上巡检周期应该根据缺陷的发生、发展特点来安排，既不能周期太长，错过发现缺陷的时机而酿成故障，也不能太短，从而造成无效劳动。

1. 根据设备重要程度安排周期

按照变电站电压等级或在电网中所处位置的重要程度规定不同的巡检周期，对于电压等级高、输送潮流大或者降压功率大、故障后果严重的变电站应安排较短周期。

典型巡检 8　变电站巡检周期

1000kV 变电站和跨区直流换流站为一类站、500kV 变电站为二类、220kV 变电站为三类、110kV/35kV 变电站为四类，地位重要的二、三类变电站向上提一级管理。

（1）例行巡检：一类变电站每 2 天不少于 1 次，二类变电站每 3 天不少于 1 次，三类变电站每周不少于 1 次，四类变电站每 2 周不少于 1 次。

（2）全面巡检：一类变电站每周不少于 1 次，二类变电站每 15 天不少于 1 次，三类变电站每月不少于 1 次，四类变电站每 2 月不少于 1 次。

2. 根据缺陷发生及发展特点安排周期

接头发热一般发生在大电流回路和高温大负荷期间，电压型致热一般与绝缘老化或受潮有关，环境问题一般发生在恶劣天气之后和季节交替，箱柜问题一般也和气象有关，需要根据特点加强检测。操作机构容易发生锈蚀、卡涩等问题，其产生及发展时间较长，需要安排检修维护。

3. 根据设备故障后果严重程度安排周期

对于故障后果严重的设备，应该缩短周期进行检测，必要时安装在线监测装置，实施连续检测。对于较少发生缺陷的时段和后果不严重的设备，可以适当延长周期。

4. 充分发挥特殊巡检的作用

雷雨台风等恶劣天气、雨季潮湿、高温大负荷、雨雪低温等情况是缺陷问题的多发期，开展针对性巡检可以取得比较好的效果，应该在天气变化和季节更替的前后有针对性地安排特殊巡检。

三、巡检工作班组管理

变电站巡检工作由变电运维班负责实施，要从计划制定、工作质量管理、缺陷管理、安全防护等方面做好巡检工作组织。变电运维班应统筹安排所承担的巡视检测、倒闸操作、定期轮换试验、维护等工作，当好设备主人。

（一）制定巡检计划

1. 巡检计划要考虑全面

按照设备巡检的周期要求、季节性特殊巡检要求、停电检修计划、新设备投运计划及班组承载力等要素，制定年度、月度及周班组巡检计划，并根据情况变化滚动调整计划。年度计划的重点是确保巡检项目和周期符合变电运行管理规定的要求，月度及周计划重点是根据气象环境、设备运行状态及现场工作情况动态调整。

2. 巡检计划要注重效率

统筹巡视检查、带电检测、定期轮换试验、倒闸操作、设备消缺、基建验收、维护等工作，实现“一巡多用”，提高工作效率。

3. 巡检工作要安排合理

从技能水平、工作经验、设备熟悉程度等方面综合考虑，安排合适的运维人员。根据巡检设备及项目，采取适合的技术手段、配置适合的仪器仪表，确保巡检工作能够取得实效。对套管（互感器、避雷器等）精确测温、GIS的超声波、特高频检测等要求较高的检测工作，一般进行专项安排。

典型巡检 9　东善桥运维班 2022 年 5 月巡检计划编制

（1）按照国家电网公司变电运检五项通用制度的要求，完成周期性日常运维工作要求的例行巡视、红外测温、蓄电池测量、全面巡视等工作。

（2）根据季节性特点，补充专项排查工作。例如 5 月后，强对流天气增多，安排各个电压等级的保护装置定值核查。天气逐渐炎热，安排站内设备间空调状态的检查和调整工作。

（3）根据生产计划，调整相关站点的巡检计划。例如 5 月 1 日，秦淮变电站有主变压器停电的大型操作，运维班及时调整月度工作计划，将原本排在 1 日的秦淮变电站和东善桥变电站的巡检计划调整至 5 月 9 日。

（4）统筹完成相关专业管理工作，如结合全面开箱工作的同时，要求各站结合开箱工作，对箱柜内的二次标签、标识进行检查，对缺失的或者定义不清的标识重新制作和张贴。

（二）保证巡检质量

1. 编制全面巡检作业卡

依据设备巡检要求编制全面巡检作业卡，作业卡要按站编制，每个项目要明确判断的标准。应持作业卡开展巡检，做到巡检项目不遗漏，利用移动终端持卡开展巡检，逐项填写巡检结果。对于精确检测，应保存每个检测点的图像和文字档案。

2. 开展交叉巡检

定期组织开展跨站、跨班组的交叉巡检，巡检结束后交叉巡检人员和管辖人员进行情况交底，解决规章制度理解偏差和“视角疲劳”的问题。

典型巡检 10　省超高压公司交叉巡视规定

（1）每月组织一次跨站巡检，每季度组织一次跨班组巡检，每年迎峰度夏（6 月）、迎峰度冬（12 月）前完成所有变电站的交叉巡检工作。

（2）交叉巡检人员应完成一次变电站全面巡检任务，包括红外测温，抄录注油设备油位、SF_6压力、避雷器泄漏电流、蓄电池组电压等相关数据等。

（3）管辖班组人员做好相应接站及陪同巡检工作。工作开始前由管辖班组人员在现场进行安全交底，工作结束后巡检人员应将巡检情况及相关记录与管辖班组人员进行充分沟通。将巡检中发现的缺陷及隐患以口头和书面形式反馈给管辖班组，对于严重及以上缺陷和设备隐患，应同时报送安排交叉巡视的组织管理部门。

3. 开展督察巡检

运维班管理人员定期参加现场巡检工作，检查班组人员对设备缺陷的掌握情况。通过随机设置虚拟缺陷等方式，检查巡检点位是否有遗漏。

典型巡检 11

运维班班长、副班长和专业工程师应每月至少开展1次督察巡检。

4. 做好巡检数据的分析

对于表计抄录的数据、带电检测的数据，应加强本次巡检数据和历史数据的纵向比对，加强三相设备之间的横向比对，从而提高缺陷的发现率。

5. 加强运维业务外包工作的管理

将外包的精确检测等检测类业务工作视同本班组的工作，对其检测方法、检测过程、检测结果、检测质量等工作进行监督管理。

（三）加强缺陷管理

1. 做好缺陷汇总和定级

应将试验、检修等人员发现的设备缺陷及时告知运维人员，运维人员负责参照缺陷定性标准进行定性（危急、严重、一般），及时启动缺陷管理流程。对于辅助设施、土建类缺陷，由运维人员负责消缺；对于设备缺陷，运维人员要督促检修人员进行消缺。

2. 做好缺陷控制和跟踪

运维人员负责缺陷的建档、上报、跟踪等工作，编制缺陷清单，明确责任单位、消缺计划及管控措施。在缺陷未消除前，运维人员应加强缺陷的巡视检测，一旦发现缺陷加速发展应立即申请停运，避免造成恶性事故，扩大影响范围。

3. 做好缺陷验收和分析

运维人员负责督促检修单位开展消缺工作，了解缺陷处理的方法，做好消缺后的验收工作和后续跟踪，判断缺陷是否彻底处理，同时动态更新缺陷清单。从设备类型、厂家型号、运行环境等多个维度，对缺陷原因进行深入分析，将共性问题作为巡检的重点关注内容，同时反馈到设计、建设环节。

（四）加强学习培训

1. 丰富学习培训的形式

充分利用基建工程，组织“新人”提前进场，全程跟踪安装调试工作，提升对一二次设备和系统的熟悉程度。组织驻厂学习，深度参与主设备厂内生产制造过程，见证关键工艺工序，提升对设备内部结构的了解。常态化组织无脚本应急演练，强化典型案例学习，提升事故处置能力。

2. 充实学习培训的内容

加强对规章制度、运行规程、巡检工作具体内容和方法的学习，确保对工作要求了然于胸。开展设备结构原理培训，尤其要加强新设备培训，确保业务技能与时俱进。结合日常工作，开展带电检测技能培训，尤其是新技术、新装备培训，确保巡检工作提质增效。

3. 狠抓学习培训的考核

强调“有学必有考”，结合实际工作，通过现场拷问、集中考试等方式，对班组人员的学习效果进行考核。

四、巡检工作专业管理

巡检工作专业管理是指对设备巡视检测工作建立制度、制定规程，确定工作内容、工作方法、工作质量和要求；对巡检工作进行组织协调，对工作偏差进行控制，对工作内容和质量进行监督检查，对变电站设备故障、异常及隐患开展统计分析。巡检工作专业管理应有明确的部门（中心）分管负责人和运行专责负责。

（一）基本原则

（1）巡检工作专业管理以掌握设备状态、发现设备缺陷、消除缺陷为目标，防止发生设备故障，保证设备安全运行。

（2）巡检工作专业管理应推行标准化作业的原则，对巡检内容、巡检方法、巡检装备等方面进行细化并标准化，提高巡检工作的质量。

（3）巡检工作专业管理应实施差异化策略的原则，根据变电站或设备在电网中的重要性不同、设备故障的影响程度，应用不同的检测技术和周期安排，提高检测工作效率。

（二）管理重点

1. 设备缺陷跟踪管理

加强与检修、调度等专业的协调，尽快将设备缺陷消缺工作纳入工作计划，及时消除设备缺陷。对于暂时不具备条件安排检修的缺陷，应督促班组加强巡检，跟踪缺陷的发展情况。对于多发缺陷和频发缺陷，应考虑纳入大修、技改计划彻底解决。

2. 设备缺陷统计分析

加强设备缺陷故障的统计分析，深入分析设备缺陷故障发生的问题和原因，加强设备巡检。特别是设备出现同一类缺陷、故障情况时，应及时制定包括检修试验等方面的防范措施。年度设备运行分析报告不仅要分析原因，更要提出包括运维管理、设备采购等针对性的措施。

3. 巡检标准化模板编制

针对不同设备编制巡视检查标准化模板供各运维班组使用，形成统一的工作标准。针对不同设备和不同缺陷发生的可能性，制定有针对性的检测作业指导书和作业指导卡，指导巡检人员按照作业指导书开展工作，避免随意性，保证工作质量。

4. 制定特殊巡检要点

编制不同季节、不同气象情况下特殊巡检的要点，保证特殊巡检的针对性和有效性。确定特殊巡检的启动条件和启动时间，根据情况及时启动特殊巡检，及时发现缺陷和防止事故发生。

5. 编制设备运维规程标准文本

编制不同设备、不同设备型号的运维规程标准文本，形成统一的运维标准。特别是要加强对新设备或新型号设备运维规程的编制。

6. 开展设备缺陷规律研究

针对不同设备、不同运行年限设备的缺陷和故障的规律进行研究，掌握缺陷和故障发生发展的规律，形成不同设备的缺陷和故障率时间曲线（即浴盆曲线），指导巡检策略的制定。要突破分级、分区管理的原则，在更高、更大的层面进行缺陷故障统计分析，更多样本的分析才能产生更有价值、更准确的分析结果。

7. 开展不停电检测技术研究

巡检工作要充分利用现有成熟的技术手段，如红外测温，及时准确地发现设备缺陷。还要积极研究新的检测技术、检测方法和检测策略，发现设备内部放电、介损升高等不易被检出的缺陷，如通过红外精确检测和特高频、超声波等能够反映热、声、磁、电、光特征的方法，比较准确地发现互感器、套管、GIS 等目前尚未解决好的设备缺陷。

（三）监督检查

1. 组织开展督察性巡检

由本级或上一级管理部门组织专家组进行督察性巡检。本级部门组织的专家组主要发现由于专业局限而未发现的设备缺陷及异常，上级部门组织的专家组主要发现巡检工作在技术、组织、人员以及对规程制度理解等方面的薄弱环节。

2. 组织开展巡检工作质量检查

通过检查巡检记录、缺陷台账，以及现场视频、门禁记录等数据，对巡检的次数、类型、用时等情况进行检查，督察班组按照规定开展巡检。从运维单位、运维班组两个层面进行缺陷发现率比对分析，从技术和管理两个维度查找原因，督促运维单位、运维班组改进工作质量。

典型巡检 12 通过视频、门禁系统对巡检质量进行检查

根据计划本周运维人员应开展全面巡视工作，管理人员根据 PMS 系统中登记的全面巡视时间，抽取现场视频进行检查，发现蓄电池室在巡视时间内一直无人进入，调阅智能钥匙系统也无蓄电池室打开记录，后询问运维人员确认当日确实遗漏蓄电池室。管理人员督促其进行补巡，并在运维分析会上进行通报。

3. 开展业务外包质量评价

从人员、仪器、检测、报告四个维度对外包检测单位的工作质量进行评价，并将评价结果反馈至招投标技术打分环节。被检测设备一年内发生故障，且经检查发现带电检测质量存在问题的，将相关外包单位纳入招标黑名单。

第三章

输电线路运行管理

输电线路运行管理是指为了保证输电线路健康，通过开展针对性、差异化的检查、检测、维护等工作，及时准确地发现并处理输电线路缺陷，动态掌握线路通道环境情况，采取措施管控通道风险隐患，保障电网安全运行。主要工作包括检查检测发现线路本体缺陷、巡视检查发现通道隐患和气象影响等工作。

第一节　输电线路缺陷

输电线路缺陷是指杆塔、绝缘子、导/地线、金具、接地装置、拉线等输电线路本体部件的缺陷。

一、杆塔类缺陷

杆塔类缺陷是指在杆塔构件上发生的缺陷，主要有杆塔倾斜、主材弯曲、地线支架变形、塔材螺栓缺失、严重锈蚀、混凝土杆破损裂缝、土埋塔脚等。主要原因有外部施工、车辆撞击、人为偷盗、运行环境恶劣、塔材加工缺陷等。该类缺陷可通过人工巡视或无人机/直升机巡视等手段发现。

典型案例 3－1

2019 年 11 月 30 日，运维人员在正常巡视中发现 500kV 汉龙 5298/汉王 5299 线 139 号塔基础周边堆土，造成水淹塔脚、塔材严重变形，如图 3－1

所示。堆土还会产生不均匀侧压力，从而导致基础滑移、杆塔倾斜等危害。

(a) 堆土造成水淹塔脚

(b) 塔基堆土塔材变形

图 3－1　水淹塔脚、塔材严重变形示意图

典型案例 3－2

2017 年 4 月 25 日，220kV 叶宿 4973 线 32 号、梨宿 4974 线 7 号塔被水泥泵车撞上，A 腿基础、地脚螺栓及塔材报废，相邻连接的斜材及平材均有不同程度的损坏，如图 3－2 所示。经分析，混凝土搅拌车驾驶员为躲避行驶车辆，不慎撞上路边杆塔，造成杆塔严重受损。后调度许可线路转检修处理，拆除旧塔，组立新塔开展抢修后恢复送电。

图 3－2　车辆撞击主材损坏

二、导/地线缺陷

导/地线缺陷是指在导线、普通地线、引流线、OPGW 光缆上的各类缺

陷，主要有断股、散股、损伤、放电灼伤、严重锈蚀等。主要原因有架线施工时机械损伤、雷击、自然老化等。该类缺陷可通过人工巡视或无人机/直升机巡视等手段发现。

典型案例 3-3

2021 年 5 月，巡视人员通过无人机发现 ±500kV 龙政线架空地线断股。现场先采用全张力补修条进行修补，后结合停电检修将该处 OPGW 光缆进行更换，如图 3-3 所示。经分析，线路架设施工过程造成铝包钢线股外表面机械损伤，长期运行损伤逐渐加深，最终导致光缆外层股线断裂散股。

(a) OPGW光缆断股情况

(b) 采用全张力补修条修补消缺

图 3-3　OPGW 光缆断股及修补消缺

三、绝缘子缺陷

绝缘子缺陷是指瓷绝缘子、玻璃绝缘子和复合绝缘子的各类缺陷，主要有严重污秽、放电灼伤、破损、瓷绝缘子零值、玻璃绝缘子自爆、复合绝缘子芯棒发热等。主要原因有重污区、雷击或外力破坏、绝缘子内部劣化、施工工艺缺陷、运行环境恶劣等。该类缺陷可通过人工、无人机/直升机巡视检查、红外测温、紫外成像或瓷绝缘子测零等检测手段发现。

典型案例 3-4

2021 年 5 月 27 日，红外检测发现 500kV 秦桥 5688 线 21 号塔大号侧 B 相 3 片耐张瓷绝缘子钢帽存在发热现象（见图 3-4），带电检测发现绝缘子分布电压低于标准值。经更换，检测发热绝缘子绝缘电阻分别为22.2、1.9和24.8MΩ，远低于正常值（300MΩ）。经分析，瓷绝缘子在制造环节存在缺陷，长期运行中绝缘子内部劣化，导致其绝缘电阻下降，钢帽产生发热现象。

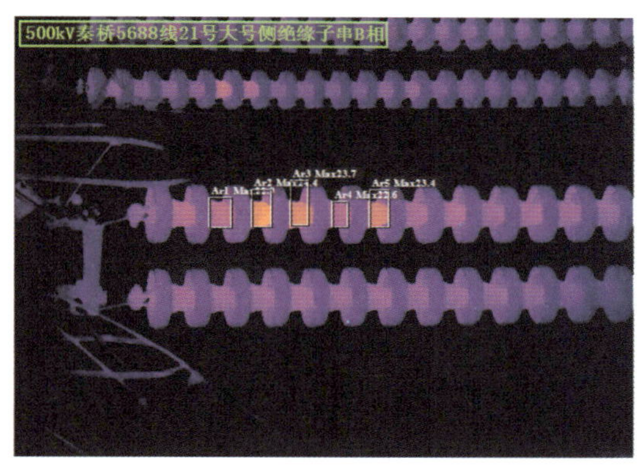

（a）低值绝缘子红外测温

（b）低值绝缘子可见光照片

图3－4 绝缘子内部劣化缺陷示意图

典型案例3－5

2021年8月26日，运维人员通过无人机红外检测发现500kV通泰5257线117号塔B相跳线合成绝缘子芯棒多处发热，如图3－5所示。经分析，合成绝缘子长期运行老化后，端部密封性下降，水汽进入芯棒后导致芯棒发热。

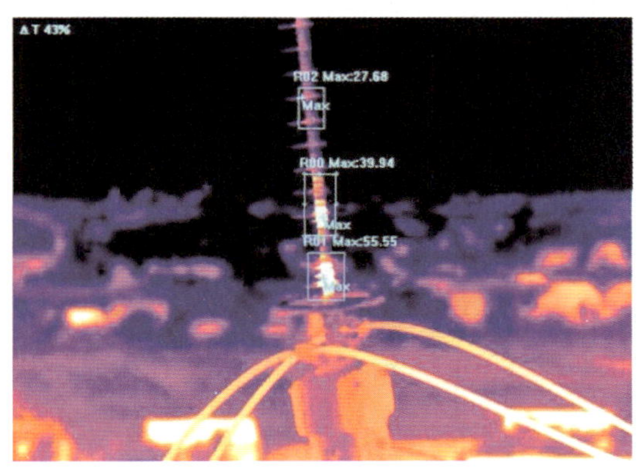

（a）跳线合成绝缘子红外照片

（b）跳线合成绝缘子可见光照片

图3－5 跳线合成绝缘子芯棒发热缺陷示意图

四、金具类缺陷

金具类缺陷是指在线夹、接续金具、保护金具、连接金具上的各类缺陷，主要表现为金具损伤、锈蚀、变形、松动、脱落、位移、接续金具发热等。主要原因是机械振动、环境侵蚀等。该类缺陷可以通过人工、无人机/直升机巡视检查、红外测温等检测手段发现。

典型案例 3-6

2020 年 5 月 24 日，线路运维人员通过红外成像检测，发现±500kV 龙政线极Ⅰ2003 号大号侧耐张线夹引流板发热，如图 3-6 所示。该类缺陷一般是由于耐张引流板螺栓松动、接触电阻增大导致的发热。可通过带电或停电将耐张引流板打开，重新打磨并涂刷导电脂进行复紧。

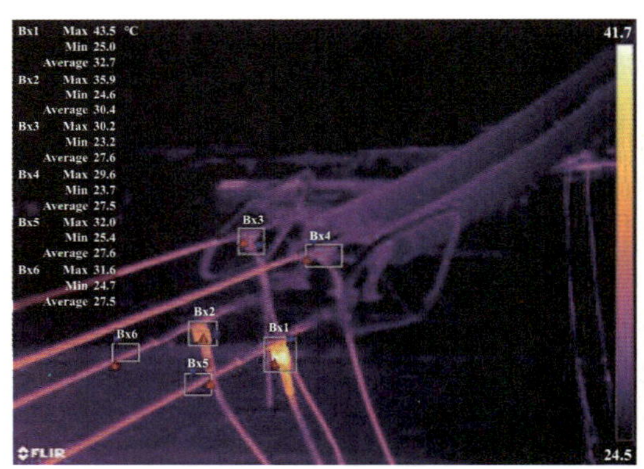

(a) 耐张线夹红外照片　　(b) 耐张线夹可见光照片

图 3-6　耐张线夹引流板发热缺陷示意图

典型案例 3-7

2021 年 3 月，巡视人员通过无人机发现 500kV 宿姚 5K57 线 0264 号塔 U 形挂环螺栓存在缺失销钉缺陷，如图 3-7 所示。经分析，该缺陷一般是由于长期运行后销钉松动、断裂导致脱落。可通过带电或停电进行补装。

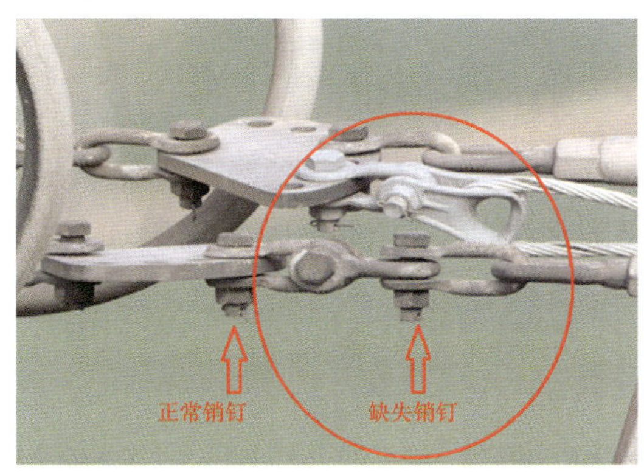

图 3－7　U 形挂环螺栓缺失销钉缺陷示意图

典型案例 3－8

2020 年 11 月 24 日，500kV 晋港 5210 线耐张线夹经 X 光探伤发现，全部 60 个检测点都存在耐张钢锚与耐张线夹铝管的压接区漏压情况，如图 3－8 所示。经分析，压接不良会导致钢芯分担的导线张力过大（正常情况区域 2 钢芯承担 47.5%，区域 1 铝股承担 52.5%），甚至导线张力完全由钢芯承担，使钢芯出口部位受损甚至断裂，造成断线。这种情况是基建时遗留的缺陷，未按照标准工艺压接。后运维单位对存在漏压的 120 个耐张线夹加装备份线夹，并进行加固处理。

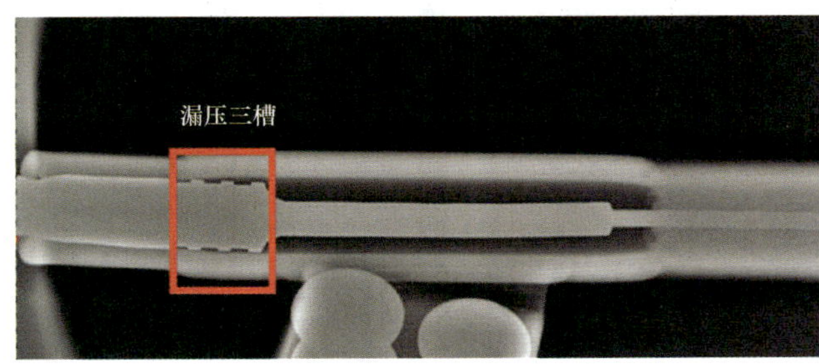

(a) X光探伤漏压三槽缺陷照片

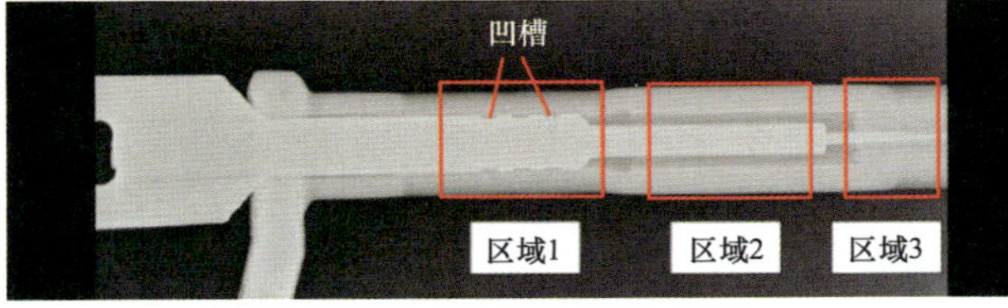

(b) 规范的压接示意图

(c) 耐张线夹外观图

图 3－8　耐张钢锚与耐张线夹铝管压接区漏压缺陷示意图

五、电缆终端缺陷

电缆终端缺陷是指发生于高压电缆终端接头的缺陷，主要表现为电缆接头温度升高、内部局部放电等。主要原因是安装质量问题、受潮、热/机械应力过大等。该类缺陷可以通过红外测温、超声波检测等手段发现。

典型案例 3－9

2018 年 7 月，对 220kV 寺巷变电站进行红外测温发现，110kV 巷陵 7C2 线电缆终端 B 相温度为 23.1℃、C 相温度为 17.3℃，两者温度差为 5.8℃，高压电缆终端相间温差大于等于 4℃为缺陷状态，如图 3－9 所示。解体发现 B 相温度异常位置为电缆终端应力锥部位，应力锥内部的电缆主绝缘存在局部老化发黄现象。测量电缆终端末端半导电打磨过渡段长度为 2cm，小于工艺 4cm 要求，使电缆终端应力锥均匀电场的作用局部失效，并产生局部放电，从而导致应力锥部位发热和主绝缘局部老化变黄。

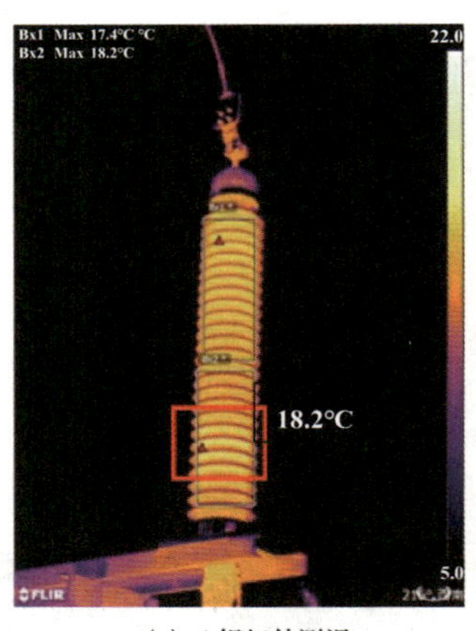

(a) A相红外测温

(b) B相红外测温

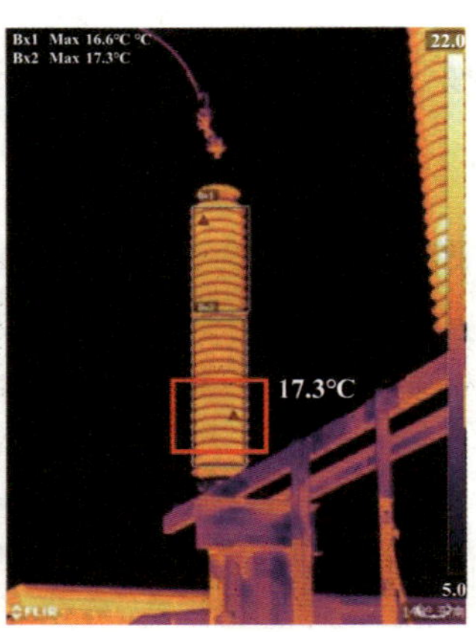

(c) C相红外测温

图 3－9　电缆终端发热缺陷示意图

典型案例 3－10

2014 年 11 月 22 日，电缆运维人员通过超声波局部放电检测发现 110kV 聚驼线 B 相电缆终端有疑似局部放电现象，如图 3－10 所示。11 月 26 日，对该线进行停电处理和解剖检查。拔出 B 相电缆终端的应力锥后，发现在电缆的外半导电口上方约 20mm 处有严重的放电痕迹。

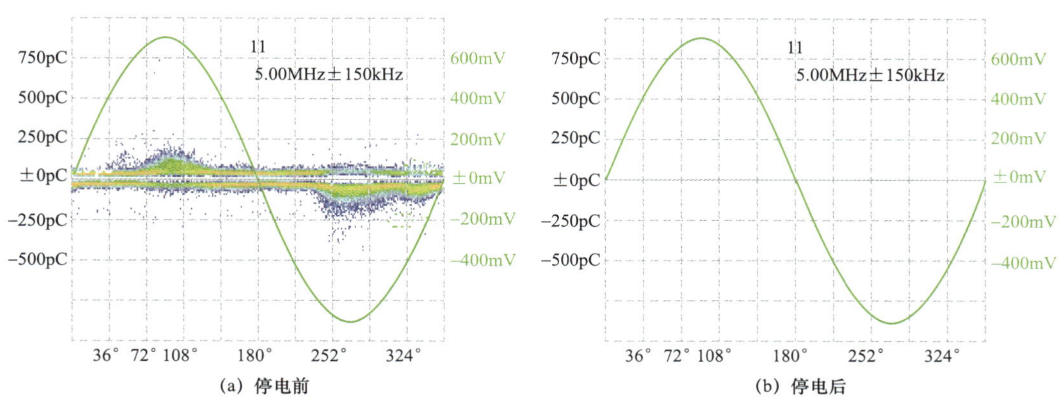

图 3－10　110kV 聚驼线 B 相电缆终端局部放电图谱

第二节　输电运行环境隐患

输电运行环境隐患是指线路通道及附近的外部因素和气象原因对输电线路造成影响，可能引起线路故障的隐患。输电运行环境隐患是输电线路安全运行的主要矛盾。

一、通道隐患

通道隐患是指在输电线路保护区内及附近的外部因素对线路安全运行构成的潜在威胁，如施工作业、树线矛盾、地质灾害、通道占用等。

（一）施工隐患

施工隐患是指在线路保护区内实施建桥、修路等市政工程或在附近实施其他建设工程时，由于使用吊车、泵车、挖机、船用吊车等大型机械施工，极有可能因施工机械对线路安全距离不足而导致放电跳闸或因开挖而损坏电缆。该类隐患可通过人工巡视、远程可视化监控等手段发现。

典型案例 3－11

2021 年 3 月 28 日，500kV 扬江 5204 线下方有吊车进行吊装作业，吊车臂与带电导线安全距离不足而引起放电，导致线路跳闸，吊车轮胎被击穿，如图 3－11 所示。

(a) 通道内吊车升臂吊装

(b) 吊车轮胎被击穿

图 3－11　施工隐患导致线路跳闸示意图

典型案例 3－12

2020 年 5 月 18 日，110kV 城开 9G3 线通道周围有桩基施工，打桩过程中将高压电缆损坏，导致线路跳闸，如图 3－12 所示。

(a) 现场桩机器施工

(b) 电缆被桩机损坏

图 3－12　施工隐患导致高压电缆损坏示意图

典型案例 3–13

2022 年 3 月 2 日，220kV 长国 2L19/2L20 双线故障跳闸，故障原因为下方船只运载的打桩机未按要求放平倒下，通行时保持直立，导致打桩机顶部与导线距离不足，引发线路故障，如图 3–13 所示。

(a) 肇事船只

(b) 打桩机顶部放电痕迹

图 3–13 施工隐患导致线路故障示意图

（二）树线矛盾

树线矛盾主要发生在线路保护区内及附近，由于树木生长导致树线距离不足，使得线路对树木放电而引起线路跳闸。尤其是在夏季，树木生长较快，加之温度升高使线路弧垂增加，更加容易引起树线放电跳闸。树线矛盾隐患可通过人工地面测距、无人机三维激光扫描等手段准确发现。

典型案例 3–14

2021 年 6 月 21 日，500kV 汉藤 5632 线发生跳闸，重合不成。进行故障巡视时发现 106 号塔小号侧 100m 处导线外侧有 1 棵较高白杨树，树顶有明显灼烧痕迹，树皮已经全部被烧脱落，树木与导线水平距离约 2m、净空距离约 3m。现场巡视人员同步利用无人机开展导线巡视，在该段导线间隔棒附近发现导线有明显放电点，如图 3–14 所示。

(a) 树木放电烧焦

(b) 树皮灼烧脱落

图 3－14　树线矛盾缺陷示意图

（三）通道占用

通道占用是指线路保护区被企事业单位用来堆放货物、违章建设临时用房甚至永久建筑，危害线路安全运行。堆取货物往往会动用吊车等车辆，容易发生吊车碰线。线下建房容易导致建筑物与线路安全距离减小，构成安全威胁。该类隐患可通过人工、远程可视化监控等手段发现。

典型案例 3－15

500kV 窑武线 205～207 号区段跨越 DG 石材厂，厂区内长期存在吊车吊装石材等大型机械施工，如图 3－15 所示。运维单位通过对厂区相关人员开展电力设施保护宣传、现场装设限高网、安排专人值守、远程可视化监控、现场装设警示牌等方式开展相关外力破坏防控工作。

图 3－15　线路通道内石材厂

（四）易飘物挂线

线路周边农田的塑料大棚遇大风易被吹起挂线；货物堆场覆盖物、施工工地防尘网、道路养护使用的薄膜等容易产生易飘物挂线；节日庆典使用的气球、放飞的风筝等易导致异物挂线。该类缺陷可通过远程视频、人工巡视等方式发现，在大风恶劣天气前后应开展防异物特巡。

典型案例 3－16

2017 年 7 月 21 日，500kV 东三Ⅰ线下方破损的薄膜被风吹起缠绕至导线上，如图 3－16 所示。后运维单位使用激光异物清除装置将挂线异物及时清除。

线下成片的塑料大棚

破损异物挂线

图 3－16　异飘物挂线示意图

（五）地质灾害隐患

地质灾害对输电线路的危害包括：矿山采空区塌陷会导致杆塔倾覆断线，杆塔附近堆土或取土引起杆塔倾斜，电缆通道周边地下工程施工可能引发电缆悬空拉伸故障，水冲刷掏空杆塔基础等。该类缺陷主要通过人工巡视、远程可视化监控等手段发现，在特殊区段可安装杆塔倾斜监测等装置。

典型案例 3－17

2020 年 3 月，巡视人员发现 500kV 渎车 5249/渎坊 5250 线 30 号塔附近山体区域出现重大滑坡垮塌（见图 3－17），影响线路安全运行，后将杆塔进行了迁移改造。

图 3－17　滑坡现场示意图

（六）鸟害

鸟害隐患是指由于鸟类活动对输电线路造成的各类隐患，主要表现为鸟粪滴落在绝缘子表面时易形成贯穿性放电通道、鸟类筑巢时含金属的物件短接绝缘子、鸟类啄损复合绝缘子伞裙、大型鸟类活动造成线路电气间隙不足等。该类隐患可以通过人工巡视、无人机巡视等方式发现。

典型案例 3－18

2016 年 1 月 15 日，盐城地区 500kV 旗城 5632 线 A 相因鸟害跳闸，现场检查绝缘子有大量鸟粪痕迹。经分析，鸟粪从挂线点横担位置向导线侧流，由于重力作用高电导率的鸟粪形成一串，短接了部分绝缘子而形成放电。本次鸟害故障类型为鸟粪闪络，不影响运行，如图 3－18（a）所示。后运维单位结合停电清扫绝缘子，并在绝缘子挂点上方横担加装了防鸟挡板，如图 3－18（b）所示。

(a) 现场绝缘子情况

(b) 增加的防鸟挡板

图 3-18　鸟类闪络缺陷示意图

典型案例 3-19

2020 年 11 月 3 日，线路运维人员对±500kV 龙政线沿湖区段开展防鸟害专项排查，发现 1982 号塔绝缘子表面鸟粪污染严重，如图 3-19 所示。

图 3-19　绝缘子表面鸟粪污染严重

（七）火灾隐患

火灾隐患是指由于火焰灼烧造成输电线路相关设备损坏、火焰中的导电颗粒造成线路跳闸隐患。该类隐患可通过人工巡视、远程可视化巡视等方式发现，还可以利用山火检测预警系统实时监测线路周边的火点位置和范围。

典型案例 3-20

2021 年 9 月 20 日，巡视人员发现 500kV 窑武 5915 线 314 号线路外侧约 150m 处某仓储公司仓库失火。现场风力较大且失火厂房三面环水，灭火工作十分艰难，起火浓烟严重威胁线路运行安全，如图 3-20 所示。后申请线路紧急停电。

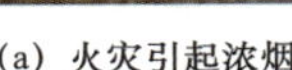

(a) 火灾引起浓烟

(b) 火灾浓烟威胁线路安全

图 3-20　火灾隐患示意图

（八）垂钓类

垂钓类隐患是指由于线路下方人员垂钓活动，钓鱼杆甩线至导线安全距离以内，导致线路放电跳闸。该类隐患通过人工、远程可视化巡视及时发现并劝阻线下钓鱼活动；在河流、鱼塘等可能发生钓鱼隐患的地段装设宣传警示牌；对群众开展电力设施保护宣传工作等方式进行预防。

典型案例 3-21

2021 年 12 月 5 日，220kV 西科 2Y07 线故障跳闸，重合成功。运维人员发现西科 2Y07 线 130～131 号区段通道内线路下方有黑色絮状残留物，如图 3-21（a）所示。该处正上方左相（B 相）导线有鱼漂及鱼线悬挂，导线上有放电痕迹，如图 3-21（b）所示，现场未见受伤人员或其他衣物残留。走访附近村民，表示上午有听到巨响。经分析：该次故障是由于 220kV 西科

2Y07 线 130～131 号区段通道内有人垂钓，甩杆时鱼漂（鱼线）缠绕导线，引发线路跳闸。

(a) 线下絮状残留物

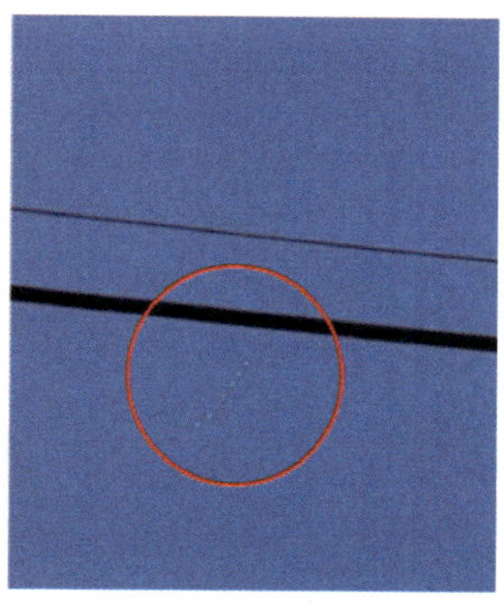
(b) 导线所挂鱼漂

图 3－21　垂钓类缺陷示意图

二、气象影响

气象影响是指自然环境因素对输电线路造成的危害，主要包括雷电、污秽、大风、冰雪、微地形、微气象区等可能超设计建设标准的气象条件，需要在相应的季节加强巡视监测。

（一）雷电影响

雷击可能造成线路跳闸，以及绝缘子、导/地线等输电设备损坏，多发于 6～8 月的雷雨季节，该类故障可通过雷电定位系统及时发现。对于雷电活动强度较高的区域应采取安装避雷器等差异化防雷措施，此外在雷雨季节来临前开展接地电阻测量工作，对不合格的接地应及时进行改造。

典型案例 3－22

2021 年 8 月 20 日，常州地区 500kV 天青 5621 线 B 相因雷击跳闸。故障时正值雷雨天气，查询雷电定位系统发现故障时杆塔附近有落雷，雷电流幅值达－390.1kA。故障巡视发现绝缘子、金具有明显的放电痕迹，如图 3－22 所示。

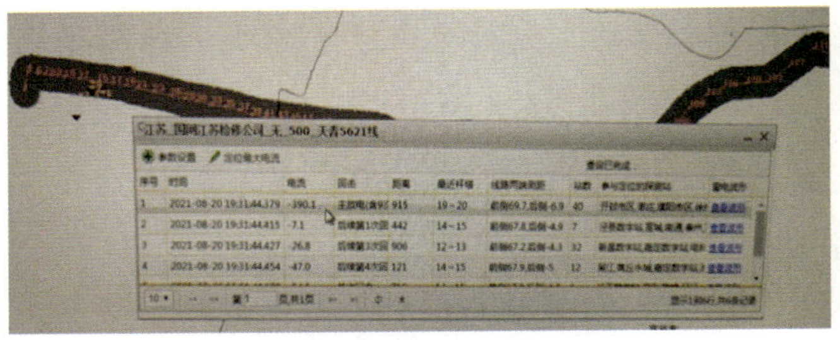

(a) 雷电定位系统查询截图

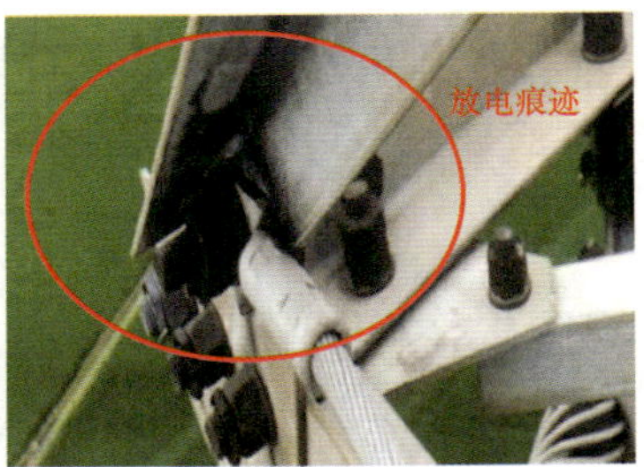

(b) 现场放电痕迹

图 3－22　雷电影响缺陷示意图

（二）雨雾污秽影响

一般在水泥厂、化工厂、矿物堆场等重污染地段或沿海空气潮湿、含盐量大的地区，空气中金属颗粒、污秽物、盐类等导电物质较多，附着在绝缘子表面，在毛毛雨、大雾等潮湿天气时，绝缘子的绝缘性能下降，导致线路异常放电甚至污闪跳闸。该类隐患可通过人工巡视、泄漏电流在线监测装置等方式发现，通过紫外成像仪进一步确认。

典型案例 3－23

2015 年 3 月 15 日，盐城地区 220kV 恒德 2E22 线 5 号塔 A 相因污闪跳闸。故障杆塔位于响水陈家港工业园区，附近有钢厂、热电厂、化工厂等重污染企业，金属粉尘较多。现场检查绝缘子积污严重，紫外检测时放电现象严重，如图 3－23 所示。

(a) 线路附近化工厂

图 3－23　污闪跳闸缺陷示意图（一）

(b) 现场绝缘子附着金属颗粒

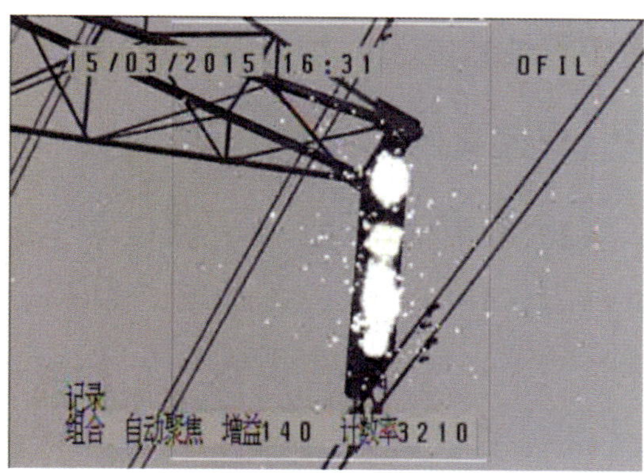

(c) 现场紫外检测放电现象

图 3-23 污闪跳闸缺陷示意图（二）

典型案例 3-24

2015 年 1 月 25 日，南京地区 500kV 汉龙 5298 线 98 号塔因大雾天气导致绝缘子放电异常，泄漏电流升至 60mA，紫外检测时放电严重，如图 3-24 所示。

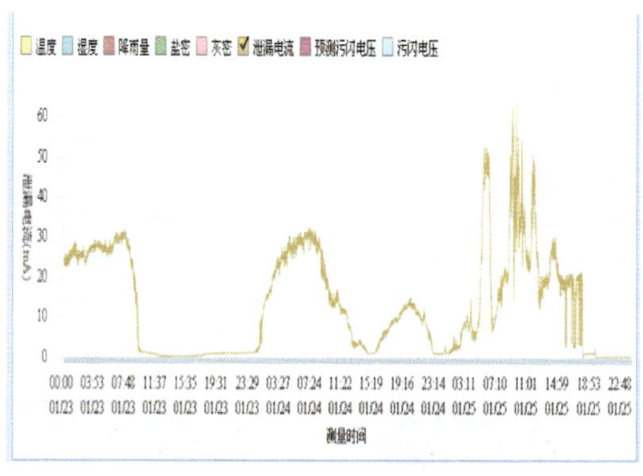

(a) 泄漏电流检测装置记录

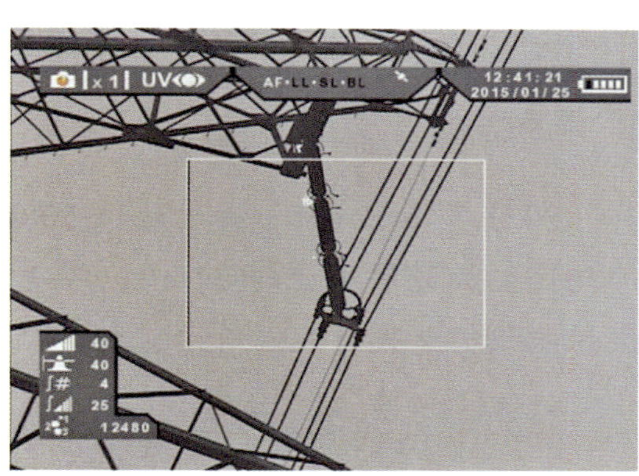

(b) 现场紫外检测放电情况

图 3-24 大雾天气导致绝缘子放电缺陷示意图

（三）大风影响

夏季易受台风影响、季节交替易形成飑线风或龙卷风等极端天气。大风会将薄膜、彩钢瓦等易飘浮物吹上线路、会造成导线风偏跳闸，飑线风会造成线路倒塔断线等。对于风害隐患应开展绝缘子串单改双、安装重锤等方式进行治理。对于极端异常天气应加强气象预警前的防治工作，加强突发状况的应急处置能力。

典型案例 3-25

2016 年 6 月 23 日，盐城阜宁地区出现强对流恶劣天气，最大风力 17 级以上，伴随冰雹、龙卷风，电网陆续发生 2 条 500kV 线路和 4 条 220kV 线路故障，设备发生倒塔及不同程度损伤，如图 3-25 所示。

图 3-25　风灾造成线路倒塔

典型案例 3-26

2021 年 6 月 6 日，宿迁地区 500kV 泗澜 5244 线 B 相因大风导致风偏故障跳闸。故障时风速超 31m/s，塔身及内侧线夹发现放电痕迹，周边树木被大风吹倒，如图 3-26 所示。

(a) 风偏导线放电痕迹

(b) 风偏塔身放电痕迹

图 3-26　风偏故障跳闸示意图

（四）冰雪影响

冰雪隐患的主要表现为冰闪导致线路跳闸、导/地线覆冰导致机械负荷增加造成导/地线断线、绝缘子金具断裂、杆塔倒塔等。通过人工巡视、远程可视化监控、无人机巡视等排查覆冰情况。覆冰严重时可采用机械脱冰、外负荷融冰等方式开展冰害隐患治理工作。对于设计冰厚取值偏低、抗冰能力弱而未采取措施的线路进行改造。

典型案例 3－27

2018 年 1 月 4 日，220kV 谏新 2556 线故障跳闸，重合不成。巡视发现 2556 线 8～9 号档距内中相子导线相互鞭击缠绕，中相子导线有放电痕迹，下相子导线有断股，如图 3－27 所示。现场询问附近居民，描述有看到火花并伴有剧烈放电声音，结合故障测距信息，并根据天气状况，判断故障原因为雨雪爆冷导致导线覆冰，导线在脱冰过程中发生跳跃，导致相间距离不足而引起放电。

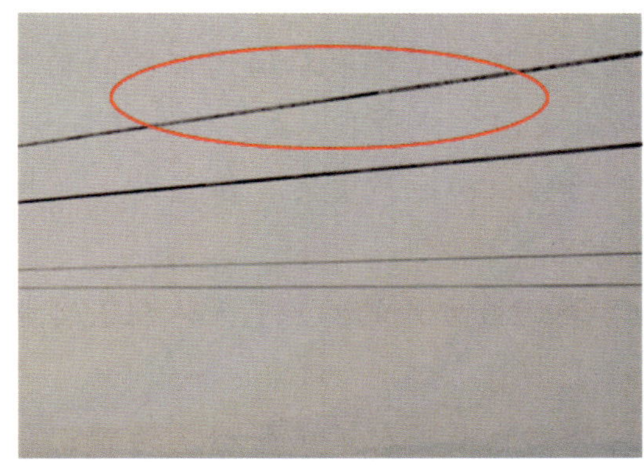

(a) 中相子导线放电痕迹

(b) 下相子导线断股

图 3－27　冰雪影响缺陷示意图

第三节　输电线路巡视检测

输电线路巡视检测（简称巡检）是指通过人工、可视化、无人机/直升机等方式对输电线路、通道环境和气象影响等进行巡视检查，应用技术手段对导/地线、金具、绝缘子、接地极等进行检测，及时发现输电线路本体和通道环境的各类隐患，组织消缺和落实相关防控措施，防止事故发生。

一、巡检工作内容

输电线路巡检一般分为正常巡视、特殊巡视、故障巡视和线路检测四种。

（一）正常巡视

正常巡视是指按一定的周期对线路设备（线路本体、附属设施）和通道环境（线路保护区）等进行检查，发现缺陷和隐患，掌握通道内环境的动态变化。正常巡视是对线路设备和通道环境的全面巡视。

典型巡视 1　输电线路实施立体巡视

（1）线路本体及附属设施巡视检查，主要包括地基地面、杆塔基础、杆塔、绝缘子、金具、导/地线、接地装置、拉线等有无缺陷和异常，防雷装置、杆号及相位等标识有无异常。

（2）对通道环境进行巡视检查，可及时发现和掌握线路通道环境的动态变化情况，对通道环境的各类隐患和危险源安排定点管控。主要检查建筑物、树木（竹林）、施工作业、交叉跨越、货物堆积、地质灾害、污染源、放风筝、易飘物等可能危及线路安全运行的情况。

（3）根据线路各部位的空间位置和各类巡检方式的特点，无人机、可视化、人工巡检各有侧重。

1）杆塔本体上层（塔头）巡检以无人机为主、人工（登检）为辅；杆塔下层（塔身）巡检以人工（移动）巡检为主。杆塔上下层分界点为最下层横担下平面位置。

2）通道环境以可视化监控和人工巡视为主，以无人机巡视为辅。其中人工巡视侧重于风险隐患管控，可视化监控侧重于通道异常情况发现，无人机巡视侧重于通道环境的全面快速排查。

（二）特殊巡视

特殊巡视按需要开展，目的是在特殊天气、特殊运行方式、特殊时段等条件下，针对性检查输电设备运行状况，并落实相应防控措施。

典型巡视 2　针对不同季节开展特殊巡视

（1）春夏季节：检查导/地线有无易飘浮物挂线；检查线路通道附近大棚、防尘网是否牢固、有无破损；排查通道附近放风筝、钓鱼等情况。

（2）夏季高温高负荷季节：检测耐张线夹、导线接续管、跳线管母接头有无异常发热现象；导/地线弧垂增加情况，与被跨越物安全距离是否满足；测量树线距离是否满足规程要求。

（3）雷雨季节：检查接地装置、防雷设施是否有缺失、损坏；开展接地电阻测量工作。

（4）秋冬季节：对通道沿线污染源开展特巡工作，检查是否有新增污染源或污染加重情况；利用无人机、紫外成像仪检查绝缘子表面积污情况；开展绝缘子盐密和灰密的测量工作。

（三）故障巡视

故障巡视应在线路发生故障后及时进行，目的是查找故障点、故障情况及查明故障原因。故障巡视时，巡视人员应根据故障相别、故障定位、天气情况等信息，针对性查找放电痕迹。

典型巡视 3　线路故障巡视要点

（1）线路发生故障后，无论开关是否重合成功，均应根据气象环境、故障录波、行波测距、雷电定位系统、在线监测、现场及远程巡视等信息初步判断故障类型，组织故障巡视。

（2）根据故障定位组织开展故障点查找工作，在利用无人机、可视化远程监控进行故障查找的同时，开展周边群众走访工作，及时发现故障点。

（3）对故障现场进行详细记录，包括通道环境、杆塔本体、基础等图像或视频资料，应取回引发故障的物证，必要时保护故障现场，组织初步分析。

（四）线路检测

线路检测是指线路运行过程中的非接触式检测，主要是采用红外热像仪进行导流金具红外测温、瓷绝缘子低值零值检测、复合绝缘子劣化检测，以及对地距离和交叉跨越距离测量等。线路检测应结合线路巡视进行，红外热像检测绝缘子时应安排在环境温度较低的季节进行，减少环境温度的影响，提高检测的精准性。

二、巡检策略优化

输电线路巡检策略优化的原则是：正确掌握线路设备缺陷和通道隐患发生的特点和规律，充分发挥各类新技术的作用，及时准确识别本体缺陷和通道隐患。突出针对性和差异化，将工作重点放在需要关注的重点区段和重点时段，减少人工低效劳动，提高巡检质效，及时落实防控措施，全力保障输电线路不跳闸。

（一）优化巡视周期

线路巡视周期的一般要求：城市（城镇）及近郊区域的线路巡视周期一般为 1 个月，远郊、平原、山地丘陵等一般区域的线路巡视周期一般为 2 个月。高山大岭、沿海滩涂等车辆人员难以到达区域的线路巡视周期一般为 3 个月。巡视周期应根据具体线路（或线路区段）进行差异化设置，并动态调整。

（1）根据线路重要程度进行优化。跨区线路、重要电源送出线路、单电源线路、重要联络线路、重要负荷供电线路、重要跨越和大跨越等重要线路的巡视周期应缩短。

（2）根据通道环境进行优化。通道环境恶劣的线路（区段），如易受外力破坏区、树竹速长区、易飘物多发区、偷盗多发区、采动影响区、易建房区等区段的巡视周期应缩短并定期及时开展相应测量、检测工作。对于存续时间较长（如建桥等）的施工隐患，应在可能导致线路跳闸的关键工序（如浇筑混凝土桥面等），安排专人值守。

（3）根据季节、气候特点进行优化。受季节影响明显的特殊线路（区段），如重污区、重冰区、地质灾害区、鸟害多发区、山火高发区等区段应开展专项特巡并缩短巡视周期。对于特殊天气如雷雨大风前后应该开展防雷、防汛、防异物等专项特巡工作并缩短巡视周期。

（二）优化技术应用

输电线路巡检工作可通过应用远程可视化、无人机及各类在线监测等技术提升巡检质效，降低人员劳动强度。

（1）实施可视化远程巡视。提高线路通道环境可视化的覆盖率和隐患自动告警准确率，常态化开展远程巡视，减少人工巡视路程往返，提高通道环境巡视效率。对于实现了上述通道可视化的线路（区段），人工地面巡视的周期可以适当延长。

典型巡视 4

2022 年 4 月 20 日，可视化监控员发现 ±500kV 宜华线 2297 号塔小号侧有吊车进入通道内作业，可视化系统自动推送告警信息如图 3－28 所示。

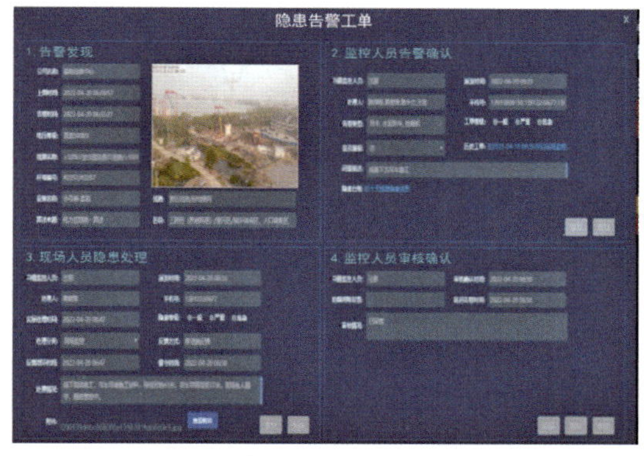

（a）可视化系统推送告警信息

（b）告警图片

图 3－28　可视化远程巡视示意图

（2）应用无人机立体巡视。加强无人机在本体巡视上的应用，应用图像识别技术进行本体缺陷查找，可以在“高视角”更加精准辨识缺陷状况，提高缺陷研判效率，同时大幅度降低人工登塔巡视作业风险，提升巡视效率。加强无人机在通道环境巡视上的应用，利用无人机视角灵活的特点及时发现人工和可视化远程巡视的死角。还可通过无人机挂载各类设备，对线路开展通道三维激光扫描、本体红外测温等巡检工作。

（3）电缆在线监测。220kV 及以上输电电缆因其重要性应考虑安装在线监测设备，分为本体监测与环境监测两类。本体监测包括分布式光纤测温、环流在线监测、局部放电在线监测等，环境监测包括通道沉降监测、有毒有害气体监测、防外破监测等。通过远程监测及时掌握电缆设备及通道的实时运行状况。

三、巡检工作班组管理

输电线路巡检工作安排应根据线路缺陷或隐患发生的特点有针对性地组织。输电线路的缺陷或隐患绝大部分由外部原因引起，通道环境隐患具有明显的季节性特征，且与周边施工建设密切相关，巡检工作要掌握通道环境状况的变化，发现问题和异常。

针对线路设备缺陷和通道环境隐患发生的不同特点，杆塔塔头部分和通道环境、杆塔塔身部分的巡视可以按不同的周期分别进行。

（一）制定巡检计划

（1）应根据上一年度线路运行情况、通道环境情况、线路重要性变化情况、新投产线路验收情况等评估确定输电线路（区段）的综合分类。

（2）根据输电线路综合分类评估，以及线路巡检的一般周期要求、季节性特殊巡检要求、新线路投运计划等要素，综合制定人工、可视化、无人机等年度、月度及周班组巡检计划。针对特殊气象、薄弱运行方式、重大保电活动等情况，滚动调整巡检计划。

（3）年度计划一般需要考虑季节性特点，如：接地电阻测量通常在每年11月至第二年3月完成，便于在雷雨季节前完成不合格接地改造工作；交叉跨越测量一般在5月迎峰度夏前完成重要跨越以及树线距离裕度较低区段的测量，防止夏季高温导致导/地线弧垂增大使得交叉跨越安全距离不足发生放电事故；红外检测通常在6～8月迎峰度夏期间开展，以便发现高温大负荷期间连接金具发热的缺陷；冬春季环境温度较低，安排红外热像检测发现绝缘子劣化和零值。

（4）月度计划、周计划根据年度计划滚动调整安排，对因市政施工等外部影响新出现的隐患进行跟踪管控。

（二）危险源管控

危险源管控特别是建设施工类危险源是线路巡检的重要工作之一，应建立危险源台账管理，做好危险源评估，建立沟通协调机制，落实物防技防措施。

（1）危险源台账管理。应将通过巡视等方式发现的线路危险源及时纳入台账管理，记录清楚危险源的基本情况和主要危险成因。对于重大危险源，实行“一患一档”持续跟踪管理。

（2）危险源评估。通过现场勘查、走访工程项目指挥部等方式，掌握工程施工方案计划，分析危险源的基本状况，评定危险源等级。重点掌握吊车和泵车的使用情况，以及是否接近线路施工可能导致故障跳闸。不同的施工项目，危险源分析侧重点不同。

（3）建立沟通协调机制。发现危险源后要及时联系项目指挥部和施工单位，告知可能的安全风险并发送安全隐患通知书；对于可能危及电力设施安全运行的危险源，应通知停止施工。线路设备主人要与项目指挥部和施工单位建立联系沟通机制，了解项目施工方案和进度，掌握吊车、泵车等大型机械使用情况，为安排施工关键点的现场值守提供准备，必要时安排专人值守。

（4）做好物防技防措施。在通道保护区内设置各类警示标识并定期维护。在隐患点线下设置限高线、限高网、拦河索等限高装置，在临近通行道路区段杆塔周边设置防撞墙、防撞护栏、防撞桩等设施，在山坡、河边等易遭受雨水冲刷区段砌筑杆塔基础水泥护坡。安装视频监控自动识别通道隐患并告警，提升现场管控效率。

四、巡检工作专业管理

线路巡检专业管理要以及时发现缺陷、消除缺陷、管控住外部危险源为目标，防止线路跳闸，保障线路安全运行。

（一）管理重点

（1）做好危险源管控。通道环境隐患和气象影响是线路安全运行最频发的威胁，外部施工导致事故是线路安全运行最严重的威胁。管住危险源是线路专业工作的重中之重，要从建立台账、评级分类、跟踪管理直至现场值守确保风险管控。制定施工危险源防控工作标准模板，明确不同工程、不同时段的不同管控要求等。

（2）做好运行分析总结。定期组织开展缺陷统计分析和运行分析总结，深入分析线路跳闸及重大缺陷隐患，掌握其发生的根本原因，优化巡检工作策略，制定应对措施，不断修正和完善危险源管控的方法和重点。对于频繁发生的缺陷和设备原因的跳闸应提出大修或技改的意见。

（3）做好巡视工作的组织。适应输电线路分布广的特点，建立设备主人负责的专业化和属地供电公司、供电所属地化通道环境巡视相结合的网格化防外力破坏管理体系，实现网格内输电线路一体化管理，提升缺陷隐患的反应速度。

（4）做好线路专项管理工作。加强通道环境隐患分析，及时对线路污区分布图、雷区分布图、鸟害分布图、风区分布图、冰区分布图、舞动区域分布图等进行绘制与修订，查找巡检工作薄弱环节、线路运行高风险区域等信息，针对性制定巡检提升措施。

（5）开展不停电检测技术研究。应用先进成熟技术在线路巡检工作中的应用，减轻劳动强度提高巡检质效。例如研究应用无人机开展输电线路巡视、红外检测实现替代人工登塔，应用线路通道可视化及图像智能识别实现通道内隐患自动发现及告警，应用输电线路分布式故障诊断实现线路故障点快速精确定位等技术，极大减轻巡视、登塔等工作的劳动强度、提高检查质量和降低作业风险。

（二）监督检查

（1）输电线路巡检工作的监督检查主要是对巡检计划的完成情况、巡检质量进行检查，对缺陷管理和危险源管控有关工作的落实到位情况进行检查。

（2）组织交叉巡视，发现因个人局限、理解不到位和工作不到位而没有发现的问题。

第四章

现场作业管理

现场作业是指运行设备的检修、试验、临近运行设备的改扩建以及辅助设施上的工作。主要包括按计划开展的大修、技改、扩建等建设类施工，按计划开展的周期性检修、试验、校验和消缺等检修类作业，以及突发性开展的紧急消缺、故障处置等非计划类作业。

在运行现场开展的改扩建工程与电网、设备运行紧密相关，是对运行安全和人身安全威胁最主要的因素。因此，生产管理应把归属于建设专业管理的改扩建工程在运行现场的施工一起统筹考虑，重点关注建设施工对运行设备的影响和运行设备对施工安全的影响。

现场作业管理的重点是防止人身触电、保障电网安全、保证工作质量和进度，重点场景是在运行变电站内的作业。现场作业人员要严格落实《电力安全工作规程》《输变电设备状态检修试验规程》《继电保护状态检修检验规程》《电气装置安装工程施工及验收规范》《电气装置安装工程电气设备交接试验标准》等有关安全与质量的工作要求。运维人员作为设备主人，要和作业人员（包括施工单位、分包单位、支撑厂家等）做好沟通对接，对在变电站内的现场作业进行有效监管。

第一节　建设类施工

建设类施工是指为了满足电网发展、技术改造等需要而安排的作业，包括在运行变电站内扩建母线、变压器、出线，一次设备大修技改，保护和自动化系统改造，故障处理的后续设备大修、更新改造等作业。

这类作业的特点是：工作量比较大、持续时间长，一般都需要开展一次设备吊装，二次电缆拆除、新放、改接等工作，作业风险高。参与施工的队伍多、人员杂，运输、吊装、土建等施工人员素质参差不齐，临近带电设备作业的意识不强，容易出现人为失误。但是项目计划性强，各项准备工作可以做得比较充分。

运行变电站内的施工作业因临近带电的运行设备而有其特殊性，存在运行与建设的交圈地带。一方面施工作业易造成设备跳闸引起电网事故，导致对外停电；另一方面临近带电设备作业易发生触电，导致人身事故。由于电网运行方式随时会发生改变，现场情况也可能发生变化而与工程前期的情况不一致，如果进入运行现场的施工作业人员对变电站内设备的运行方式不了解，运维人员对施工作业的方案不掌握，就极其容易发生上述事故。

生产运行专业和运维人员要树立设备主人的意识，对进入运行变电站的施工作业进行监管，重点是运行与建设的交圈地带。在进场施工前运维人员和施工作业人员应一起开展方案审核、现场交底等工作，做到各类人员、停电范围、带电部位、作业地点、重要工序、安全措施等关键要素都交底清楚，在施工过程中共同对关键环节加强管控。

一、方案审核

在进场施工前，施工单位应根据项目的施工方案和组织措施、技术措施、安全措施（简称“三措一案”）编制施工方案简版提交给运行单位，运行单位应组织有关专业的工程师和属地运维班组人员进行审核，如有疑问应与施工单位及时澄清。

1. 工程主要内容

掌握工程项目的主要内容和开竣工时间，确定土建、电气一次、电气二次的作业地点、范围和主要工作内容。

2. 组织措施

掌握施工单位和监理单位项目负责人的安排情况，有关分包单位、外包单位和制造厂的安排情况，工作票负责人和各专业负责人的安排情况。了解项目参与单位和项目关键人员的过往业绩和工作能力，生产运行有关班组长、专业人员与工程关键人员互相交流情况。

3. 施工计划

掌握工程总体进度安排，重点关注关键工序的时间安排，特别是动用大型机械的环节和近电作业环节。如：挖土机开挖基础、材料进场装卸、吊装设备、运行电缆沟内放（拆）电缆等重要节点，这些工作极易发生事故。

典型案例 4－1 500kV 东善桥变电站扩建 220kV 公塘 2 线工程施工方案简版

一、总体安排

1. 工程主要内容

（1）土建主要工作：地面新建开关基础 1 座、Ⅲ母隔离开关基础 1 座、电流互感器基础 3 座、线路隔离开关基础 1 座、避雷器基础 3 座、电压互感器基础 3 座、端子箱基础 1 座、出线电缆终端基础 1 座、电缆通道基础 1 座；二层平台新建Ⅳ母隔离开关基础 1 座、悬垂绝缘子支架 3 座。

（2）电气主要工作：一次设备安装、母线隔离开关与 220kV 母线引线搭接、二次接线及调试、设备电气试验；拆除退役屏 4 面、新建保护屏 2 面、线路测控屏 1 面、二次电缆敷设、单体及整组调试。

2. 开竣工时间

（1）土建工作：2021 年 3 月 29 日至 2021 年 4 月 20 日。

（2）电气工作：2021 年 4 月 15 日至 2021 年 6 月 3 日。

二、组织措施

施工单位：NY 公司，项目负责人：孙××。

监理单位：XL 公司，项目负责人：梁××。

工作票负责人：倪××。

各专业班组负责人（安全监护人），土建组：夏××；电气组：焦××；调试组：张××。

三、施工计划

（1）2021.3.29～2021.4.9：出线电缆通道开挖、基础制作、电缆通道内支架制作。

（2）2021.3.29～2021.4.15：开关、Ⅲ母隔离开关、电流互感器、线路侧隔离开关、端子箱基础建设，二层平台Ⅳ母隔离开关基础、二层平台悬垂绝缘子支架建设。

（3）2021.4.9～2021.4.19：避雷器、电缆终端、电压互感器基础建设。

（4）2021.4.15～2021.4.20：土建基础保养、验收消缺。

（5）2021.4.10～2021.4.12：开关、隔离开关、电流互感器等一次设备及相关附件进场。

（6）2021.4.15～2021.4.28：一次设备安装，二次电缆敷设，接线、间隔内设备做电气试验。

（7）2021.4.17～2021.4.18：一次设备吊装。

（8）2021.4.29～2021.4.30：电气验收消缺。

（9）2021.5.1～2021.5.2：母线隔离开关与220kV Ⅳ段母线搭接（吊装），电气闭锁及“五防”校验。

（10）2021.5.1～2021.5.4：母线隔离开关与220kV Ⅲ段母线搭接（吊装），电气闭锁及“五防”校验。

（11）2021.4.20～2021.5.31：保护室退役屏拆除，新增间隔保护屏、测控屏、电能表计安装，二次电缆敷设、接线，调试及保护通道联调。

（12）2021.4.25：保护、测控等二次设备及相关附件进场。

（13）2021.5.29～2021.5.31：工程竣工验收消缺。

（14）2021.6.1：220kV Ⅲ/Ⅳ段母线第一套母差保护停用，公塘2线接入母差保护并整组试验。

（15）2021.6.2：220kV Ⅲ/Ⅳ段母线第二套母差保护停用，公塘2线接入母差保护并整组试验。

（16）2021.6.3：启动调试。

四、停电计划

（1）2021.5.1－2021.5.2：220kV Ⅲ、Ⅳ段母线停电（220kV母线上下层布置、Ⅳ段母线在上层，Ⅲ段母线陪停），母线隔离开关与220kV Ⅳ段母线搭接，电气闭锁及“五防”校验。

（2）2021.5.3－2021.5.4：220kV Ⅲ段母线、Ⅱ段旁路母线停电（安全距离不够，Ⅱ段旁路母线陪停），母线隔离开关与220kV Ⅲ段母线搭接，电气闭锁及“五防”校验。

（3）2021.6.1：220kV Ⅲ/Ⅳ段母线第一套母差停用，公塘2线接入母差保护并整组试验。

（4）2021.6.2：220kV Ⅲ/Ⅳ段母线第二套母差停用，公塘2线接入母差保护并整组试验。

4. 停电计划

停电计划是工程实施的重要环节，特别是拆（搭）设备引线或吊装设备时，受现场设备布置方式的不同影响较大。需要审核施工方案与停电范围是否匹配，是否能够保证足够的安全距离。分阶段实施的作业方案与停电计划是否一致。耐压局部放电试验方案、陪停设备范围是否考虑全面，站用电源是否满足要求等。

典型案例 4－2 安全距离不满足要求

2020年11月，500kV东善桥变电站实施35kV电容器限流电抗器技改更换工作，审核施工方案时，发现该限流电抗器上部存在主变压器220kV侧跨线，电抗器吊装时吊车与跨线安全距离不符合要求，需主变压器配合停电实施，如图4－1所示。

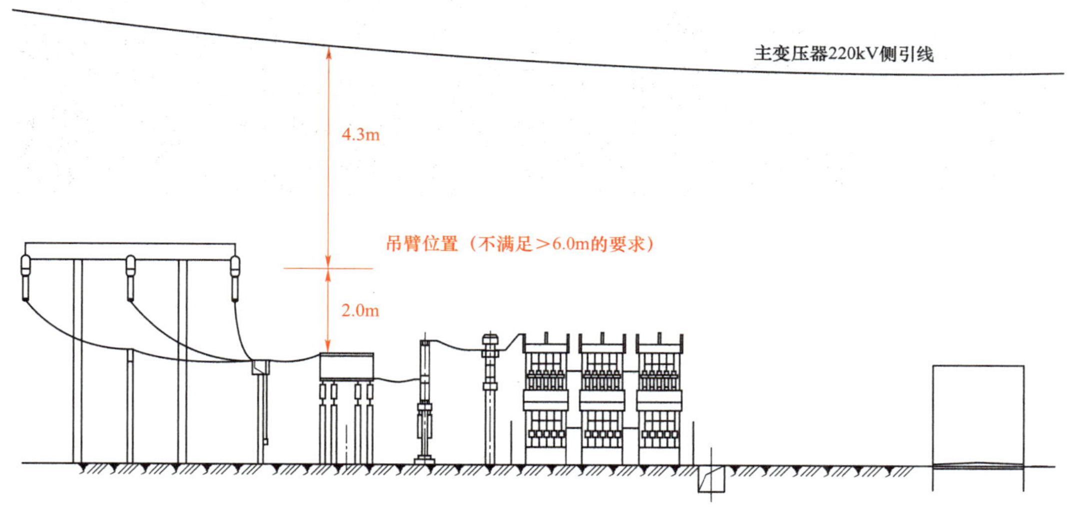

图4－1 35kV电容器间隔断面图

典型案例 4－3 作业方案与停电计划不一致

2017年1月13～25日，500kV安澜变电站开展检修，作业主要分两个阶段。在方案审核时，发现第一阶段方案中 5061、5062、5071、5072 开关检修及保护校验中未包括重合闸定值修改工作（修改工作原计划在第二阶段方案中实施），但由于开关保护是单套配置，修改重合闸定值必须一次陪停，而第二阶段时上述开关已复役。

典型案例 4-4　隔离开关耐压试验需陪停母线及主变压器

2021 年 6 月，500kV 惠泉变电站实施 50312 隔离开关 A 相更换工作时，由于 5031 断路器 A 相气室破空（两个气室之间的隔盆同步更换［见图 4-2（a）］，耐压试验时需要对 5031 断路器 A 相合闸对地绝缘进行考核［见图 4-2（b）］，红色为加压考核部分），考虑到 50311 隔离开关静触头侧与Ⅰ母线相连，耐压期间该部位不能带电，因此耐压试验时除加压部位的 2 号主变压器停电外，Ⅰ母线需要陪停。

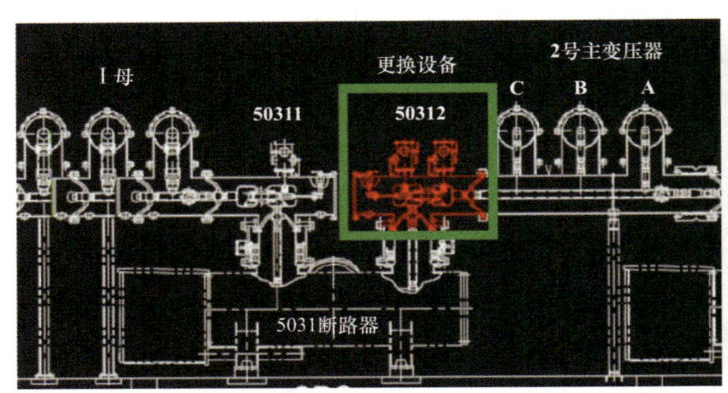

(a) 50312隔离开关更换示意图　(b) 50312隔离开关耐压范围示意图

图 4-2　隔离开关耐压试验需陪停母线及主变案例示意图

5. 安全措施

审核安全围栏设置是否规范到位，审核吊车等特种车辆的行驶路径、作业位置、作业半径以及与临近带电设备的安全距离。施工类作业一般因参与队伍多、进退场次数多、持续时间长，容易发生误入带电区域等不安全事件。安全围栏的设置应从设备区进出口到作业区域都加装临时隔离围栏，确保作业进出通道、作业区域与运行区域有效隔离，使施工人员不易走入运行区域。施工类作业应设置固定式安全围栏，围栏应使用 1.7m 高的硬质围栏，确保牢固、可靠且只能预留一个出入口，入口处应设置车辆限高杆。

典型案例 4－5　500kV 变电站扩建工程围栏

500kV 变电站扩建工程围栏示例如图 4－3 所示。

(a) 施工区入口处的围栏及限高

(b) 设备区围栏

图 4－3　500kV 变电站扩建工程围栏示例

二、现场交底

现场交底是“三措一案”与作业现场是否相符的再次审核，是施工人员与运维人员的相互交底，也是施工人员与运维人员相互熟悉的过程，一般应在开工前一周内开展。现场交底应由运维人员和施工人员一起在现场开展，所属运维班、施工负责人和分专业小组负责人、外包队伍负责人均应参加，真正做到现场交底不清不开工。主要有以下重点内容：

（1）现场确认工作票负责人、监护人、专业小组负责人等工程关键人员是否与“三措”一致。

（2）现场确认作业方案与停电范围是否匹配，能否保证足够的安全距离。围栏设置是否合理、是否符合“三措”要求，预留出入通道是否加锁管控。

（3）现场确认作业使用的吊车、高架车等特种车辆的行驶路径、作业停靠的位置、起吊、吊臂升降移动和带电设备的安全距离是否满足要求，确认使用梯子等较高、较长作业工具的位置能否与带电设备保持安全距离。

（4）现场确认运行电缆沟内抽、放电缆的范围和安全措施是否适当有效。

（5）现场确认作业使用施工电源的接入位置，施工电源的保护措施。

（6）逐一确认现场安措，向施工作业人员交代清楚现场设备运行方式、停电范围、工作区域，特别需重点交代作业区域各侧临近的有电设备、危险点和注意事项，以及作业期间涉及特种车辆、动火等特殊管控要求。

三、过程管控

过程管控的目的是通过监督检查发现施工过程与既定的施工方案和安全措施的偏差，对关键节点（如材料进场、设备吊装、土建挖掘、屏柜组立、二次电缆拆放等）进行监督，要求作业单位加强管理，发现其他安全质量方面存在的问题。主要有以下重点内容。

1. 严格管控作业范围

检查现场作业人员在指定的范围内开展工作，特种车辆进出及停放位置符合施工“三措”规定。生产运行单位和施工单位都不能要求或擅自扩大工作范围，不能超出工作区域增加工作内容。

典型案例 4-6 工作负责人擅自扩大作业范围

500kV 凤城变电站扩建 5053、5063 开关，凤仲 5K29 线、凤洋 5K30 线接入第 5、6 串工程。2022 年 4 月 5 日，在完成第五串、第六串 HGIS 有关停电安装工作后，工作负责人擅自决定提前开展原计划 4 月 14～20 日 500kV Ⅱ母线停电期间的工作，组织作业人员使用吊车吊篮在新扩凤洋 5K30 线零档线处（此时邻近的 500kV Ⅱ母线处于运行状态）进行高空作业（四变二线夹安装），如图 4-4 所示。运维人员发现后立即制止并收回工作票，责令停工整改，避免了一起安全事件的发生。

2. 严格管控高危工序

对于材料进场、设备吊装、高架车作业、土建挖掘、屏柜组立、二次电缆拆放等高风险关键工序，生产运行单位要督促施工单位加强现场监控，同时做好旁站监督。对于电缆拆除，应在两端逐芯剪断裸露部分，做好绝缘包扎并标记后抽除，严禁直接在电缆沟内剪断电缆。对于新电缆敷设，挖掘防火封堵时应采取防护措施，防止机械损伤运行中的电缆。

图 4－4　现场吊车违章施工图

典型案例 4－7　拆除电缆时直接剪断，导致运行设备跳闸

2020 年 9 月，500kV 茅山变电站现场开展茅武 5684 线线路保护及 5031、5032 开关保护更换工作。9 月 15 日，在拆除 5032 开关保护屏至第三串操作继电器屏回路电缆时，采用在电缆沟内直接剪断的方式，误剪 5033 开关保护屏至第三串操作继电器屏回路电缆，导致 5033 开关跳闸。

典型案例 4－8　挖掘电缆封堵误损电缆造成主变压器跳闸

2021 年 6 月 1 日，MD 公司 500kV 兴安变电站现场开展一键顺控改造项目施工作业。施工人员在不掌握 3 号主变压器开关端子箱防火封堵内电缆走向的情况下，使用铁钎等锐器在防火封堵材料上进行破孔，误将电缆损坏，造成 3 号主变压器的第二套变压器保护中压侧电流回路电缆线芯经钢铠短接，导致主变压器差动保护动作跳闸。

3. 严格管控现场安措

作业过程中，运维人员要定期做好安全措施的核查。工作负责人、工作许可人任何一方都不得擅自变更安全措施，工作中如有特殊情况需要变更时，应先取得对方的同意并及时恢复。

典型案例 4－9 擅自破坏安措，导致保护误动

2010 年 4 月 18 日，500kV 石牌变电站进行 5277、5278 线相关保护屏安装、保护屏电缆二次接线、保护屏调试工作。作业人员在验证 5072 开关保护至石山 5278 线第二套线路保护失灵启动远跳回路时，擅自将 5072 开关至斗牌 5268 线第二套线路保护失灵启动远跳端子上的绝缘胶布撕开，并用万用表电阻档检查回路，导致斗牌 5268 线第二套保护远跳回路导通，造成对侧变电站开关跳闸。

四、终结验收

运维人员要做好作业终结验收工作，严格把控现场安措的恢复，对于运行设备要恢复到原来的状态，对于新设备要做到零缺陷投运，恢复到启动试验方案规定的状态。

1. 现场安措恢复

检查核实工作期间作业人员所做安措已经恢复，设备一、二次状态已经恢复至许可时状态。

典型案例 4－10 带接地刀闸合断路器，造成主变压器送电跳闸

2013 年 10 月 11 日，220kV 溧阳变电站 2 号主变压器及三侧设备检修试验。110kV 702 间隔一次接线如图 4－5 所示，运维人员在 110kV 7023 隔离开关验收结束后，为图方便擅自变更安措，以 7026 接地刀闸代替 7 号接地线（拆除 7 号接地线，合上 7026 接地刀闸，以作为 2 号主变压器本体检修的 110kV 侧安措），且安措变更未履行相关手续。工作结束恢复安措和主变压器复役操作时，运维人员均未发现 7026 接地刀闸在合位，导致带接地合断路器，造成主变压器送电跳闸（溧阳变电站防误装置采用的是微机防误联锁加单间隔电气联锁，而不是测控联锁装置，不能实现主变压器三侧间隔间的相互联锁）。

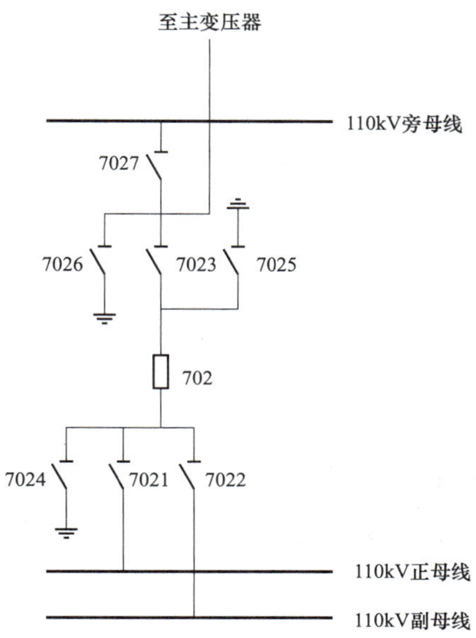

图 4－5　110kV 702 间隔一次接线图

典型案例 4－11　没有恢复保护安措，线路故障无法出口跳开关

2020 年 5 月 31 日，220kV 兆群变电站的 220kV 兆扶 26K1 线、26K2 线相继发生故障，线路保护动作但无法出口跳开关，导致 220kV Ⅰ母、Ⅱ母母差失灵保护动作，Ⅰ母、Ⅱ母全停。经调查发现，2019 年扩建兆扶 26K1、26K2 线路间隔，带负荷试验工作时将智能终端出口硬压板退出（施工单位自行实施），工作结束后施工单位未恢复。线路投运时运维人员仅对软压板进行了检查核对，未核对硬压板状态，两条线路的智能终端出口压板一直都在退出状态。26K1 及 26K2 智能终端硬压板如图 4－6 所示。

2. 设备状态恢复

加强与运行系统直接连接新设备的管控，验收完成后应按照运行设备要求管理，做好隔离管控措施，防止影响运行设备安全。重点关注新增电流、失灵启动、联跳等二次回路在带负荷试验前是否可靠断开，带负荷试验后是否可靠接入；新增直流设备与直流母线是否可靠连接、直流回路有无接地异常。

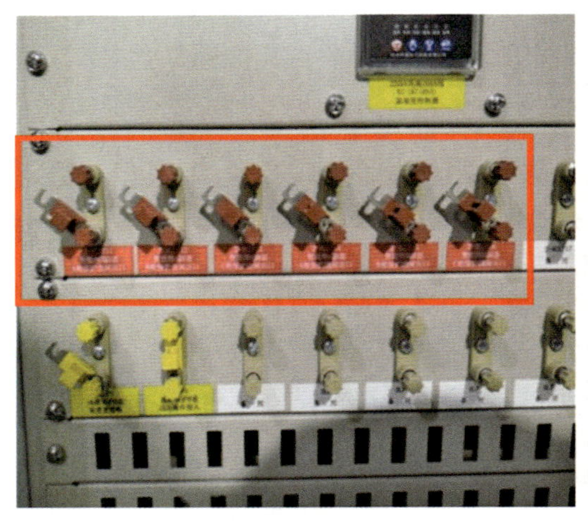

(a) 26K1 智能终端硬压板

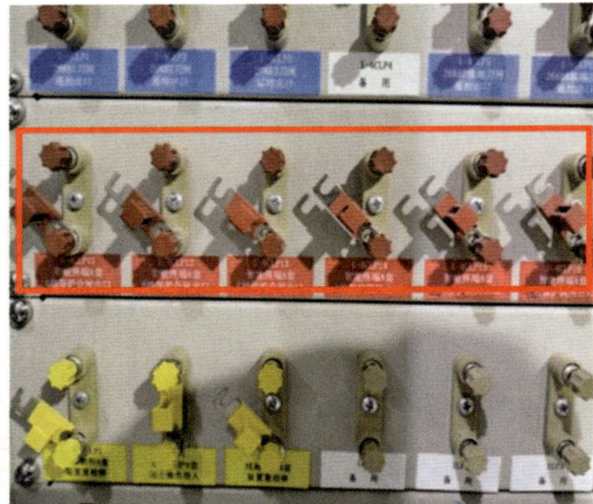

(b) 26K2 智能终端硬压板

图 4－6 线路保护智能终端压板

典型案例 4－12 直流系统失却导致故障扩大

2016 年 6 月 18 日，SX 公司 330kV 南郊变电站同站共建的 110kV 韦曲变电站 35kV 韦里Ⅲ线故障电缆沟失火，韦曲变电站 35kV、10kV 母线电压降低，南郊变电站 1、2、0 号站用变压器低压侧脱扣跳闸，直流系统失去交流电源。故障前，南郊变电站进行了直流系统改造，更换后的两组新蓄电池至两段母线之间的隔离开关未合上，充电屏交流电源失去后，造成直流母线失压，从而导致全站保护拒动。最后依靠对侧变电站后备保护切除故障，损失负荷 28 万 kW，110kV 韦曲变电站 4、5 号主变压器烧损，330kV 南郊变电站 3 号主变压器烧损。

3. 通信自动化核查

通过实际操作、信号核对及相关回路配合验证等方式实施全面验收。检查监控后台及设备本身无异常信号，各类表计数据是否正常，遗留缺陷是否已经消除。对改造后的监控系统后台、测控装置“四遥”功能、逻辑闭锁应进行逐项、逐条验收。逻辑闭锁验收时，优先采取带一次设备进行验收，并注意电气闭锁、逻辑闭锁、机械闭锁之间的相互影响。

典型案例 4-13 安措执行不到位，检查复归不到位，导致跳闸

2014 年 5 月 14 日，500kV 天目湖变电站更换 5022TA，此后开展 5022 开关保护联动试验，涂目 5917 线路改冷备用陪停。工作结束后进行复役操作时，对侧当涂变电站开关合闸后即发生跳闸。经调查分析发现，天目湖变电站为智能变电站，当涂变电站为常规变电站。在此种情况下，天目湖侧的线路保护投入置检修压板不能防止对侧收到远跳令后动作跳闸，需要断开与对侧的线路保护通道光纤。天目湖侧工作时，现场未实施断开通道光纤的安措，导致远跳命令发到对侧，造成对侧线路保护 LOCKOUT（自保持）继电器动作。当涂变电站运维人员在未复归动作继电器的情况下，进行开关合闸操作，导致开关合闸后立即跳开。

典型案例 4-14 通信 SDH 设备升级导致开关跳闸

2022 年 4 月 21 日，500kV 梅里变电站的 500kV 梅木 5275 线第二套 FOX 装置显示收到对侧远跳命令，跳开 5073 开关（5072 开关已停运），导致梅木 5275 线失电、苏南 UPFC 站 UPFC 设备退出运行。原因为：在开展吴江变电站中兴 SDH 设备软件升级工作时，由于该 SDH 设备配置的 P 型交叉板是早期单板，导致梅木 5275 线第二套 FOX 装置纵联通道发生自环，FOX 装置收到了自身发给 UPFC 站的远传信号，同时 FOX 装置通道自环防误能力不足，误将收到的自身发出远传信号识别为对侧 UPFC 站发出远跳命令。

第二节 检修类作业

检修类作业是指为维持设备性能和掌握设备状态而进行的检修维护、试验、校验等工作，目的是使设备经常处于良好的技术状态，减少非计划停运。检修类作业主要包括按计划安排的周期性检修试验、保护校验、定期切换和其他辅助性工作，以及按计划安排的设备消缺工作。

这类作业的特点是：一般需要安排一二次设备停役，涉及一次引线拆搭、二次端子排断通等工作，临近运行的设备间隔和盘柜，但不需要进行吊装、解体、二次电缆拆除及新放等工作，总体风险较低。工作安排具有计划性，且按周期开展具有重复性。作业人员一般是相对固定的熟悉现场和设备的人员，总的原则是固化标准化的作业模板，突出规程和规范的严格执行，确保作业安全和质量。

一、工作内容

检修类作业内容包括：为开展试验工作而进行的设备引线拆搭、接触面保养，为防止外绝缘劣化而进行的检查、清扫，为维持机构、触头等设备的机械性能而进行的检查、清扫、润滑、紧固及调整等检修维护工作，为测定绝缘劣化程度或性能降低程度而进行的电气试验，为验证继电保护特性和开关动作性能而进行的定期校验、试验，为保证备用设备的完好性而进行的定期切换试验，以及消缺、辅助设备维护等。工作重点如下：

（1）设备外观检查、清扫、维护。

（2）充油（气）设备油位（气压）检查，渗漏消缺。

（3）断路器（隔离开关）触头检查、维护，机构润滑、调整，螺栓及二次线紧固，操作功能验证。

（4）绝缘试验（绝缘电阻、电容量和介质损耗）、特性试验（直流电阻、机械特性）、绝缘介质（油、气）试验。

（5）继电保护、电网安全自动装置、非电量装置（温度计、油位计、气体继电器、密度继电器、防跳及非全相继电器）校验。

（6）直流系统、备用电源等定期切换试验。

（7）消防、防汛、照明等辅助设备维护。

（一）变压器类设备

检修工作主要包括：套管检查、清洁、维护；分接开关检查、维护，必要时更换绝缘油；冷却器清扫；风扇、油泵检查及维护；本体油位、渗漏油检查；非电量保护装置校验等。配合试验工作，拆搭高压引线，接触面清洁、打磨处理。试验工作主要包括绝缘油试验、绕组电阻试验、电容量和介质损耗试验等。

变压器类设备检修工作内容较多、试验较复杂，但设备布置比较宽敞或是有单独的变压器室，近电作业风险不太突出。

（二）断路器类设备

检修工作主要包括：对机构进行清洁、润滑，检查部件是否完好、有无松动卡涩、设备分合闸功能是否正常，机构储能打压是否正常等；对断路器瓷套、支柱进行清扫并检查，检查 SF_6 压力；检查辅助开关、分合闸线圈等部件是否完好。试验工作主要包括主回路电阻测试、机械特性测试、SF_6 气体湿度测试等。

断路器设备检修工作重点是机构和辅助开关。在开展断路器试验可能需要临时拉开接地刀闸或拆除接地线时，应得到运维人员的许可并加强监护，这是改变安措的高风险操作。另外，由于相邻间隔较多且相似还可能存在走错间隔的风险。

（三）隔离开关类设备

检修工作主要包括：检查导电臂、触头有无烧损、变形（敞开式）；操作过程有无卡涩、异响；分合闸是否到位、同期是否符合要求；对传动机构进行除锈、润滑、紧固等；对支柱绝缘子进行检查清扫。试验工作主要包括主回路电阻测试、SF_6 气体湿度测试（组合电器）。

母线隔离开关（主要是敞开式）检修由于存在母线同停、其他线路倒排，操作多、影响范围大、现场作业时风险较大等因素，需要加强安全和质量监督。母线隔离开关检修时要防止误动、误操作对应运行母线的母线隔离开关，以免引起电网或人身事故。

线路隔离开关（主要是敞开式）检修的重点是防止拉合线路侧接地刀闸等变更安措的行为，引发感应电触电事故。

（四）保护校验

保护校验工作主要包括采样功能检查、保护功能验证、电缆绝缘检查，开关整组传动试验、信号核对、定值核对等。

保护校验工作的重点是严格二次安措票的应用，对电流、电压、联跳、远跳等回路的通断操作，规范使用二次安措票并仔细实施，防止“三误”（误断、误短、误碰）事件发生。

（五）箱柜类设备

检修工作主要包括：检查箱柜密封良好，无进水、凝露、受潮迹象，驱潮加热装置（空调、加热器、风扇）功能正常，柜内环境干净、整洁、照明完好，无二次标牌脱落或二次元器件发热、异响，电缆封堵严密。

（六）定期切换试验

检修工作主要包括：事故照明系统试验检查，站用电源系统备自投切换检查、备用直流充电机切换检查，变压器冷却器工作状态轮换，通风系统备用风机与工作风机轮换，UPS 系统试验等。

（七）辅助性设备维护

检修工作主要包括消防系统、防汛设施、照明系统、安防设施及视频监控系统等的维护工作，不直接在运行设备上开展工作。

（1）消防系统维护主要包括：防火封堵及灭火器检查维护；变电站水喷淋系统、消防水系统、泡沫灭火系统检查维护；火灾自动报警系统主机除尘及电源等附件的维护；火灾自动报警系统操作功能试验，远程功能核对。

（2）安防设施及视频监控系统维护主要包括：安防系统主机及电源附件等的维护；安防系统报警探头、摄像头启动、操作功能试验，远程功能核对维护；对监控系统、红外对射或激光对射装置、电子围栏进行试验，检查报警功能、报警联动是否正常。

（3）防汛设施维护主要包括：汛前对电缆沟、排水沟进行检查；对污水泵、潜水泵、排水泵进行功能试验及检查；及时清理电缆沟、排水沟中的杂物、淤泥和积水；配置并定期检查防汛物资。

（4）照明系统维护主要包括：定期对室内外照明系统进行检查；对事故照明进行试验；及时更换故障的灯具、照明箱。

二、检修工作班组管理

一二次检修班负责检修类工作的实施，应统筹做好检修试验、保护校验、消缺、基建验收和生产准备等工作，从安全和质量两个方面加强管理。

（一）强化作业计划管理

1. 制定年度和月度检修计划

根据年度基建、技改、大修计划安排，充分考虑基建验收和生产准备等需要，统筹检修试验、保护校验周期要求，合理安排一二次班组工作量，保证工作质量和安全。

2. 做好检修试验和基建的统筹

基建工程需要一次设备同停或陪停时，考虑同步开展对应停电设备的检修试验工作。如主变压器增容改造同步开展三侧设备检修试验，线路迁改工程同步开展两侧变电站间隔内设备检修试验等。

3. 做好一次和二次作业的统筹

一次设备停电检修时，考虑同步开展对应二次设备校验。如结合母线停电隔离开关集中检修同步开展母差保护校验，结合主变检修试验同步开展主变压器保护校验等。

4. 考虑一二次检修班组的承载力

在基建验收、生产准备等需投入大量人员的工作期间，减少相应班组检修试验、保护校验等工作，避免人员紧张造成工作质量和生产安全无法保证。

（二）强化工作票制度

1. 提高执行工作票制度的意识

严禁无票作业、严禁超出范围作业、严禁临时增加工作任务。无论运维人员还是检修人员都不能在工作票外新增工作任务，确属必要，必须执行工作票制度。

典型案例 4－15 临时增加工作任务，造成触电伤亡

2010 年 10 月 26 日，500kV 东明变电站在进行 5041 开关 C 相 A 柱法兰高压油管渗油消缺工作任务时，工作负责人临时增加工作任务，处理 5041617 接地开关卡涩缺陷（带灭弧室的 CKE 型接地开关），未办理工作票手续。现场接地开关拉合试验后，A 相主刀未完全闭合，辅刀 SF_6 灭弧装置未完全闭合，因此线路感应电传至辅刀 SF_6 灭弧装置上桩头，作业人员在对 5041617 接地开关 A 相盘簧进行清洗注油工作时发生感应电触电，经抢救无效死亡。

典型案例 4－16　临时增加工作任务，导致母线三相接地短路

2021 年 9 月 1 日，220kV 顾庄变电站的检修人员在完成 26F5 开关 SF_6 表计更换、办理工作票终结手续后，临时接到运行人员通知进行 26F51 隔离开关合闸异常缺陷处理。检修人员为排除联锁回路异常，计划短接 26F514 接地开关辅助接点（回路编号为 A14、A15，对应端子排号为 91、92），但由于混淆回路编号与端子号，误短接端子排的 14、15 号端子（隔离开关合闸回路端子与正电端），导致 26F51 隔离开关合闸，同时 26F5 开关因线路保护传动试验而处于合闸位置，从而造成 220kV 母线三相接地短路故障。

典型案例 4－17　超计划范围作业，造成触电伤亡

2022 年 4 月 16 日，MS 公司富牛供电所组织实施 10kV 观土线停电消缺工作，工作票计划工作为 7 处设备线夹更换。作业班组在完成观盛支线 7 号杆设备线夹更换前往下一个作业点途中，经过 10kV 观光线 17 号杆（运行线路，非工作票作业内容）时，工作负责人凭印象认为该处也在停电范围，便擅自扩大工作范围，组织开展观光线 17 号杆设备线夹更换工作（以前遗留缺陷），作业人员在未核对杆号牌的情况下登杆，未验电、未装设接地线，发生触电死亡事故。

2. 规范填写工作票

在第一种工作票上应清晰明确地填写停电范围、工作地点、检修设备，工作内容填写应明确具体、术语规范。安全措施填写应正确完备，接地线应写明装设地点并注明编号。检修设备邻近带电部位、继电保护工作地点相邻其他保护情况应描述准确清楚。

3. 严格执行工作监护制度

对拆搭设备引线、高压试验、开关柜仓内检修、二次安措实施等高风险作业，应增设专责监护人，并明确被监护人及所监护的具体工作。

4. 严格执行工作票间断、许可制度

第一种工作票必须采用现场方式进行首次许可。对无人值班变电站内连续多日的检修工作，每日收工时，工作负责人应电话告知工作许可人当日工作

收工并录音，双方在各自所持工作票上代为签署收工时间和姓名。次日复工前，工作负责人应检查安全措施完好、与工作许可人电话联系许可并录音后方可工作。对重要的、危险性较大的工作，工作许可人应到现场办理复工、收工手续。

5. 严格执行开、收工会制度

开工前应召开开工会，交代工作任务、工作范围、带电设备、隔离措施，确认工作班成员清楚并在工作票已签字后方可开始工作。工作结束后应召开收工会，确认工作任务已完成、现场已检查清理完毕。

（三）强化现场安措管理

（1）工作许可人会同工作负责人到现场检查所做的安全措施，对具体的设备指明实际的隔离措施，对工作负责人指明带电设备的位置和注意事项。工作负责人向全体工作班成员交代工作范围、相邻带电部位及安全防范措施和注意事项，并确认现场作业人员清楚。

（2）带接地刀闸的隔离开关检修工作涉及接地刀闸自身检修，或者配合隔离开关调试需要拉合接地刀闸时，必须将接地刀闸视作检修设备，采用装设接地线的方式实现接地安全措施。

典型案例 4－18 擅自改变安措，导致触电伤亡

2016 年 4 月 1 日，TS 公司 220kV 罗屯变电站 110kV 兴东二线 113 线路停电检修，一名检修人员在打开线路隔离开关 A 相线路侧引线连接板时，改变了作业面安措，作业面失去接地线保护，发生感应电触电，经抢救无效死亡。

（3）线路参数测试需改变线路接地刀闸状态，应由调度以线路检修状态许可测试工作开工。运维人员办理工作许可后，由测试工作负责人在隔离开关机构箱操作，运维人员做好旁站监督。结束后恢复至线路检修状态交运维人员，运维人员现场确认后，办理工作终结。

（4）保护调试、校验工作中作为安措退出或投入的压板，若工作中需短时投入进行传动、开入等试验时，由二次作业人员在确保不影响运行设备及一次检修设备的前提下自行操作，结束后恢复至工作许可时状态。

典型案例 4－19 擅自改变安措，造成设备跳闸

2020 年 5 月 27 日，220kV 苏庄变电站开展 2502 断路器机械特性试验。因工作中需要短时分开 25027 接地刀闸（母刀开关侧地刀），作业人员在未联系运维人员的情况下，擅自合上 2502 间隔端子箱隔离开关操作总电源，拉开 25027 接地刀闸（以上两项均为安措内容）。后因机构箱二次电缆破皮，造成 25021 隔离开关（母刀）自动合闸（见图 4－7），通过机械特性试验接线形成接地短路，导致 220kV Ⅰ段母线跳闸。二次电缆破皮是本次事故的直接原因，作业人员自行变更运行安措是本次事故的间接原因。

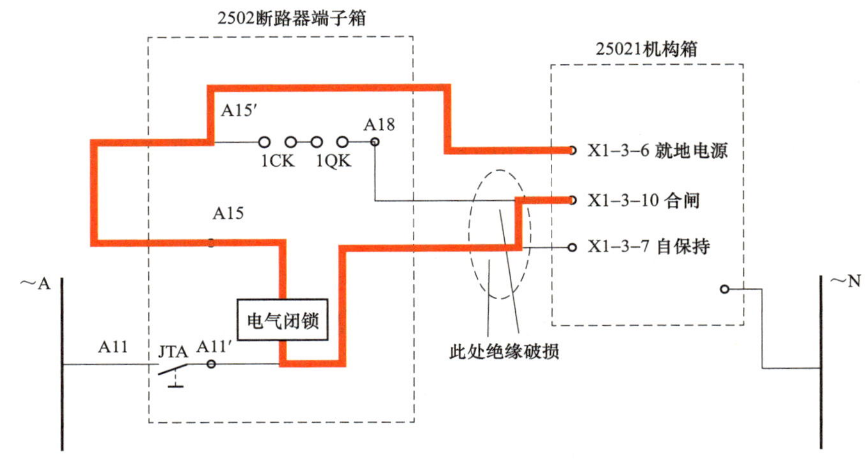

图 4－7　25021 隔离开关合闸回路导通示意图

（四）强化二次安措管理

二次装置多采取相邻或同屏柜集中布置，作业范围周边一般都会有运行的二次装置。在进行采样功能检查、电缆绝缘检查、传动试验时，需要在屏柜端子排上进行短接、拆断、搭接等工作，容易发生误短接、误触发等行为，造成误跳运行设备。

二次作业开始前，应先进行图纸与实际接线一致性的核对，检查现场端子排、回路编号、电缆标牌是否与设计图纸相符，做好图实不一致问题记录，并结合作业完成闭环整改。

1. 二次安措票管理

二次安措票的工作内容及安全措施由二次专业负责人填写，由技术员或班长审核并签发。涉及以下工作内容时，应使用二次安措票：

（1）在运行设备的二次回路上进行拆、接线。

（2）对检修设备执行隔离措施时，需拆断、短接和恢复同运行设备有联系的二次回路。

（3）在电流互感器与短路端子之间导线上进行的任何工作。

2. 防误断、误短（搭）、误碰二次回路

开展二次线短接、搭接等工作时，需严格执行二次安措票或二次拆搭接表，仔细核对电缆编号、回路编号、端子排号，并经监护人确认无误后实施，严禁擅自变更接线或凭记忆开展工作。短接前应确认短接线各分接头导通良好，拆断后应及时做好裸露部分绝缘包裹。

典型案例 4－20　误断电流二次回路造成主变压器跳闸

2017 年 7 月 26 日，作业人员在 220kV 都梁变电站检查处理“1 号主变压器公共绕组过负荷告警”缺陷，在对 1 号主变压器本体箱公共绕组电流回路核对检查时，造成电流互感器侧公共绕组 A 相电流二次线头从端子排脱落（见图 4－8），公共绕组 A 相电流回路开路，1 号主变压器第一套保护动作，造成 1 号主变压器三侧断路器跳开。

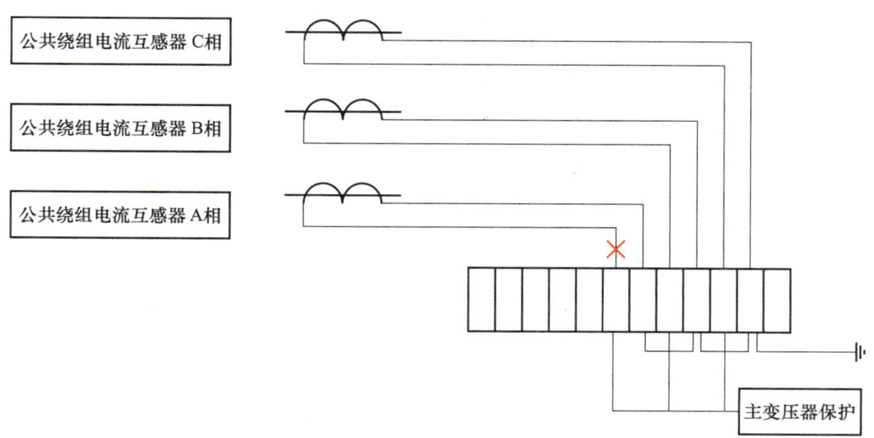

图 4－8　主变压器本体端子箱中 TA 侧公共绕组 A 相电流二次接线脱落（一）

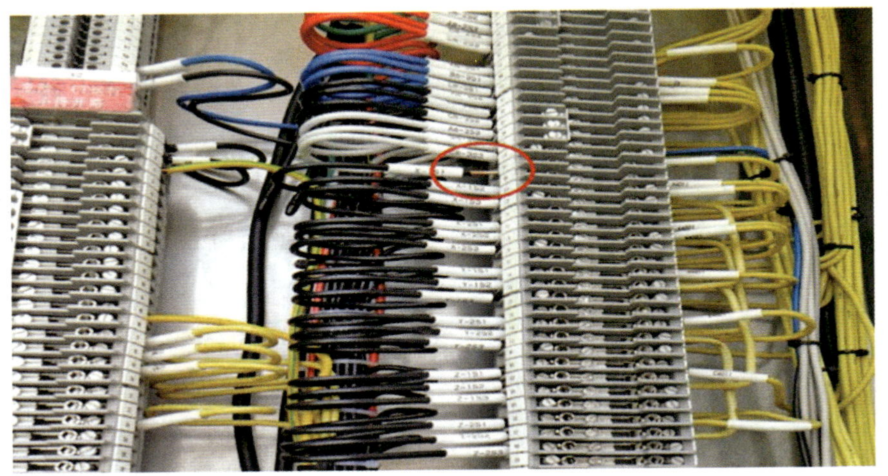

图 4-8　主变压器本体端子箱中 TA 侧公共绕组 A 相电流二次接线脱落（二）

典型案例 4-21　误短 TA 二次端子导致主变压器跳闸

2017 年 5 月 20 日，500kV 双泗变电站开展 2 号主变压器 5032TA 检修试验工作。由于在安装阶段 5032TA 端子箱中 C 相电流回路保护侧与 TA 侧线芯接反，造成图实不一致。作业时二次人员在未核对电缆走向是否与图纸一致的情况下，误将 5032TA 端子箱 C 相保护侧端子与 A、B 相 TA 侧端子短接接地，造成 2 号主变压器 5032TA 电流回路两点接地，引起差动保护动作，跳开主变压器三侧断路器，如图 4-9 所示。

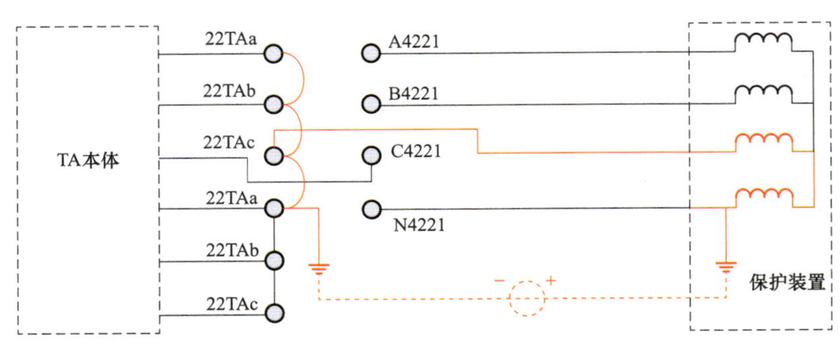

图 4-9　TA 侧二次端子现场短接情况示意图

典型案例 4-22　误碰保护侧电流端子导致主变压器跳闸

2021 年 11 月 17 日，500kV 惠泉变电站开展 220kV Ⅲ、Ⅳ母线（GIS）

耐压试验。作业人员在3号主变压器2503汇控柜违规使用18头超长短接线进行TA侧电流端子短接工作，过长的短接线在工作中摆动，裸露的线头一端搭在3号主变压器保护侧A相电流端子处，另一端搭在汇控柜体，形成电流回路两点接地，导致3号主变压器差动保护动作跳闸，如图4－10所示。

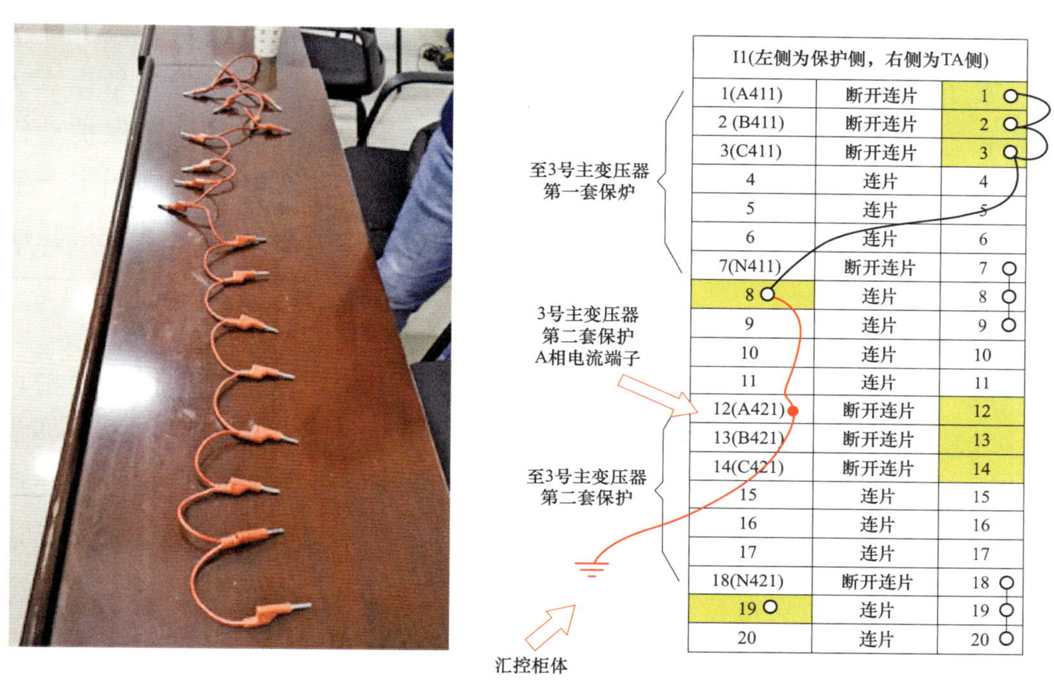

图4－10 使用的短接线及短接情况示意图

 典型案例4－23 误搭接跳闸出口端子导致开关跳闸

2017年6月5日，500kV东洲变电站进行5062断路器保护传动试验时（5062、5063断路器停电、5061断路器运行）。按计划应该在5062断路器保护屏内短接5063断路器跳闸出口端子，由于未核对清楚端子，误短接5061断路器跳闸出口端子，造成运行的5061断路器跳闸。

（五）强化基建验收和生产准备

这里说的基建验收是基建工程在启动投运前运行单位对工程的全面验收，需要安排大量的人力开展。

1. 明确设备验收方式

对于一次设备功能，采用放气、传动等方式，真实验证告警、闭锁、跳闸等功能正常。对于二次设备，要进行整组传动试验，验证装置及其二次回路的正确性。对于自动化设备，要严格按照信息点表逐点核查“四遥”功能。对于通信设备，要逐项核对业务通道开通、性能测试指标。

2. 明确设备验收重点

对于一次设备，要对试验报告进行逐项检查，确保项目齐全、数据真实合格，对关键试验项目进行抽检复测。对于二次设备，逐条核对保护动作以及异常的软报文和硬接点信号，根据竣工图纸核实二次回路的图实一致性。对于自动化设备，做好站控层和测控层隔离，分层按正反条件检验闭锁逻辑。

3. 规范验收过程管理

验收开始前，制定验收计划和人员安排，编制各类设备验收作业指导卡。验收过程中，每日召开验收总结会，对新增缺陷、已发现缺陷的处理情况进行分析，对于重大缺陷及时召开专题协调会。验收结束后，提交遗留缺陷整改计划表，做好验收设备的状态恢复，并按运行设备的要求对其进行管理。

4. 规范工器具资料管理

做好设备资料和试验报告的整理归档，检查安全工器具、备品备件、仪器仪表的配备情况，完成现场运行规程、典型操作票以及作业指导书等的编制。

典型案例 4－24　新建 500kV 青龙山变电站基建验收主要内容

500kV 青龙山变电站是 220kV 青石变电站升压扩建。本次扩建 500kV 变压器 2 组，组合电器 10 个间隔，敞开式压变、避雷器各 6 组，35kV 电容器 4 组，干式电抗器 2 组。

修试专业验收约 17 天（3 组×2 人），二次专业（保护和自动化）验收约 18 天（2 组×2 人），运维专业验收约 22 天（3 组×2 人）。运维专业要全过程参与修试专业、二次专业的验收，重点关注设备外观、功能及信号。下面以此为例说明基建验收的主要工作内容。

（一）修试专业

1. 外观检查

（1）检查设备外壳、套管、绝缘子等完好情况，检查油位气压正常、有无渗漏，检查设备引线松紧情况、各种螺栓紧固情况，检查设备线夹有无排水孔等防冻措施，各项反措要求落实情况。

（2）检查设备和母线相位标识是否明确清楚，检查设备铭牌、接地、阀门状态等标识、标志、指示是否齐全完整，检查二次接线连接是否紧固、标识是否清晰，检查设备二次接线盒密封、电缆孔洞封堵是否良好。

（3）运维专业还需检查：设备表计、指示器等是否清晰可见便于观察，箱柜门开启方向是否合理。设备防爆膜、泄压通道等不应朝向巡视通道，户外箱柜门应密封完好，箱内电缆孔洞应封堵良好。

2. 交接试验验收

对交接试验报告的完整性和准确性进行检查分析。现场抽取一相变压器、2～3个开关间隔，互感器、避雷器、电容器、电抗器各一组进行交接试验复测，与交接试验报告进行对比，确保试验数据真实。

3. 功能验收

（1）变压器。验收分接开关操作功能，验收非电量装置（气体继电器、压力释放阀、油位计、温度计）动作功能，验收冷却装置风机、潜油泵、阀门功能，检查油色谱等在线监测装置现场与后台数据是否一致。

（2）组合电器。验收开关、刀闸、地刀等元件动作功能及相关要求，验收刀闸、地刀控制和操作电源。采用真实放气、泄压等方式验证告警及联闭锁功能是否正常。

（3）运维专业还需检查：设备的远方操作功能是否正常，现场表计、节点信号、位置指示等状态信息与监控后台是否一致，户外箱柜加热、照明、温湿度控制功能是否正常。

（二）保护和自动化专业

1. 外观检查

（1）屏柜清洁完好，屏柜内二次线布置规整、压接可靠、无松动。光缆弯曲度符合要求，尾纤接头连接可靠、无松动。

（2）运维专业还需检查：屏柜上的所有设备（压板、按钮、切换把手等）

是否采用双重名称，内容标示是否明确规范；二次电缆、光缆、芯线标牌标识是否齐全、正确；出口压板经过实际联动试验后，标签和回路是否正确对应；面板显示、定值区切换、软压板、硬压板操作是否正常。

2. 保护设备功能验收

（1）保护功能验收。逐台开展装置通电试验、保护功能验收，确保保护装置逻辑功能正常、动作行为正确。逐条核对保护动作以及异常的软报文和硬接点信号，确保保护装置、监控后台信号齐全、准确、一致。

（2）整组传动验收。采用同一时刻、模拟相同故障的方法，对双重化配置的两套保护进行传动试验。按照实际主接线方式，对不同保护装置之间的相互配合关系进行检验。线路纵联保护、远方跳闸等应与线路对侧保护进行一一对应的联调试验，确保两侧保护均正确动作。

3. 自动化设备功能验收

（1）信息远传验收。依据信号点表配合监控后台、市调、省调、网调进行遥信变位传送、遥测突变传送试验、遥测精度测试。

（2）遥信验收。硬接点信号输入回路应符合额定电压55%以下可靠不动作、额定电压70%以上可靠动作的要求。遥信防抖时延、SOE设置、事故总信号生成是否正常，遥信点位是否对应正确。

（3）遥控验收。监控系统接线图遥控画面应与现场一致，主画面应无遥控功能。对相关设备进行实际传动试验，遥控输出设备及动作行为应与遥控操作行为一致。

（4）遥测验收。遥测死区参数设置正确，采集信息名称、范围及分类满足规程要求，实时数据曲线、数据画面调用正常，加量检测与实际数值一致。

（5）主机性能验收。现场主机切换试验应满足主备切换值班时延要求，测控装置、远动工作站与GPS对时准确，CPU负载、网络负载测试满足要求。

（6）安全防护验收。监控系统与其他安全区的连接符合安全防护的要求，纵向安全防护装置及策略设置正确，防病毒措施满足要求，系统未感染病毒。

（三）运维专业

1. 防误系统验收

（1）逻辑闭锁验收。要做好站控层和测控层的隔离，分层对每台设备进行正逻辑（指符合逻辑操作条件）和反逻辑（指不符合逻辑操作条件，例如走错间隔、颠倒顺序等）模拟操作。

（2）电气闭锁验收。对电气设备操作电气闭锁回路的每个闭锁条件进行逐一实操检验，确保每个“或”条件情况下能可靠动作，且每个“与”条件情况下能可靠闭锁。

（3）机械闭锁验收。设备的机械闭锁或机构应能可靠闭锁误操作，并能承受误操作的机械强度而不损坏。

（4）防误装置验收。系统用户权限和口令设置完善，系统防误规则设置正确、符合运行要求。后台机布置图的一次接线、名称、编号与站内现场情况一致，图中各元件名称正确，临时接地桩位置正确。

2. 辅助设备验收

（1）视频监控。摄像头外观完好，云台控制灵活。视频显示主机运行正常，聚焦、亮度、画面切换、参数设置等操作正常。

（2）安防系统。各防区主机工作正常，电子围栏完好，悬挂警示牌齐全，红外探测器或激光探测器工作正常。门禁系统远方开门正常、关门可靠，读卡器及按键密码开门正常。

（3）消防系统。火灾报警系统功能正常，消防联动控制试验正常。消火栓给水系统正常，无泄漏。主变压器水喷淋系统功能正常。

（4）土建工程：电缆沟、道路、墙体、屋面等建筑物完好、符合要求。

3. 生产准备工作

（1）做好安全工器具、备品备件、仪器仪表等的配备。

（2）完成设备标志牌、相序牌、警示牌的制作和安装。

（3）做好现场运行规程、典型操作票、作业指导书的修编。

（4）做好设备信息及资料的整理归档，设备台账、主接线图等信息录入 PMS 系统。

三、检修工作专业管理

检修工作专业管理以使设备经常处于良好的技术状态、减少非计划停运为目标，检修过程要保证安全和质量。

（一）做好检修策略管理

不同的设备有不同的结构设计、制造工艺等，设备接头、内外部绝缘、断路器（隔离开关）机构等会发生不同的缺陷和问题，即便相同的设备在不同的运行环境下其运行状态也存在较大的差异。因此，需要制定针对性检修策略来“治未病”，以避免设备失修或过修对电网的可靠性和经济性造成影响。

（1）做好设备状态评估。管理人员要组织做好设备投运前信息和运行信息的记录，严抓巡视检查质量，加强带电检测、在线监测和历史试验等相关数据分析，建立同类型、同批次设备缺陷隐患关联机制，精准掌握设备运行状态。

（2）做好检修策略优化。检修策略需要解决“修什么”“何时修”“怎么修”的问题，管理人员要根据设备状态评估结果，合理优化设备检修周期和项目，避免设备过修或失修。特别是对隔离开关等有转动部件的户外型设备，研究合理的检修周期，通过推进集中检修、工厂化检修改进检修实施方法，提高检修质效。

（3）做好检修项目统筹。综合检修涉及停电范围内的相关设备隐患缺陷，梳理反措、精益化管理等要求，做好一次与二次、变电与输电之间的统筹协调，做到“一停多用”。

（二）做好检修实施管理

（1）做好重要设备检修方案制定审核。重点审核检修、消缺方案是否合理，检修工艺要求是否符合标准，试验项目是否齐全，工期进度安排是否合理，检修风险分析、预控措施、应急处置方案是否考虑全面。

（2）做好高电压等级二次安措审核。重点审核工作范围、作业内容及设备运行情况是否与实际相符，与运行设备相连的二次回路（如失灵联跳、启动安控、故障录波信号等）是否已全部断开，安措内容是否按照屏柜内出口回路、电流电压回路、信号回路的顺序逐项填写。加强二次安措票的审核管理，按电压等级分级审核。

（三）做好作业过程管控

（1）做好关键工序的检查监督。重点检查标准作业卡执行、标准工艺落实等情况，保证检修质量。加强开关设备的操动机构、二次元器件及回路、开关动作特性等关键工序管控，对隔离开关设备的传动机构、主导电回路、隔离开关回路电阻等关键项目进行现场见证或抽查验证，确保各项要求执行到位。

（2）做好试验数据的比对分析。加强本次试验数据与历史试验数据（出厂试验、交接试验、历次例行试验）的纵向对比，分析设备性能有无劣化趋势。加强三相设备之间或与同型号、同批次设备之间的试验数据横向对比，分析设备有无潜在质量隐患。

（3）做好缺陷和异常的组织分析。对检修过程中遇到的异常或缺陷，及时组织人员进行原因分析，制定解决方案，并尽快开展消缺工作。对原停电工期内无法完成消缺或需要扩大停电范围的重大缺陷，应及时联系调度部门落实停电计划申请、变更，按照故障抢修流程进行问题上报和应急处置。

第三节　非计划类作业

非计划类作业是指因突发故障和紧急缺陷而进行的处置和消缺作业。

该类作业的特点是突发性和非计划性，工作安排和准备不一定能做得很充分。对发生频率较高的缺陷要形成标准化的处置模板。故障处置和紧急消缺除倒闸操作调整方式外应尽可能减少其他现场作业的内容，故障设备和受损设备的恢复以及紧急缺陷的消缺，只要电网允许应尽可能纳入计划，按照建设类施工、检修类作业进行管理，尽量把临时性工作压缩到最少。

一、恢复对外供电

故障处置应尽快做好故障研判，准确将故障设备和受损设备隔离，调整电网运行方式以保障电网可靠运行，恢复对外供电，尽量减少对外停电的影响。

确定故障范围后，首先要调整电网运行方式，恢复正常设备运行，尽可能保证电网结构完整和系统安全。如有对外停电，应尽快恢复对外供电，降低故障对外的影响。

充分应用自动化信息、可视化、在线监测等手段，远程检查设备状况，采用远方遥控操作等技术手段，加快故障后恢复过程，缩短对外停电时间，特别是 110kV 及以下直接对外供电的设备。

二、故障分析研判

故障发生后，应对可能引发故障的各种因素进行确认和检查，确定故障情况。包括发生故障时间段、现场天气情况、现场作业情况、保护动作情况等记录。检查过程应遵守安规有关规定，注意人身安全，避免次生伤害。

（一）检查现场工作情况

发生故障后，应首先了解现场有无人员工作、有无倒闸操作，以及当地天气情况和发生故障的时段，查看有无故障电流，初步判断跳闸是否由人员工作或操作引起。

发生跳闸后，应暂停变电站内所有工作和操作，保护工作现场，便于开展故障调查。变电站内只收到远跳信号跳闸的，应重点了解对侧站内工作情况。

（1）在倒闸操作中如果发生跳闸，应首先确认是否误操作，重点检查是否走错间隔、带接地刀闸（地线）送电等。

典型案例 4－25　认错操作设备并擅自解锁，带电合接地刀闸

2017 年 3 月 24 日，运维人员对 500kV 车坊变电站进行 500kV 2 号主变压器 220kV 旁路代停役操作，在操作“合上 2 号主变压器 250246 开关接地刀闸”时，认错操作设备，并擅自解锁，误合 2 号主变压器 250245 变压器接地刀闸（250246、250245 接地刀闸分别位于 2 号主变压器 25023 隔离开关左右两端），导致 2 号主变压器跳闸，如图 4－11 所示。

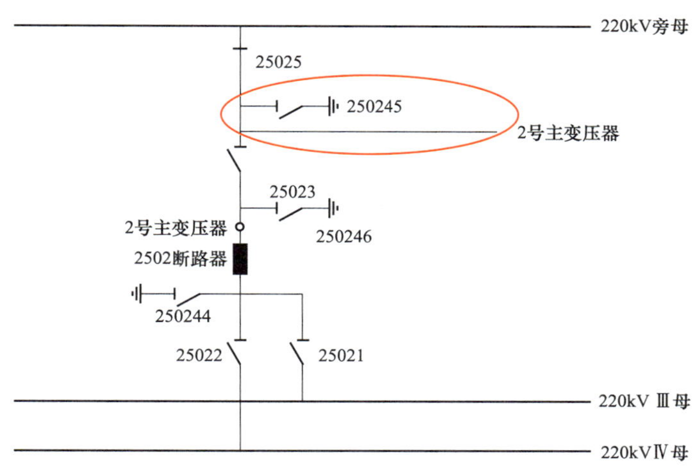

图 4－11 2502 间隔接线示意图

（2）现场一次设备若有人员工作的跳闸，应检查动作保护范围内一次设备及其端子箱、机构箱、电缆沟内有无工作，设备有无放电痕迹。

典型案例 4－26 工作负责人擅自工作，导致保护跳闸

2014 年 11 月 12 日，500kV 梅里变电站，开展 500kV 惠梅线/2 号主变压器 5012 电流互感器更换、二次电缆拆除及敷设工作（5013 断路器带 2 号主变压器运行）。施工单位作业人员在检修人员还没有实施二次安措之前，擅自进行 5012 电流互感器根部二次电缆开断作业，拆除过程中二次线芯 A491（A 相二次电流回路）与电流互感器外壳触碰，与 2 号主变压器保护屏上接地点构成两点接地，产生环流（约 0.2A）流入保护装置，导致 2 号主变压器差动保护动作，如图 4－12 所示。

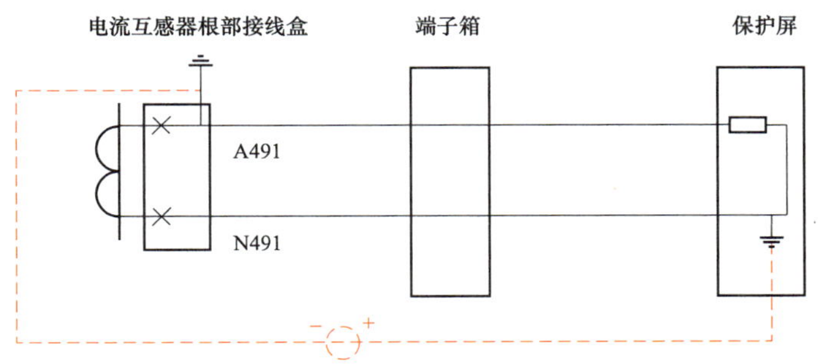

图 4－12 电流二次回路接地示意图

（3）现场二次设备若有人员工作的跳闸，应检查跳闸保护自身屏柜有无工作，检查与跳闸保护有失灵等联跳回路连接的保护屏柜有无工作，特别是保护屏后二次端子上有无工作。

典型案例 4－27　误接运行端子，导致保护跳闸

2020 年 10 月 20 日，500kV 三堡变电站进行 5053 断路器保护屏直流分电屏接入工作，施工人员将正极端接入 3D15 端子后，误将应该接入负端 3D82 的芯线接入至 3D92 端子，造成 5053 断路器失灵联跳Ⅱ母第一套母差保护回路导通，导致Ⅱ母第一套母差保护出口跳闸，如图 4－13 所示。

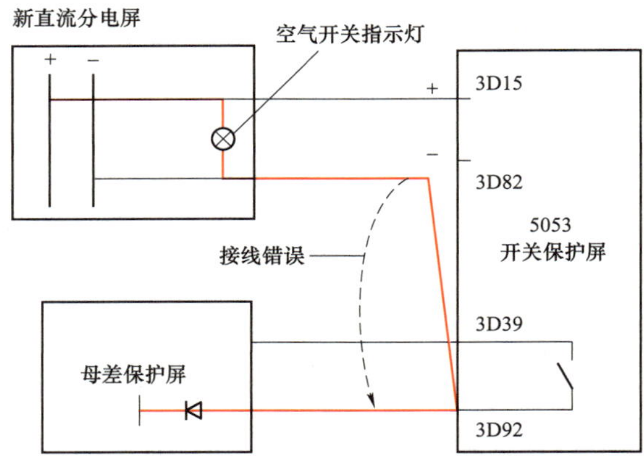

图 4－13　保护动作回路示意图

（二）检查保护动作信息

保护动作信息检查主要通过故障电流、保护动作情况、故障录波、保护范围、故障测距等信息，判断是保护误动作还是设备故障，初步确定故障点所在区域，根据保护动作时序，梳理复杂故障的发生过程。

1. 故障电流

在确认现场无工作、操作的情况下，查看故障时刻电流情况。若有故障电流，基本可以确定一次设备发生了故障。并且根据故障电流的大小及故障相电压跌落情况，可大致判断故障的类型和性质。

典型案例 4－28　根据故障电流的大小判断线路接地故障类型

2022 年 4 月 25 日，500kV 泰兴变电站的 220kV 兴园 2H33 线发生 B 相接地故障跳闸，故障电流一次值为 18.44kA，故障测距 20.53km。根据故障电流幅值及输电线路参数可计算出本次故障过渡电阻为 0.764Ω，表现为明显的金属性接地故障（污闪、冰闪、鸟害、雷击等原因引起绝缘子串击穿时，过渡电阻通常小于 1Ω）。现场巡视发现 69 号塔 B 相（同塔双回上相）绝缘子存在放电痕迹。

结合当日天气（晴好）、雷电定位监测结果（故障时刻无雷电发生）及现场勘察结果，判断为鸟害故障。

2. 保护动作情况

若只有一套主保护动作，或主变压器只有非电量保护动作，或站内其他设备保护未启动等，应考虑保护误动。

典型案例 4－29　非电量保护误动导致跳闸

2010 年 5 月 6 日，500kV 东善桥变电站的 500kV 2 号主变压器跳闸，经检查仅有重瓦斯保护动作，但气体继电器无气体，其他电气量保护及本体非电量保护也未出口，进一步检查发现 2 号主变压器的气体继电器浮球因破裂渗油导致其浮力（即制动力）下降，振动使得浮球跌落，气体继电器动作跳闸。浮球正常及破裂时的颜色如图 4－14 所示。

(a) 浮球正常呈白色

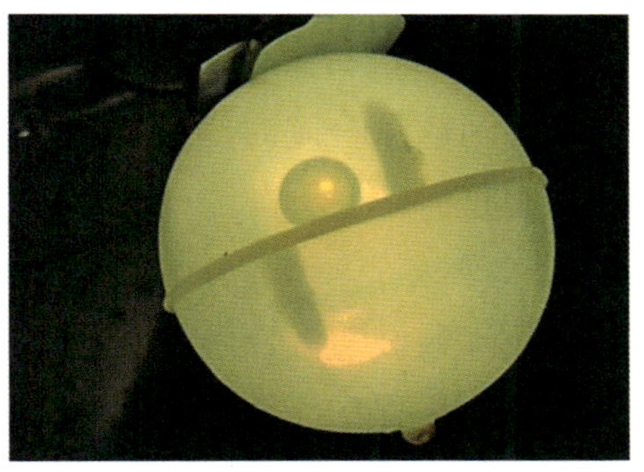

(b) 浮球破裂进油呈黄色

图 4－14　浮球正常及破裂时的颜色

典型案例 4－30　电流端子松动导致保护误动

2015 年 1 月 16 日，500kV 上河变电站的 500kV 上盐 5239 线 B 相发生故障，线路保护动作并重合成功，同时双上 5235 线高压电抗器第二套保护 C 相差动和零序差动动作跳闸（第一套保护未动作）。检查发现双上 5235 线高压电抗器第二套保护屏中电流回路端子的螺丝未拧紧，导致零序回路 N 相断线，区外穿越故障电流导致产生较大的C相差流和零序差流，如图4－15所示。

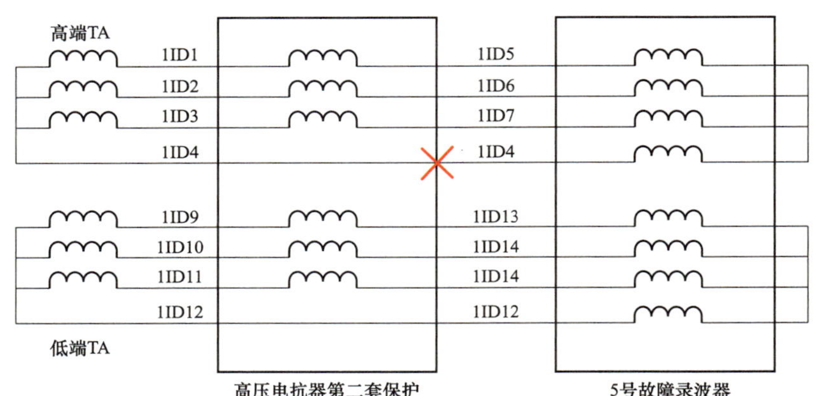

图4－15　第二套高压电抗器保护零序电流回路断线示意图

3. 保护动作时序

检查保护动作顺序、开关变位顺序、失灵动作顺序、重合闸动作顺序及时间是否符合逻辑与定值，确保保护动作正确。如保护跳闸后，才应有相应开关变位；到达重合闸时间后，重合闸才能出口；失灵保护动作应满足电流条件和时间延时等。

4. 故障录波

通过故障录波查看跳闸设备电流、电压变化情况，如故障相电流增大、电压降低可佐证保护正确动作，可在保护范围内查找故障点。

5. 保护范围

优先以差动保护接入的电流互感器为边界，结合保护装置判断的故障相别，确定检查范围。例如，主变压器差动保护动作跳闸，应在主变压器各侧电流互感器之间的区域查找故障点；母线差动保护动作跳闸，应在母线各出线电流互感器之间的区域查找故障点。开关单侧配置电流互感器，主保护、失灵保护相继动作，应优先在开关和电流互感器之间（保护死区）查找故障点。开关双侧配置电流互感器，相邻设备的保护同时动作，应优先在两个电流互感器之间（保护重叠区）查找故障点。

 典型案例 4－31 根据保护范围判断故障点位置

2020 年 6 月 17 日，500kV 青洋变电站进行 5013 断路器（GIS 设备）投切青泉 5K48 线（5012 断路器处于热备用状态）试验时，500kV Ⅱ母两套母线保护、青泉 5K48 线路两套纵差保护动作跳闸。故障录波显示，青泉 5K48 线 A 相电压跌落至 0，A 相电流 10.72kA，符合近区故障电流较大的特征，如图 4－16（a）所示。

综合现场保护动作信息以及 5013 断路器 TA 绕组配置图，判断故障点位于 5013 断路器母线保护 TA 与青泉 5K48 线线路保护 TA 之间，即下图中的红色区域，如图 4－16（b）所示。

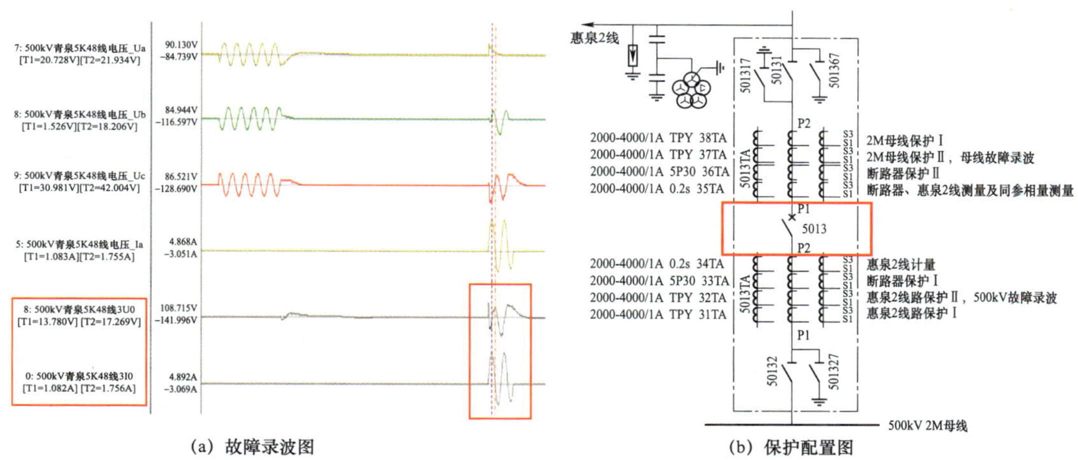

（a）故障录波图　　（b）保护配置图

图 4－16 现场保护动作信息及保护配置图

6. 故障测距

线路保护测距如为零或距变电站 0.5km 内，应考虑故障点可能位于站内，要重点检查站内位于线路保护范围内的设备。

 典型案例 4－32 站内设备故障导致线路保护动作跳闸

2017 年 7 月 11 日，500kV 上河变电站的 500kV 上盐 5239 线（5043、5042 断路器）两套线路保护动作，A 相跳闸，重合不成三相断路器跳闸，故障测距 0.1km。经过检查发现，5043 电流互感器 A 相金属构支架接地部位、电流互感器底座与支架螺栓紧固处四角发现放电痕迹。设备返厂后解体检查

发现电流互感器内部主绝缘击穿。

（三）检查一次设备状态

结合保护动作情况，对保护范围内的一次设备状态进行现场检查，综合确定故障设备。

（1）敞开式设备。主要对设备外观进行全面检查，如绝缘子、套管等部件有无破损、有无放电痕迹、设备周边环境有无异常等。

（2）GIS 设备。开展气体成分检测，特别是母线故障跳闸范围内气室较多的，要增加人手和检测仪器，快速定位故障气室。

典型案例 4－33

2020 年 9 月 27 日，1000kV 东吴变电站的 1000kVⅠ母两套母差保护 A 相动作，外观检查未发现明显故障点。由于母线气室多，立即调集多名人员和多台检测仪同时进行成分检测，快速检测出 1000kVⅠ段母线电压互感器气室分解物超标，大幅缩短了故障定位时间，如图 4－17 所示。

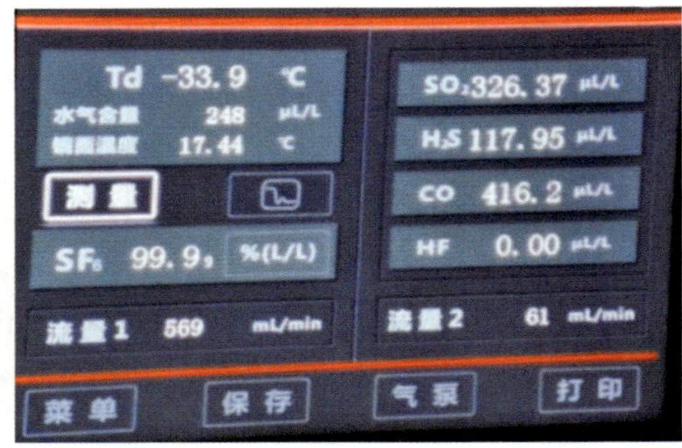

图 4－17　1000kVⅠ段母线电压互感器气室分解物测试图

（3）对于台风、龙卷风等强对流天气导致的故障，应重点检查输变电设备异物挂线情况以及异物碰伤设备的情况。

典型案例 4－34

2021 年 5 月 14 日，苏州地区出现强对流天气后，多个变电站、多条线路发生异物挂线（见图 4－18），部分设备被大风卷起的彩钢瓦砸伤（见图 4－19）。

图 4－18　异物挂线

图 4－19　彩钢瓦砸伤设备

（4）故障中发生设备炸裂的，例如电流互感器、开关灭弧室炸裂等，炸裂产生的碎片会对周边大范围内的设备造成损伤，需要仔细检查周边内的设备受损情况。

典型案例 4－35　电流互感器炸裂，造成周边设备损坏

2020 年 9 月 29 日，500kV 盐都变电站 1 号主变压器 5013 开关 A 相电流互感器故障燃烧，器身整体落地，瓷套碎片散落地面，如图 4－20 所示。故障电流互感器上方的 2 号主变压器高跨线悬式绝缘子被熏黑发生闪络，如图 4－21 所示造成 1 号主变压器（5011、5013 开关）和 2 号主变压器（5021、5023 开关）同时跳闸。

图 4－20　5013 开关 A 相电流互感器爆裂损坏

图 4－21　周边刀闸绝缘子破损

典型案例 4-36　磁柱式断路器炸裂，造成周边设备损坏

2013 年 3 月 16 日，500kV 凤城变电站 500kV 凤泰 5023 断路器 C 相支撑绝缘子及灭弧室炸裂并倒覆在地面，支撑绝缘子碎片散布全站，如图 4-22 所示。故障造成 500kVⅡ母线、凤泰 5647 线路跳闸，周围断路器、隔离开关、电流互感器、避雷器等设备不同程度受损，如图 4-23 所示。

图 4-22　500kV 凤泰 5023 断路器故障

图 4-23　周边设备破损

（四）检查过程防止次生危害

检查过程中，应注意人身安全，谨慎进入密闭空间、靠近注油设备。

（1）进入 GIS 室、开关室前应先行通风，必要时穿戴正压式呼吸器，防止窒息。

（2）中性点不接地系统发生接地时，室内人员应距离故障点 4m 以外，室外人员应距离故障点 8m 以外。

（3）主变压器、高压电抗器等大型充油设备着火时，应避免靠近着火设备，同时要立即报警。

三、故障设备隔离

在明确故障设备和受损设备后，在保证现场安全和对外供电的前提下，合理确定隔离方案，根据调度指令执行倒闸操作，有关操作应使用操作票。

在故障处置阶段，除倒闸操作外应尽可能减少现场作业，故障设备的修复应按照建设类施工或检修类作业管理。必需的临时拆搭头等工作应办理工作票。

（一）制定隔离方案

（1）隔离范围应尽量按照典型停电检修来安排，与调度联系等有关流程应按照常规检修进行。在保障作业有效开展的前提下，尽量缩小停电范围，将对电网安全运行的影响降到最低。

（2）由于备品等原因修复周期较长的工作，可采取临时搭接等方式，恢复系统的完整性和对外供电。如果与母线相连的隔离开关受到损伤而影响母线送电、短时无法修复的，为加快母线送电，可考虑拆除受损隔离开关与母线的连接线，对于 GIS 可考虑将该间隔拆除。

（3）在隔离一次设备时，应隔离相关二次回路，防止设备送电后二次电流回路两点接地或开路造成的次生故障。

典型案例 4－37 故障设备电流二次回路未隔离，造成保护差流报警

2021 年 10 月 20 日，500kV 盐都变电站的 5011 开关的电流互感器发生故障造成 500kV Ⅰ母母差保护动作跳闸。运维人员将 5011 开关间隔的一次设备隔离后，恢复Ⅰ母送电。送电后发现Ⅰ母母差保护 5011 电流回路存在 60mA 差流，断开 5011 电流互感器二次回路后，母差保护差流消失，如图 4－24 所示。

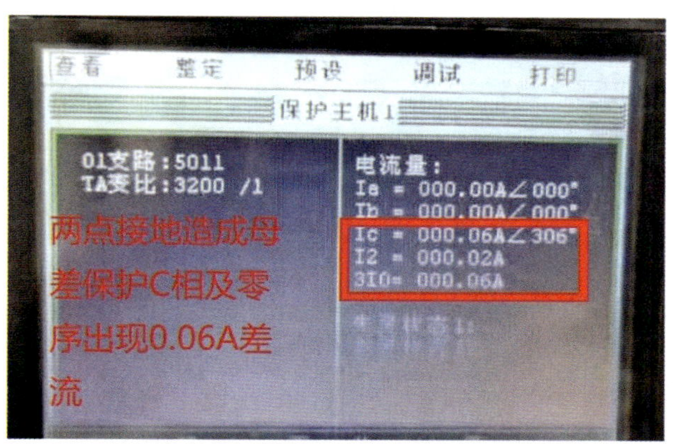

图 4－24 母差保护差流报警图

（二）加强现场管理

（1）在受损设备周边采取布置围栏、拉开来电侧隔离开关电源、断开设备电源等安全措施，防止受损设备再次损坏或者造成人身伤害，同时为故障抢修做好准备。

（2）故障和受损设备没有恢复运行前，加强站内有关设备的巡视检测，及时发现隐患缺陷，防止运行设备再次跳闸后扩大事故。

（3）隔离过程中确需解锁的，必须严格履行解锁申请手续，得到批准后方可实施。操作过程中应加强监护，严防误操作，避免扩大故障范围、延误处置进程。

四、紧急缺陷消缺

紧急缺陷消缺是指设备发生紧急缺陷需要停电处理，防止由缺陷发展成故障跳闸。但由于电网运行方式安排等原因，缺陷设备不能长时间退出运行，需要尽快处理、尽快恢复运行，如负荷高峰期间变压器套管桩头发热等。紧急缺陷处理要形成标准化的处置模板，以确保安全和质量。

（1）严格执行工作票制度。紧急缺陷处理严禁无票工作，严格落实工作票审核、签发和现场许可的要求，高度重视工作前的安全交底，确保全员清楚作业风险后方可开始工作，杜绝忙中出错情况的发生。

（2）做好消缺准备工作。组织人员开展缺陷复测及诊断分析，制定紧急处理方案。根据处理方案，落实工器具、特种车辆及备品备件，充分估计可能发生的异常情况，做好应急处置准备。

典型案例 4－38　消缺准备工作不充分，导致延期送电

2020 年 5 月 24 日，对 500kV 吴江变电站进行红外测温，发现 500kV 7 号主变压器 B 相中性点套管柱头发热达 97.2℃，如图 4－25 所示。在停电消缺工作中，拆卸套管导电铜杆连接铜帽时，发现 B 相中性点套管导电铜杆与连接铜帽咬死无法拆解，只能安排备品整体更换套管，导致变压器延期送电。

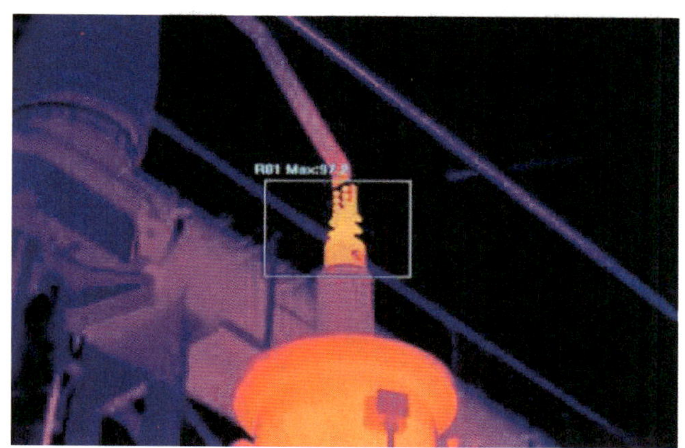

图 4－25　中性点套管柱头发热示意图

（3）做好作业人员组织。对于电压等级高、作业风险大的紧急消缺工作，设备管理部门要牵头成立专项工作组，协调组织消缺工作。生产工区要挑选经验丰富的技术骨干担任工作负责人，涉及的相关专业要考虑全面，人员力量要配置充足，必要时通知厂家技术服务人员到场进行技术指导。

（4）做好现场提级管控。现场要设置专责监护人对作业人员行为和精神状态进行监护，严防各类违章行为。管理人员全程现场监督检查，重点检查安全措施是否落实到位、关键工艺是否执行到位，并对临时变更方案、改变安措等异常情况进行审核把关。

（5）做好消缺验收把关。加强消缺前后关键试验数据的对比分析，确保缺陷处理到位，必要时可采取随工验收方式对关键工序、隐蔽环节做好把关。恢复送电期间，作业人员应在现场待命，做好送电保障，设备恢复正常运行后方可离开现场。

第四节　作业风险管控

临近运行设备的作业包括变电站内作业和带电杆塔上的作业，一方面作业风险较高，另一方面管理上存在交圈地带，容易形成管理空白，特别是在运行变电站内的作业，如生产专业与建设专业、一次与二次、运行与检修、检修和试验等专业管理的交圈地带，尤其是建设类施工存在交圈地带多、队伍多、人员复杂（外包单位、设备厂家等）等情况，临近带电的运行设备施工极易引发人身和电网事故。

作业风险管控就是要通过规范的管理手段，采取有效措施，对容易引起事故的关键因素进行管理和控制，防止发生触电导致的人身事故、人为因素引起开关跳闸造成的电网事故。

一、作业计划管理

作业计划管理是作业风险管控的龙头，有了作业计划才能开展后续的评估分析、措施制定等工作，也才能落实牵头部门和具体负责人员，从而实现作业风险的有效管控。作业风险管控的基本原则是“先降后控”，计划管理是从源头压降风险的关键环节，通过优化施工方案、调整工作安排降低作业风险，重点做好以下工作：

（1）作业计划全量纳入。除故障处置和紧急缺陷消缺外，所有作业都应该纳入计划管理，最大可能把作业全部纳入计划，减少非计划工作，原则上不安排无计划工作。对于确定的较大型作业，应将其纳入年度、月度计划；对于确定的小型作业应将其纳入月度、周计划进行管控；对于临时性作业，应将其纳入周计划进行管理。通过计划管理实现人员组织、作业方案、工具材料、风险评估等方面的准备充分。

（2）作业计划分级审核。针对作业计划，班组、生产中心、单位每个层级都要开展风险评估，分析评估本部门计划的作业风险、管理承载力、班组承载力等方面的因素。班组、生产中心重点负责检修类作业的评估审核，生产中心、单位重点负责施工类作业的评估审核。

（3）作业计划刚性管理。对于已经确定的月度作业计划，除故障后续处理和紧急缺陷消缺外，不得临时增加工作计划，一般也不能增加新的作业内容。临时增加工作计划和作业内容，容易产生准备的不足及人员思想的波动，引起新的作业风险。一般也不能随意变更作业时间计划，引起工作重叠承载力不够。确属需要调整作业计划，应由原管理部门进行重新评估后方可实施。作业计划的刚性管理有助于养成良好的工作习惯，有助于重视作业计划的编制和管理。

（4）积极转变作业模式。对于作业项目复杂、风险工序多的作业，在统筹考虑作业风险和电网风险的前提下，尽量组织集中检修。对于检修工艺要求高、现场检修条件受限的设备，应推广工厂化检修。

二、作业风险评估

这里所说的作业风险主要是指可能导致人身事故的触电风险和可能导致电网事故的跳闸风险。运行现场的作业风险主要有误碰带电设备、误入带电间隔、误登带电线路和构架，这类风险既可能导致电网事故，但更重要的是可能导致人身事故。关于误断、误短（搭）、误碰二次回路的作业风险在第二节检修类作业的“强化二次安措管理”中已做过论述，这类在二次盘柜上的作业风险一般只会导致电网事故。

对于施工类作业和检修类作业，一般根据作业内容就基本上知道现场作业的方案以及使用的工具和装备，从而初步评估可能会产生的作业风险。至于该风险的具体程度和针对性的管控措施，则需要通过现场勘查来确认。而对于特殊情况，如现场设备不是常规布置等，则需要通过现场勘查来确定作业方案、评估作业风险和确定管控措施。

1. 误碰带电设备

误碰带电设备是指工作地点、检修设备正确，因疏忽等原因而意外碰到临近的带电设备。由于变电设备布置较为紧凑、作业范围有限，通常在停电间隔周边还有运行的带电设备。作业时如果安全措施不合理、使用工具不当、作业行为不规范，极易误碰带电设备，造成人员伤害、设备跳闸。

（1）运行变电站内动用吊车进行吊装作业，特别是在带电母线附近吊装设备，易误碰带电设备，造成触电伤亡和母线跳闸。

典型案例 4－39　设备吊装与母线设备安全距离不足导致母线跳闸

2021 年 10 月 14 日，CQ 公司在 500kV 石坪变电站内进行 220kV 设备改造施工中，因已安装 TV 妨碍吊车在石坪母线 TV 引流线下吊装[见图 4－26（a）]，现场人员擅自更改作业方法，从带电的 220kV Ⅱ母 TV 引流线上方吊装 HGIS 套管[见图 4－26（b）]，导致吊索与 220kV 引流线间距不足而放电。同时，采取旁路代方式时未将母差保护有关压板退出，发远跳命令导致对侧保护跳闸，造成500kV石坪变电站Ⅰ、Ⅱ母及所带5座220kV、20座110kV变电站全部失电，损失负荷29.6万kW，停电用户32.3万户。

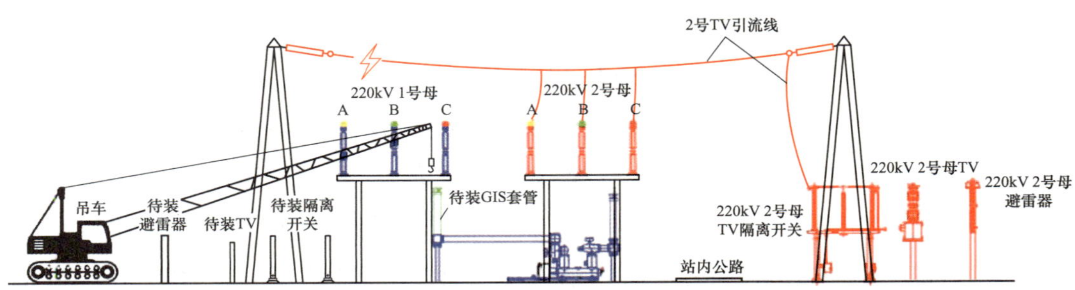

(a) 原计划吊装方式（未考虑1号TV已就位）

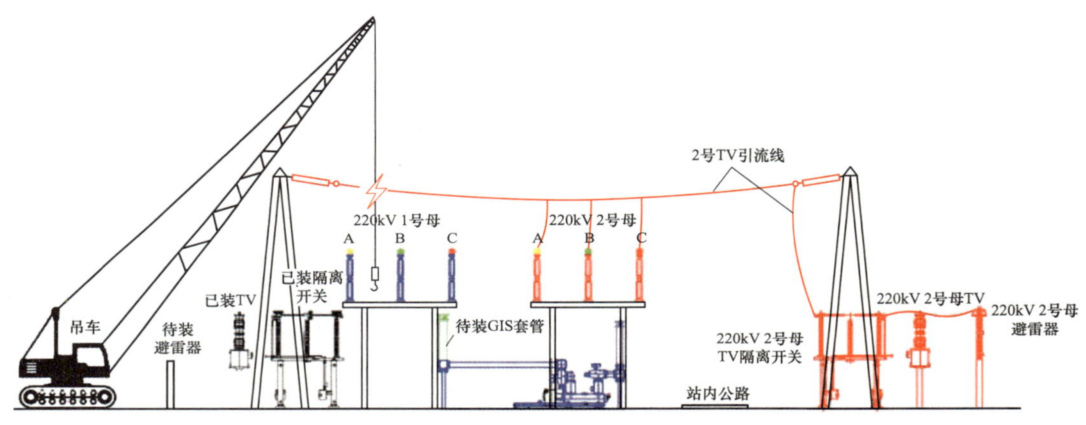

(b) 实际吊装方式（1号TV就位后，正视图）

图4-26　设备吊装与母线设备安全距离不足导致母线跳闸示意图

（2）高型、半高型布置变电站进行部分停电上层作业时，因在上层作业不易分清下层设备的情况，如在设备区域发生上下吊送材料、工具等不当行为时，易误碰带电设备，造成人员触电、设备跳闸事故。

典型案例4-40　电源线上下吊送误碰电流互感器引线导致母线跳闸

2014年3月16日，220kV徐庄变电站在进行220kV高层平台护栏更换、地面防腐工作过程中，外包单位违章作业，擅自利用绳子拴住电源线由设备区地面向高层平台上吊送。电源线吊送过程中发生摆动与2号主变压器2602断路器至电流互感器间的A相导引线放电，从而引发副母线故障，导致

220kV 副母线失电事件，如图 4-27 所示。事件未造成负荷损失，无人员伤亡。

(a) 接地点

(b) 碰线处

图 4-27　现场接地点与碰线处

（3）运行变电站内使用梯子（或脚手架）作业，在搬运和移动时未放倒，易误碰带电设备，造成人员触电、设备跳闸事故。

典型案例 4-41　违规移动脚手架导致人员触电

2019 年 8 月 15 日，RKZ 公司 110kV 吉定变电站在 10kV 开关室外墙面粉刷过程中，施工人员在未采取任何安全措施的情况下盲目移动脚手架（高度为 5.1m），导致脚手架误碰运行的 10kV 吉岗 145 线路（穿墙套管至地面距离为 4.2m），引发触电事故，造成 1 人死亡 1 人受伤，如图 4-28 所示。

（4）在运行设备附近因使用钢卷尺等工具不当、不规范的作业行为或其他环境因素等也容易发生误碰带电设备，造成人员触电、设备跳闸事故。

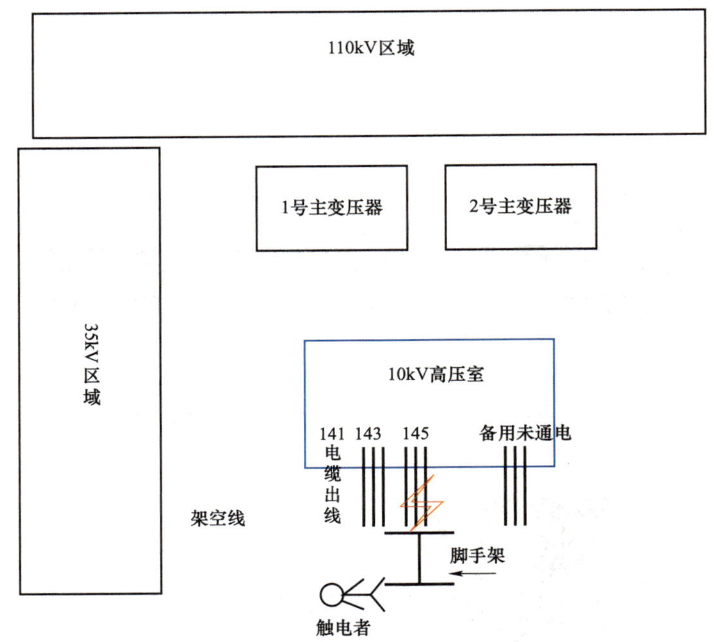

图 4－28　110kV 吉定变电站现场示意图

典型案例 4－42　试验过程误碰相邻间隔带电设备导致人身触电

2011 年 2 月 26 日，220kV 香楠变电站扩建工程在进行 110kV TA 试验工作中。由于扩建间隔地面还未平整，作业人员在用绝缘杆拆除试验电流线时站立不稳，手持绝缘杆重心失衡倒向邻近的带电设备，导致 110kV 管母对绝缘杆上的试验电流线放电，造成人身触电，如图 4－29 所示。

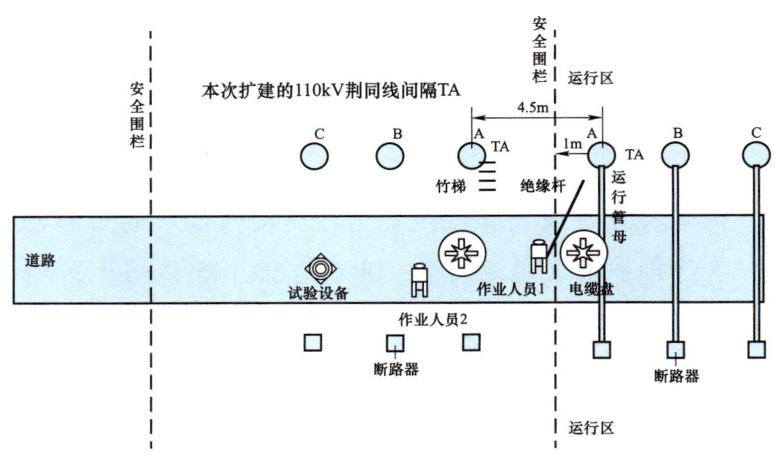

图 4－29　试验过程误碰相邻间隔带电设备示意图

 典型案例 4-43 使用钢卷尺测量误碰带电设备导致人身触电

2021 年 6 月 17 日，ZZ 公司在 110kV 省府变电站 110kV 配电装置改造期间，在Ⅱ凤省线穿墙套管外侧（室外）改接工作结束并办理了工作终结。此时，110kVⅡ凤省 2 东隔离开关母线侧带电。工作负责人孙某和变电运维正值沈某在未办理任何手续的情况下，前往 110kV 高压室Ⅱ凤省 2 开关间隔，违规使用钢卷尺进行测量工作（非工作票所列作业内容），在钢卷尺靠近带电的母线引下线过程中发生放电，导致 1 人伤亡 1 人受伤，如图 4-30 所示。

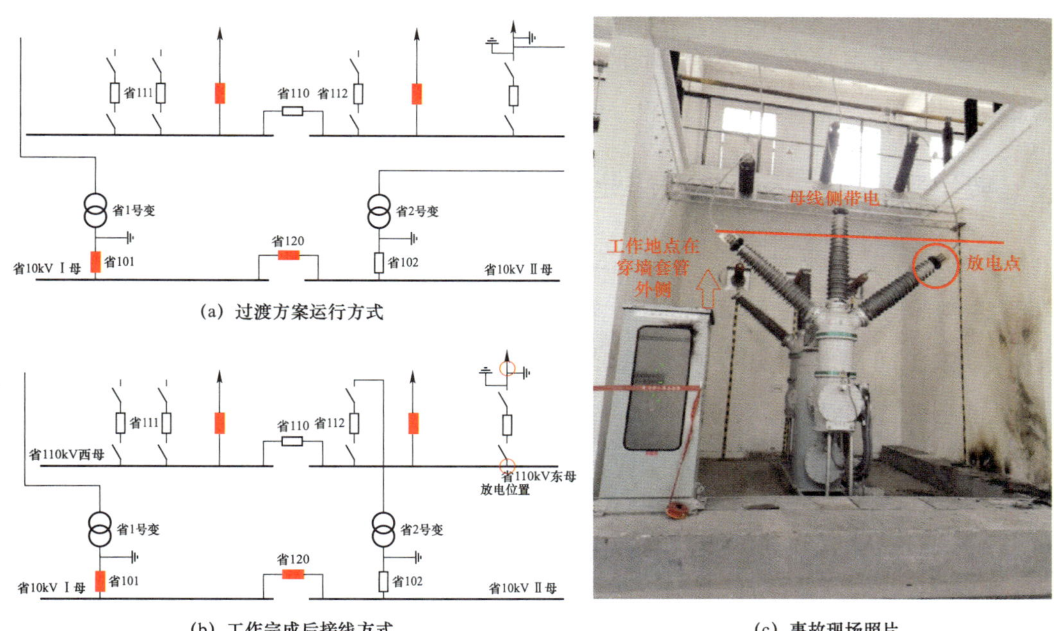

(a) 过渡方案运行方式

(b) 工作完成后接线方式

(c) 事故现场照片

图 4-30 使用钢卷尺测量误碰带电设备示意图

2. 误入带电间隔

误入带电间隔是指工作人员因未认真核对、监护不到位等原因而认错工作地点和设备，在运行的设备上作业发生事故。变电站内设备无论是敞开式设备、开关柜还是 GIS 设备，不同间隔设备紧密相邻，相邻设备外观相似，客观上容易搞错。如果工作人员未核对清楚作业设备名称，极易错误进入带电间隔，造成人员伤害、设备跳闸。

（1）敞开式设备相邻间隔外观相似，未认真核对、监护不到位，易误入带电间隔，造成人员伤害、设备跳闸。

典型案例 4-44 二次作业人员走错间隔导致设备跳闸

2013 年 5 月 23 日，220kV 燕子矶变电站进行 220kV 1 号主变压器保护校验工作。由于当日班组工作项目较多且其他变电站有突发缺陷需要处理，因此仅安排两人进行保护校验工作。当日下午，在进行主变压器保护非电量保护跳闸整组试验时，1 名作业人员在保护室查看主变压器保护装置，另一人至现场 1 号主变压器处，未核对设备名称编号和查看现场安全措施，打开运行中的 2 号主变压器本体端子箱进行非电量保护短接试验，导致 2 号主变压器跳闸失电。

典型案例 4-45 高空作业车误入带电间隔导致跳闸

2020 年 4 月 9 日，SC 公司在 500kV 蜀州变电站 1 号主变压器 201 开关间隔防腐除锈工作中，高空作业车驾驶员（操作员）在未经许可情况下，误入母联 212 间隔，擅自开展作业准备，导致高空作业车与带电设备距离不足放电，造成 220kV 1、2 号母线跳闸，6 回 220kV 出线及所带 2 座 220kV 变电站失电，损失负荷 14.9 万 kW，如图 4-31 所示。

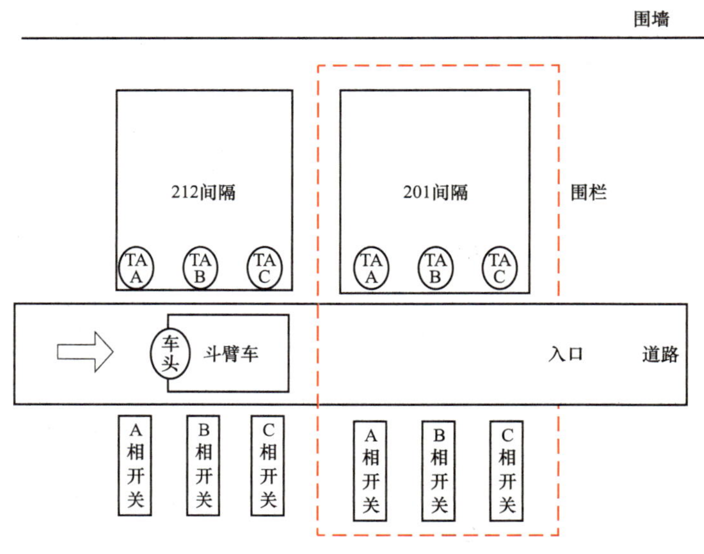

图 4-31 高空作业车现场位置示意图

（2）开关室内部分停电，进行间隔检修、改造等工作，因前后仓看不见，后仓上部母线仓可能带电，下部出线仓可能带电，以及主变压器开关仓、TV/避雷器仓结构可能都不一样，易误入带电间隔或带电小室，造成触电伤亡。

典型案例 4－46　误入开关柜有电仓室，人员触电

2015 年 3 月 23 日，BD 公司 110kV 朝阳路变电站进行 1 号主变压器检修试验，作业人员进行 1 号主变压器 10kV 501 主变压器开关柜全回路电阻测试工作。一名工作人员在柜后做准备工作时，误将 501 开关柜后上柜门母线桥小室盖板打开（小室内部有未停电的 10kV 3 号母线），触电死亡，如图 4－32 所示。

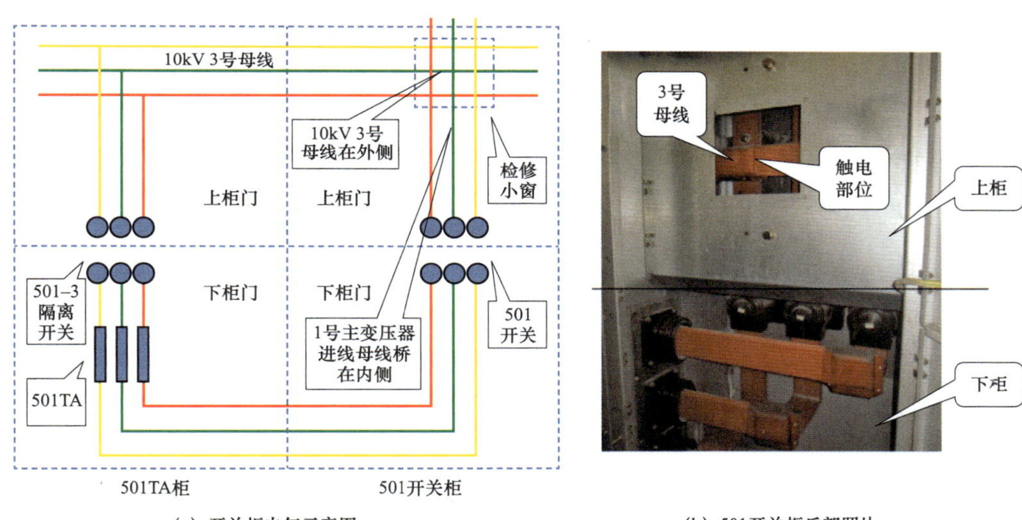

(a) 开关柜电气示意图　　(b) 501开关柜后部照片

图 4－32　误入开关柜有电仓室示意图

3. 误登带电线路和构架

误登带电线路是指线路密集区段以及同塔（杆）双回路线一回检修，易误登带电线路（或带电一侧），造成人员触电和线路跳闸。误登构架是指变电站内构架密集，相邻或相似设备停电检修需登高作业，易误登带电设备构架，造成人员触电、设备跳闸。

典型案例 4－47 误登带电设备构架造成人员触电

2012 年 3 月 7 日，220kV 郎山变电站的 110kVⅡ母停电，开展刀闸检修试验、绝缘子清扫等工作，此时 110kVⅠ母运行。瓷瓶清扫作业人员在没有确认设备状态和工作任务的情况下，误登带电的 110kVⅠ段母线门型构架，登至5.5m处母线A相跨接线对作业人员随身携带的清扫绝缘子用毛巾放电，引起人员高处坠落及 110kVⅠ母差动动作，母线失电。

三、管控措施落实

在临近运行的高压设备附近作业，都有可能导致人身触电风险，从一般意义上说都属于高风险作业。变电站内电气设备的布置和固定遮栏的设置，仅满足运行人员徒手在站内活动与带电体之间相应的安全距离。屋外主要环形道路净宽度和净高度不小于 4m × 4m，满足消防车通行要求，车辆在站内道路上与带电体应保持安全距离。安全工作规程规定要装设牢固的遮栏（围栏）以隔离运行设备与作业范围，使作业过程在正常情况下不可能误碰运行设备。但也有一些作业因客观条件限制而无法有效隔离，如在运行设备附近动用吊车和高架车的作业、与运行设备安全距离刚刚达到规定值但无遮栏（围栏）的作业、运行母线下方的安装作业、同塔（杆）架设线路一侧运行另一侧停电检修的作业、使用的工具和材料容易越过遮栏（围栏）的作业等容易误碰运行设备的作业。根据可预见安全风险的可能性，这些情况对于人身触电风险来说属于需要加强管控的高风险作业，而对于电网风险则视后果严重程度进行风险定级。

作业风险管控的基础是各项安全措施的落实，如停电、验电、挂接地线，装设遮栏（围栏）、悬挂标示牌。而对于无法有效隔离的高风险作业，就需要采取其他管控措施，保证不发生误碰带电设备。高风险作业首先要落实施工单位和作业人员的主体责任，运维人员作为设备主人要加强监督检查，必要时可以通过收回工作票的措施督促施工作业人员落实整改。

作业风险管控的关键是管理工作要到岗到位、现场实施要到岗到位，按照分类、分层、分级的原则开展工作。

1. 加强管理工作的到岗到位

（1）加强计划源头防控。管理工作到岗到位要从安排工作的计划阶段开始，评估和管控高风险作业。落实分级管理的责任，对于可有效隔离的一般风险作业，生产中心和班组是评估和管控的主体；对于无法有效隔离的高风险作业，分管领导要亲自上手，专业部门和生产中心是评估和管控的主体。

（2）加强勘察复核确认。管理工作到岗到位是指对于上述高风险作业，专业部门应组织有关单位和人员开展现场勘察，对于上述一般风险作业班组长和工作票签发人必要时也应开展现场勘察。勘察的重点是对现场情况、作业风险和管控措施进行现场确认。

（3）有效措施压降风险。对于无法有效隔离的高风险作业，应采取措施降低风险发生的可能性。措施一般有优化作业方式以减小作业动作的距离、扩大停电范围以增大安全距离、设专责监护人加强监护以防止发生意外。

2. 加强实施阶段的到岗到位

（1）现场作业过程中，工作负责人、专责监护人应始终在作业现场做好现场工作的有序组织和安全监护。

（2）分层分级监督检查。对于可以有效隔离的一般作业风险，专业部门和生产中心应开展现场监督检查；对于无法有效隔离的高风险作业，分管领导、专业部门和生产中心（施工单位）应开展现场监督检查。

（3）强化监督检查效果。管理人员应选择高风险工序等关键环节开展现场监督检查，重点检查安全措施布置、风险预控措施落实等情况，对发现的问题及时督促整改。

第五章

电网检修管理

电网检修管理是指科学合理安排电网设备停电检修，满足电网建设、大修技改、设备修试、市政迁改、用户接入等需要，优化设备检修情况下的电网运行方式，对电网设备停复役、调整电网运行方式等工作进行组织、指挥、协调，确保电网安全稳定运行和电力可靠供应。主要工作包括停电计划管理、运行方式管理、停电申请单管理、倒闸操作管理等。

电网检修管理可分为计划和执行两个层面，其中停电申请单管理和倒闸操作管理为执行层面，而停电计划管理和运行方式管理是计划层面。一方面停电计划管理将优化设备停电检修安排，满足各类停电需求，并使得停电计划的实施对电网稳定运行和可靠供电的影响最小。另一方面针对每一起停电计划优化调整运行方式，进一步降低设备停电带来的影响和风险，使电网运行满足安全稳定和可靠供电的要求，并且电网运行风险合理可控。因此停电计划管理和运行方式管理紧密相关，必须统筹协调。

第一节　停电计划管理

停电计划管理通过统筹电网建设、大修技改、设备修试等各类停电需求，协调发电设备、电网设备、大用户停电检修，衔接各级调度（各电压等级、各管辖范围）停电安排，平衡年度、月度、周及日前停电计划，满足电网发展、设备管理和地方建设发展的需要。

停电计划管理必须统筹满足各类停电需求和电网运行安全可靠的要求。在安排电网检修的过程中，不可避免地需要将电网设备退出运行，客观上改变了电网结构、削弱了电网抵御故障冲击的能力。因此需要通过停电计划管理，统筹好各类停电的时序和工期，做好电网运行方式安排，将设备停电对电网的影响降至最低，电网运行风险在合理、可控的范围之内。

一、停电计划管理的基本原则

停电计划管理是满足各类停电需求，实现电网安全稳定运行的重要保障。停电计划管理工作要围绕电网安全运行、电力可靠供应、降低电网运行风险、促进清洁能源消纳等目标进行。

（一）做好电网检修与发用电检修统筹

电网停电检修可能影响电源送出和用户用电，发电机组检修可能影响电力平衡和系统稳定，因此要做好电网输变电设备与发用电设备停电检修的统筹。

（1）电厂并网通道与机组结合停电检修。对电厂送出有影响的设备（线路、母线、开关等）检修，一般与电厂机组检修配合，以减小设备停电检修对电厂运行的影响。

（2）受端电网内机组与受进通道避免同时停电。受端电网内机组检修再叠加受进通道（含交流、直流）停电，受端电网供电能力将大幅削弱，甚至可能出现供电缺口。

（3）送端机组与送出通道结合停电。风光、核电、煤电等发电资源丰富集中的地区，形成电力外送的格局，将送端机组和送出通道结合检修，可避免送出受阻形成窝电。

（4）同送（受）端交流断面设备避免同时停电。同送端断面同时停电，容易造成送端电源窝电，甚至调停机组、新能源弃电等不利情况；同受端断面同时停电，受进电网供电能力大幅削弱，甚至可能出现供电缺口。

（5）用户供电线路与用户内部检修结合停电。及时跟踪用户生产检修计划，结合用户生产计划、生产线检修等工作安排电网设备检修，减少对用户生产的影响。

（二）做好各类停电需求的统筹

停电计划管理要加强电网建设、技改大修、市政迁改、常规检修等多源头停电需求统筹，避免设备重复停电，减少设备频繁操作。

（1）生产结合基建。停电计划以基建工程为主线，原则上技改、反措、修理、常规检修等工作安排均应结合基建工程停电窗口，做好结合停电工作。

（2）变电结合线路。开关、电流互感器、电压互感器、出线闸刀等站内间隔设备停电检修的工作，应该结合线路停电组织实施。涉及重要输电通道的停电安排，应考虑合适的时间窗口。

（3）二次（通信）结合一次。线路保护、开关保护、主变压器保护等二次设备检修需要一次陪停的工作，或者通信、自动化工作需要一次设备陪停的工作，应该结合相应一次设备检修工作一并组织实施。

（4）市政结合电网。市政迁改工程涉及线路路径变化，拆塔立塔工作较多，需要同杆线路同停的概率较高，对电网结构的影响较大，需要提前合理安排停电时间窗口开展，同时要充分结合电网技改、消缺、周期性检修等工作。

（5）跨地区设备相结合。涉及跨地市线路停电，由设备管理部门和运维单位统一汇总并协调好相关地市停电需求，按照一停多用原则做好停电窗口统筹，避免重复停电。

（三）做好上下级调度协调

电力系统内的设备分属不同的调度机构管辖，在开展本级调度管辖设备停电计划安排时，应按照下级电网服从上级电网原则，以上级停电计划为边界，做好本级电网停电计划安排和校核工作，避免同时对同一供电区域上下级电网重叠检修，导致严重削弱电网结构和供电能力，放大电网运行风险。如果下级电网确实存在无法克服的困难，可以要求上级电网统筹协调。

（1）省调与国调协调方面。国调主要管辖（或许可）跨区直流及直流落点近区的相关交流设备（一般是直流落点第一、第二级疏散通道），按照同送同受直流错开和一停多用原则，统筹电力电量平衡、清洁能源消纳等要求，制定跨区直流年检计划。省调配合国调重点做好本省电力电量平衡，积极向国调建议直流停电窗口、影响直流送出交流设备停电窗口和工期安排。

（2）省调与网调协调方面。网调主要管辖区域内 500kV 及以上的交流主网设备，按照重点基建工程、重大技改反措、地方重大市政项目、重要设备常规检修等原则安排年度停电计划。省调配合网调做好500kV及以上电网设备停电必要性说明、停电安排时序建议、省内停电风险分析、风险应对措施落实和计划执行管控等工作。

（3）省、地、县调协调方面。省调主要管辖220kV主网设备，地县调主要管辖110kV及以下电网设备。省调根据已经确定的500kV及以上停电计划，做好220kV电网停电计划安排，重点关注500kV主变或母线停电对220kV分区供电能力的影响。

对于110kV及以下设备，要以220kV停电计划为依据，协调低压侧停电安排，能结合的结合，该错开的错开，避免高低压设备停电风险叠加；同时要关注220kV停电后的电网方式安排，及时根据220kV方式变化（如分区间转移负荷等），调整低压侧负荷分布及备自投状态。地调需县调配合调整方式的，应提前下发方式变更单告知下级调度停电安排；县调需地调配合的，应尽可能结合地调检修工作并按流程上报停电申请单。

二、停电计划管理的具体内容

停电计划按照2～3年、年度、月度、周等不同的时间周期进行统筹安排，并且对安排设备停电后的电网运行方式进行滚动安全校核。时间周期越短，停电计划越明确，电网运行边界越清晰，电网方式安排越精细，安全校核结果越可信，刚性管理要求越高。要求各周期计划重点突出、目标明确。

（一）2～3年停电计划

2～3年停电计划重项目、抓方案、促结合。聚焦重大工程项目，开展施工停电方案初步审查，评估合理性和可行性，滚动做好项目与项目之间的统筹。围绕电网规划项目，对未来2～3年基建工程投产时序、停电风险以及停电方案提出优化建议，对于有重大电网风险的停电，研究提出过渡方案（如站外搭接、建设临时杆塔等）。提前统筹工程项目与常规检修等其他停电需求，确保能够结合停电的项目得到充分结合，避免重要通道（断面）2～3年内重复停电。

在停电方案制定过程中，在降低电网风险增加过渡方案、避免停电范围过大优化施工方案、合理缩短停电工期增加人员设备投入、同设备停电多作业面施工等方面的工作协调，均需要各专业通力协作、无缝衔接，才能保证电网安全和施工安全。

规划设计结合运行。在可研、初设方案编制时，设计单位要考虑项目实施年的电网运行方式和设备停电风险，加强与相关调度沟通协商，合理确定停电方案，避免停电影响过大、风险难以管控，导致停电难以执行。

典型案例 5-1

2021 年 8 月，220kV 黄集变电站升压工程为配合扩建 500kV 1 号主变压器间隔（GIS 设备），需要 220kV 1、2 段母线同停，见图 5-1（a），导致 220kV 黄阎 4681/4682、黄孟 2W05/2W06 双线及黄位 2W02 线停运，徐州丰沛地区仅由 220kV 位龙 4E67/4E68 双线（全线同杆）供电，若位龙 4E67/4E68 双线发生 $N-2$ 故障，孟楼、龙城等 7 座 220kV 系统站（图中虚线范围内）、1 座 220kV 电厂（大屯电厂）及 3 座 220kV 用户变电站全停，损失负荷约 80 万 kW。

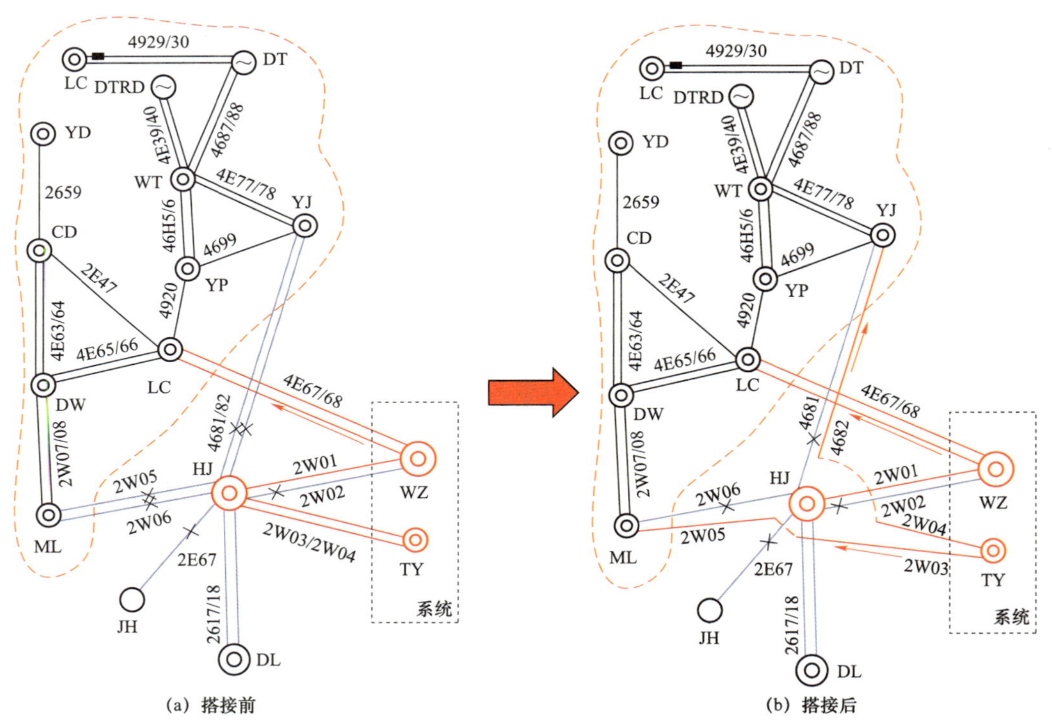

图 5-1 临时搭接过渡方案示意图

为避免上述风险，采取临时搭接的过渡方案，见图 5-1（b），即在黄桃 2W03 线 1 号杆塔与黄孟 2W05 线 1 号杆塔处进行搭接，在黄桃 2W04 线 16 号杆塔与黄阎 4682 线 15 号杆塔处进行搭接。搭接后，丰沛地区新增两回线路送入（220kV 位龙双线及两回搭接线线路共 4 路电源供电），供电可靠性大大增加，任一 $N-1$ 或 $N-2$ 情况下均不会发生厂站停电，有效压降了电网风险。

（二）年度停电计划

年度停电计划重统筹、抓计划、防遗漏。年度计划以 2～3 年计划确定的工程项目安排为基础，统筹基建、技改、市政、反措、常规检修等各类停电需求，形成一套完整可行的停电计划方案，作为全年停电安排的大纲。原则上 220kV 及以上主设备停电均要纳入年度停电计划，特别注意因参数测试、耐压试验、特殊接线方式（如主变直接接在 500kV 母线上）等需要主设备陪停的情况，避免遗漏。年度计划重点考虑系统安全稳定、电力平衡、电网运行风险等因素。结合现场实际情况，科学评估停电工期合理性，重点针对影响大、风险高、时间长的停电，通过细化施工方案、加强施工力量等手段优化停电工期。

500kV 及以上设备，结合上级调度意见，每年排定一次且刚性执行；220kV 及以下设备以年度计划为纲，每半年调整一次后刚性执行。协调推进主体工程和配套工程。对于 500kV 输变电工程及其 220kV 配套送出工程，应协调推进并争取同步投运，以保障供电能力有效提升。

典型案例 5-2

2021 年 11 月，白鹤滩特高压线路工程跨越施工，需要 220kV 渔古 2M32/渔西 4M22 线路同停 12 天。如发生迴峰山—淳东同杆双回 $N-2$ 故障，将造成淳东、古柏、淳西 3 座 220kV 变电站全停，见图 5-2，损失负荷 16 万 kW。

经现场勘测，跨越处为单回路架设，鱼古 2M32 线路是 30m 的矮塔，具备在 220kV 渔古 2M32 线路上搭防护网的条件。最后渔古 2M32 线路单停 3 天配合搭防护网，渔西 4M22 线路单停 12 天完成跨越段放线，避免了渔古/

渔西双线同停，大幅压降了停电风险。

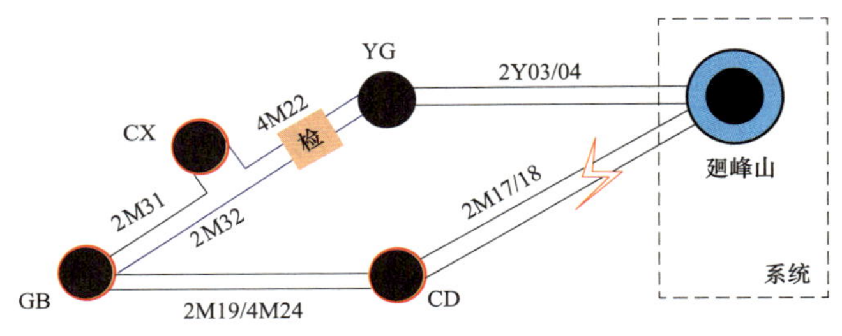

图 5-2　故障停电示意图

（三）月度停电计划

月度停电计划重落实、抓方式，控风险。月度计划是年度计划的落实和优化。在年度计划基础上，进一步细化颗粒度，结合工程项目变更和非重大缺陷安排等情况进行调整。月度停电原则上按年度计划执行，尽可能避免跨月调整，同时在保障设备安全的前提下严格把控临时停电。

制定停电计划时应加强负荷预测和安全校核，精细化开展停电计划的运行方式优化，评估电网运行风险，发布月度电网风险预警，明确转移负荷、切转电源、开机方式、分区重构等手段优化运行方式，压降电网风险，明确管控措施。针对设备停电期间电网存在六级及以上运行风险的检修，应进一步加强施工方案优化，严格把控停电工期。

密切关注设备投运进度。明确新设备或重要技改设备的复役要求和条件（如线路参数测试、设备冲击、核相以及保护带负荷试验等），停电工期预留设备启动时间裕度。对于电源或用户的接入工程，要及时跟进电网配套工程的投运时间，确保各方工程进度相匹配。

（四）周停电计划

周停电计划重执行、抓偏差，保安全。周计划是月度计划的再落实和缺陷故障处理的协调安排。分析用电负荷、新能源发电、机组故障等变化，结合月度停电计划执行调整要求，优化确定下周停电计划。提前发布电网风险预警通知书，督促管控措施落实到位。对于临时出现的电网缺陷，原则上应纳入周计划安排，分析评估电网是否存在叠加风险，视缺陷紧急程度安排停电窗口，平衡好电网安全和设备安全。

第二节 运行方式管理

电网运行方式管理是指在一定的预测负荷水平下，通过调整电网运行结构、发电机组开机方式和机组出力，使电网始终运行在安全边界内，频率、电压、潮流、短路电流、系统稳定性等技术指标都在导则、标准、规程规定的范围之内，且保持一定的安全稳定裕度，使得电力系统在受到各类扰动或冲击时，能够保持稳定运行。

一、发用电平衡

发用电平衡是指发电能力满足用电负荷的需求，并留有必要的备用容量。不管是正常方式还是检修方式、是整体还是局部，发用电平衡都是电网运行最基础的管理工作。

（一）负荷预测

1. 用电负荷构成、特点及统计口径

用电负荷一般可分为工业用电、商业及服务业用电、城乡居民用电、农业用电等。如 2021 年江苏用电量中，第一产业占比 1%，第二产业占比 71%，第三产业占比 16%，城乡居民占比 12%。

不同类型的负荷具有不同的特点和规律。工业负荷是基础用电负荷，用电占比为首位，它的负荷特性与工业企业的行业特点、工作班制、季节变化等因素紧密相关，一般负荷率高、负荷比较稳定。商业及服务业用电负荷峰谷差大、负荷率较低，与天气温度关系密切。居民用电负荷的特点是负荷率很低、晚峰负荷突出，夏季制冷、冬季取暖需求明显。综合各种用电负荷形成了早峰、腰荷、晚峰等用电高峰时段和夜间、午间负荷低谷的负荷曲线，如图 5－3 所示。

调度负荷统计一般在发电侧进行，这是因为发电厂和发电机组的数量有限，不论是过去的手工方式还是现在的自动化总加方式都方便实现。但随着新能源的发展，特别是低压（380V 及以下）分布式光伏的发展，发电侧的

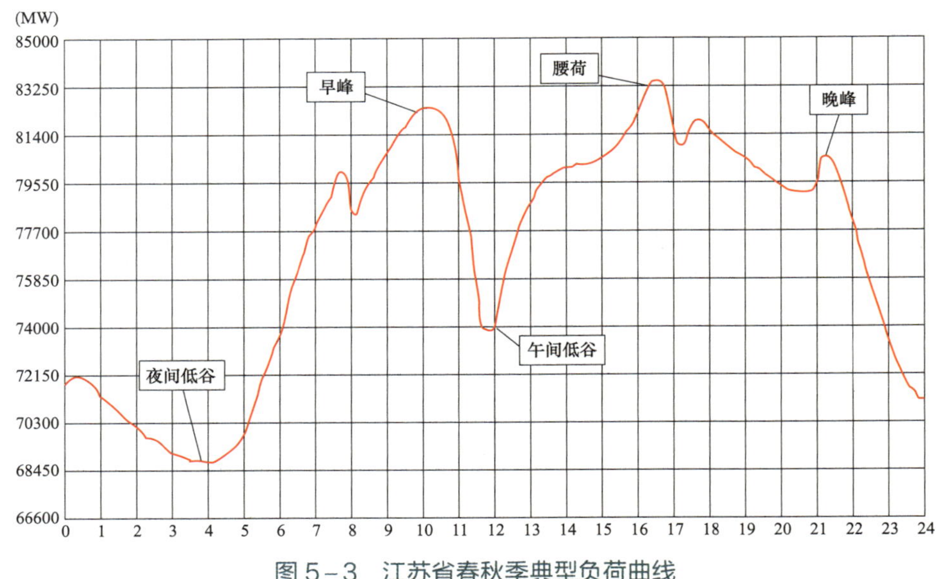

图 5-3　江苏省春秋季典型负荷曲线

统计对象数量和出力占比也在大幅增加，如果分布式光伏没有纳入功率总加，因光伏出力的影响调度负荷统计将会失真，反映出来的负荷曲线在腰荷部分将越来越低，需要采取措施予以解决。

典型案例 5-3

研究发现，电网调度口径负荷（未计及 400V 及以下低压分布式光伏）会随低压分布式光伏占比增加而逐渐呈现“鸭子曲线”特性，即午间负荷因低压分布式光伏出力增加而减小，呈现明显的下凹（“鸭肚子”）形态，晚峰负荷随分布式光伏出力降低而增加，呈现明显的上抬（“鸭头”）形态。随着分布式光伏装机不断增加，如不采取措施，电网调度负荷的“鸭子”特性将不断趋于严重，如图 5-4 所示。

为解决上述问题，需要将分布式光伏发电出力全部纳入功率总加，全面掌握用电负荷和负荷曲线的真正形态，见图 5-5。特别是加强面广量大的低压分布式光伏纳入功率总加的工作，加强基准站和大数据融合计算技术的应用，不断提高低压分布式光伏发电出力的统计精度。

调度负荷统计口径有三种，即全网用电、调度用电、统调用电。统调用电是指省调调度管辖机组发电与江苏全省受电之和；调度用电是在统调用电

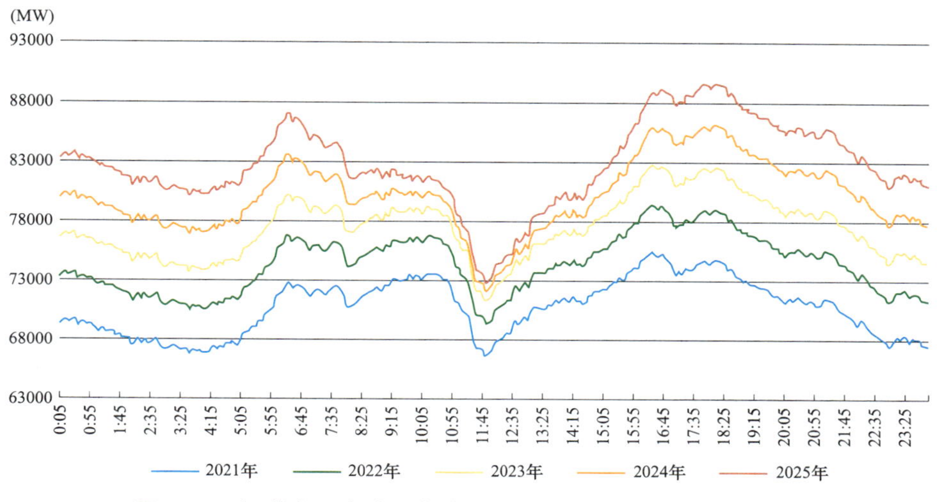

图 5-4 江苏电网春秋季未计入低压分布式光伏典型负荷曲线

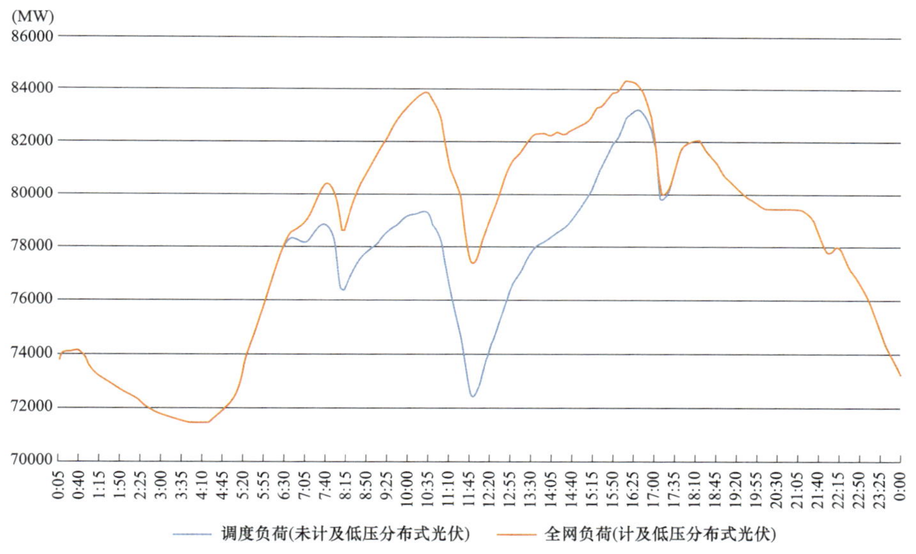

图 5-5 调度负荷和全网负荷曲线示意图

的基础上增加非统调发电（地县调管辖）；全网用电是在调度用电的基础上增加营销分布式光伏发电（400V 及以下电压等级的分布式光伏）。要注意负荷统计口径和负荷预测口径的配合。

2. 负荷预测影响因素

（1）天气温度的影响。对短期负荷预测来说，天气温度是对用电负荷影响最大的因素。特别是商业和服务业用电、居民生活用电对天气温度非常敏感，当气温达到制冷或取暖临界温度后，气温的变化直接影响用电负荷大幅增长。如 2022 年江苏夏季制冷负荷达到最高负荷的 40%左右。

（2）节假日的影响。在周末和节假日期间，由于部分企业和单位进入休息状态，负荷明显下降。特别是春节假期，一般企业都放假，用电负荷显著下降。如 2022 年江苏春节期间的最小高峰负荷只有 2021 年夏季最高负荷的 53%左右。

（3）特殊事件的影响。疫情突发、大用户设备出现故障停产、化工企业环保治理等类似事件，将造成工业企业生产调整，用电负荷曲线变化明显。

（4）宏观经济的影响。新建工业园区、新兴行业快速增长，产业结构调整、落后产业萎缩淘汰等，将长期影响某个地区用电情况。

（5）能源变革的影响。新能源发展、节能减排、双碳目标（碳达峰、碳中和）等变革的影响，使大量其他用能转向用电，导致用电负荷持续增加。

3. 不同时间维度的重点

（1）年负荷预测：是年度电网运行方式编制的依据和基础，重点在负荷极值预测和电量预测，为最严重情况做好准备和预案。需关注经济形势、政策调整、产业结构布局。在地区和分区负荷的预测中，要掌握本地产业构成和负荷特点，才能较为科学地预测负荷增长趋势。

（2）月度负荷预测：进行分旬最大负荷预测，用于机组检修和电网设备停电安排，指导电力中长期交易。重点在月度负荷极值预测和电量预测，需关注短期行业政策变化、历史气象以及节假日等因素。

（3）周负荷预测：对未来周最大、最小负荷极值预测，用于指导周发用电平衡。重点在安排机组开停机（包括计划检修、临时消缺、调停），确保正负备用有裕度，需关注气象变化、日最高最低温度、节假日、特殊事件等。

（4）日前负荷预测：对未来单日或多日进行每日 96 点的曲线预测，用于指导日生产组织、电力平衡，安排各类机组发电曲线，确保电网安全运行、电力可靠供应。需关注气象变化、日温度湿度曲线、节假日、特殊事件、需求侧管理、错避峰等。地区和分区的日前负荷预测最终会通过技术手段转化成每个母线节点上的负荷，用于全网潮流计算，预测的准确性关系到运行潮流和设备安全，应予以重视。

（二）发电资源统筹

电力资源类型一般可以分为煤电、气电、水电、核电、新能源等种类，还可以分省内和省外、区外来电。如 2021 年江苏省内发电资源容量 14400

万 kW，其中燃煤机组占 54.3%、燃气机组占 13.8%、风电占 15.3%、光伏占 8.8%、核电占 4.5%。区外来电是由直流送入的四川、湖北的水电和山西、内蒙古等地的风火打捆电力，以及华东区域内的皖电等电力。2022 年 7 月 15 日最大省外、区外来电达到 3240 万 kW。

不同类型的电力资源具有不同的特性。

1. 新能源

新能源主要是指风电和光伏发电，新能源发电具有波动性和随机性。

（1）波动性。风电和光伏发电出力变化巨大，江苏 2022 年风电单日最大波动 1744 万 kW（最小 180 万 kW、最大 1924 万 kW），光伏单日最大波动 1376 万 kW（中午 12 点左右最大，夜间为零）。

（2）随机性。新能源发电出力无法按系统需要进行调节，出力随风力、光照情况而定（不考虑弃风弃光），无法跟踪用电负荷的走势。高峰时段不能成为可靠的电源支撑，低谷时段可能需要消耗更多的电网调峰资源。所以在发用电平衡时，要充分考虑新能源的反调峰特性。

新能源发电无法调节，就需要加强新能源发电出力预测，提高预测精度。对集中式新能源发电，要求其厂端须具备发电预测能力，且对实际发电偏差进行考核。对体量小且布点分散的分布式新能源发电，应通过大数据聚合、设置基准站等技术手段加强出力统计和预测。

在短期层面，新能源发电出力预测作为常规电源安排的边界。新能源预测的偏差，只能由其他发电成分填补，一旦偏差过大超出填补的能力，就会形成备用缺口，正备用缺口会导致全网缺电，负备用缺口会导致强迫关停电源或者弃电。因此新能源预测准确与否，将直接关系到电网实际运行的裕度是否充足，平衡风险是否可控。地县公司要重视低压分布式（380V 及以下）新能源的发电预测，这部分电源会改变用电负荷曲线的形态，加强分布式新能源发电预测，准确掌握地区负荷情况，掌握设备降压乃至上送潮流的情况。

在中长期层面，评估新能源出力对电力平衡的支撑能力，主要依据对历史发电数据的概率统计和置信度水平。例如在年度电力平衡预测中，风电机组出力按照 10%额定容量考虑（置信度约 60%～70%，即 60%～70%的概率出力在 10%额定容量以上），腰荷时段（13:00 左右）光伏发电出力按照 30%～40%额定容量考虑（置信度约 60%～70%），晚峰时段无光伏出力。

典型案例 5-4

风电预测主要考虑风电机组轮毂高度的风速的影响，光伏预测主要考虑辐照度的影响，风速和辐照度的误差是影响最终功率预测精度的主要因素。以风电预测为例，4 月某日受强对流天气过程影响，风速预报偏差幅度达到 4～5m/s，部分场站短时间内由满发功率跌落至接近于 0，全省预报偏差达 1000 万 kW，对调度运行造成了较大影响，见图 5-6。

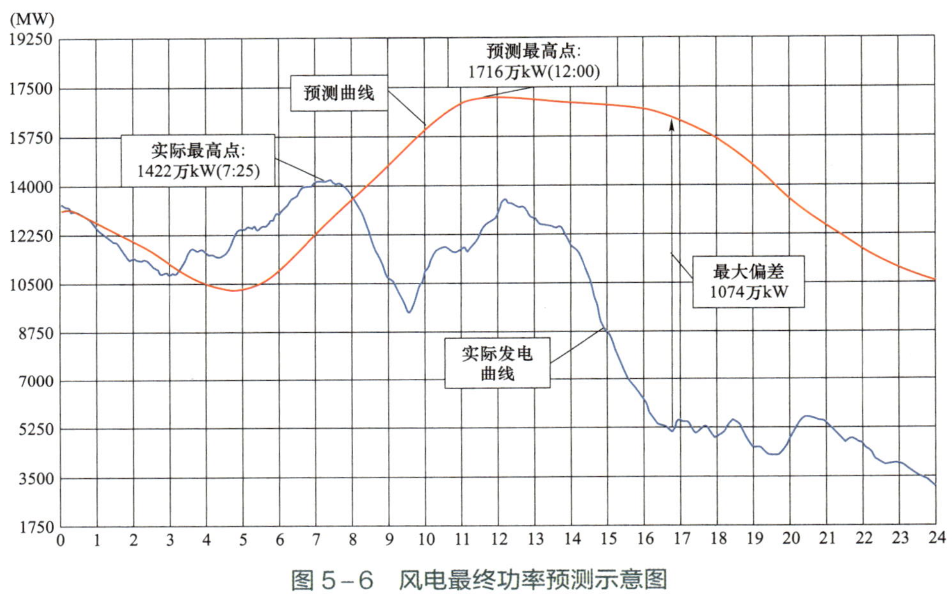

图 5-6　风电最终功率预测示意图

分布式光伏预测除了考虑辐照度等气象方面的因素，其预测精度受样板站的数量和预测数据质量影响。样板站数量越多，代表性越强，预测精度的稳定性越高。以 5 月某日为例，全省以阴雨天气为主，数值预报反映了此次天气过程，但由于样板站均存在正向预测偏差，叠加至全省后，预测峰值偏大超过 140 万 kW，见图 5-7。

2. 区外水电

区外水电的特点是丰枯季特征明显，每年 5 月中下旬至 10 月中下旬是丰水期，其他时间属于枯水期。目前江苏区外水电主要经锦苏直流、建苏直流及龙政直流送入，额定输送容量分别为 720 万、800 万、300 万 kW，对侧分别是四川锦屏和官地水电站、四川白鹤滩水电站以及湖北三峡水电站，分

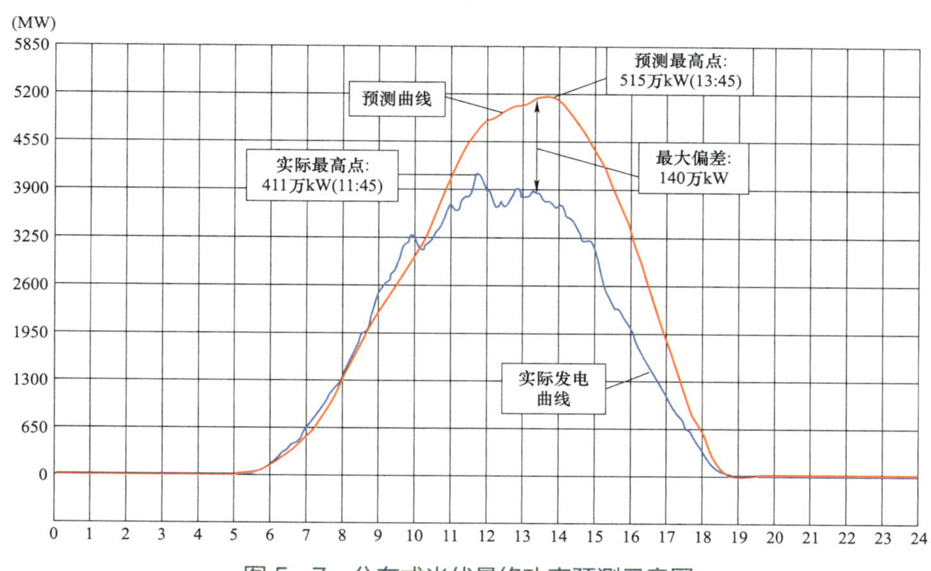

图 5-7　分布式光伏最终功率预测示意图

布于金沙江和长江主流域，均为季调节水库。

在丰水期，各级水库均处于高水位，为最大化利用水电资源，尽可能避免水库弃水，同时为配合长江防总防汛抗灾的统筹安排，往往需要梯级水电站进行协调控制，维持最优的水库水位。因此输送区外水电的直流在丰水期一般都会保持全时段满功率运行，难以配合受端电网进行功率调节。江苏省区外水电的落点均是苏南地区负荷中心，有利于全省优化潮流分布和支撑区域供电，但是一旦发生直流闭锁，局部电网又可能形成供电缺口，所以要加强直流输电通道和落点近区 500kV 交流通道的运行维护。

在枯水期，各级水库均处于低水位，此时区外水电直流的输送功率将大幅下降（一般会降至最大输送功率的 1/3 以下），可以配合受端电网进行一定程度的调节，但是对局部电网（如苏锡常南部、苏州南部）的电力支撑大大减弱，高峰时段容易引起局部电网 500kV 交流受电通道重过载，新能源大发时容易引起过江输送断面重过载。特别是在冬季高峰时期，需要加强局部电网 500kV 交流受电通道的运行维护。

典型案例 5-5

锦苏直流典型功率，丰水期一般不配合受端电网调峰，全天维持最大输送功率（受端落地功率约 635 万 kW），枯水期输送功率较丰水期大幅下降

（一般全天平均功率 100 万～200 万 kW），在保证输送电量不变的情况下，通过约定中长期交易曲线以及与上级调度协调沟通，可以根据负荷趋势适当调整高峰、低谷时段受电，帮助受端电网进行调节，见图 5－8。

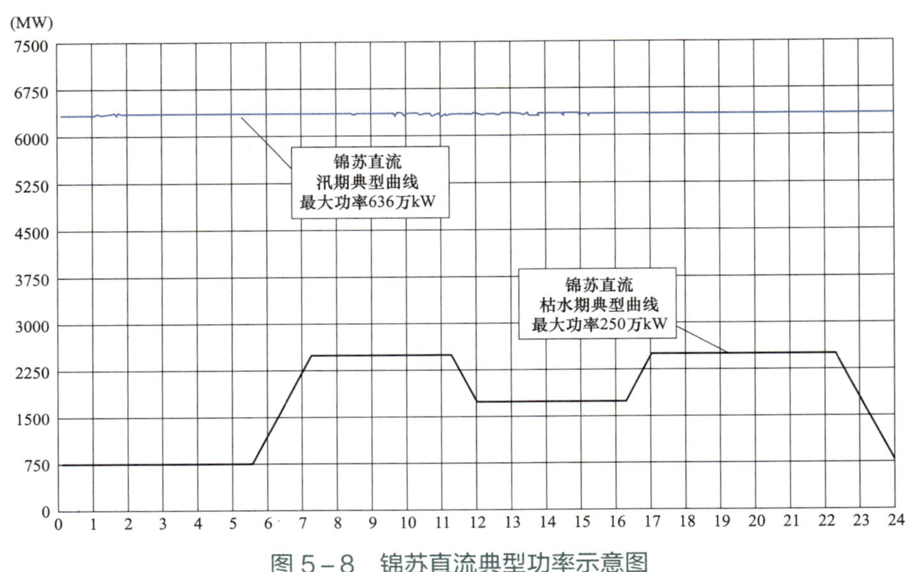

图 5－8　锦苏直流典型功率示意图

3. 煤电

燃煤机组调节能力强，发电出力从 100%～35%连续可调，同时承担着调频、调压和调峰的责任。而且电煤存储方便、可控性强，燃煤机组对电力系统安全稳定运行和电力平衡仍起“压舱石”的作用。但燃煤机组需要定期安排检修，而且检修时间一般较长，一旦进入检修状态就无法在短时间内重新恢复运行，影响全网发用电平衡。因此需要在年度层面基本确定检修窗口，在月度层面适时调整，有序开展各机组检修任务。

（1）统筹全网发用电平衡。主要考虑保证迎峰度夏和冬季电力平衡的需求，7、8 月份用电高峰期不安排机组检修，其他月份综合全省用电负荷、区外受电、燃气供应、电厂检修准备等因素，合理调节月度机组检修总容量，避免部分时段检修容量过大、发用电平衡备用不足的情况发生。

（2）考虑局部电网发用电平衡。综合局部电网（分区）负荷、受电能力变化、燃气供应等情况，特别是直流落点地区，合理均衡安排局部电网（分区）内机组检修，避免出现分区内供电能力不足的情况发生。

（3）把关检修工期。受电煤和天然气市场供应影响，电厂发电意愿各有不同，应对检修计划必要性、检修工期合理性进行把关审核，避免检修容量过大。

注：依据《发电企业设备检修导则》（DL/T 838），根据对发电机组的拆解程度由高到低，发电机组检修一般分 A 级、B 级、C 级、D 级四级计划检修和临时检修。

A 级检修是指发电机组全面解体检修和修理；检修间隔 6 年一次；检修工期 100 万 kW 机组 70～80 天、60 万 kW 机组 60～68 天、30 万 kW 机组 50～58 天。

B 级检修是指针对机组某些设备存在问题，对部分设备进行解体检查和修理；检修间隔两次 A 修之间安排一次 B 修；检修工期 100 万 kW 机组 35～50 天、60 万 kW 机组 30～45 天、30 万 kW 机组 25～34 天。

C 级检修是指根据设备磨损、老化规律，有重点地对机组进行检查、评估、修理、清扫；检修间隔除有 A、B 修年外每年安排 1 次 C 修；检修工期 100 万 kW 机组 26～30 天、60 万 kW 机组 20～26 天、30 万 kW 机组 18～22 天。

D 级检修是指当前机组总体运行状况良好，对主要设备的附属系统和设备进行消缺；检修间隔视情况每年增加 1 次 D 修；检修工期基本在 9～15 天。

4. 气电

燃气机组启动速度快，运行方式灵活，通过启停调峰性能好，可以较好地适应新能源发展的调峰需求。燃气机组的启机过程（从点火到并网）一般约 30min，与机组状态（冷态或热态）关系不大。但是不同状态下机组并网后升功率的耗时有较大区别，热态燃机升功率快、耗时短，一般在并网后 1h 左右达到满功率；冷态燃机升功率慢、耗时长，一般在并网后 2～3h 达到满功率。另外，由于燃气机组都是由天然气管道供气，所以对燃气的供应依赖程度高，且受天然气供应价格影响大，影响发电意愿。

（1）在年度层面：受北方供热影响，11 月 15 日至次年 3 月 15 日为天然气供应紧张期，除供热燃机仅能维持单机供热最低出力外，无特殊情况基本无增量气供应，其他月份气量相对有所增加。燃气机组检修可以考虑与供热季缺气停机结合安排，对系统运行影响较小。在安排燃煤机组或 500kV 主变检修时，应充分考虑燃气供应情况，避免在天然气供应紧张期安排上述检修。

（2）在月度层面：重点围绕电网重大检修方式下的电网安全约束（全网平衡、苏南平衡、分区平衡等），需要利用燃机来保障局部电网或分区电网的供电能力，应提前测算和组织增供天然气量，确保检修期间的电网安全和可靠供电。

（3）在日前层面：为应对日负荷预测和新能源预测偏差等计划外情况，需要燃机配合启停调峰。如新能源在负荷低谷时段大发导致煤机配合调停消纳，在负荷高峰新能源发电能力又下降，此时就需要燃机开机顶峰，以及节日期间低谷负荷下降调停煤机，而用电高峰期间正备用不足，必须安排燃机开机顶峰等情况。

5. 核电

核电机组一般不参与电网调节，除根据燃料周期（田湾核电一般约 18 个月）安排检修外，是比较稳定的清洁能源。核电机组一般按照燃料周期滚动安排 C 级检修，工期约 30 天；同时每 4～6 个燃料周期（6～10 年，视机组类型而定）需要安排一次 A 级检修（全面大修），工期约 60 天。

受制于核电机组的运行要求和核燃料安全考虑，核电机组一般不参与功率调节，但在春节等调峰最为困难的节假日，可提前安排核电机组减功率运行。江苏省核电机组的最低技术出力在 80%额定功率，主要通过调节硼酸浓度的方式进行功率升降，一般需要提前 6～8h 进行准备，且功率升降速率一般不超过 10%额定功率/小时。根据国家核安全局华北监督站相关要求，核电机组计划性的升、降功率，需要通过运行日报、月报和季报等形式向监督站报备。

（三）发用电平衡管理

发用电平衡管理是指根据负荷预测和各种可用发电资源情况，在满足系统平衡约束、电网安全约束、机组运行约束等条件下，优化形成一个相对最优的发用电平衡组合。发用电平衡包括中长期（年、月、周）平衡、短期平衡和实时平衡。

1. 发用电平衡约束条件

（1）系统平衡约束：是指满足全网发用电平衡的要求，既满足高峰负荷要求，也满足低谷负荷要求，目的是保障电网频率稳定。根据全网 96 点负荷预测曲线统筹安排发用电资源，确保每个点的发用电均处于平衡状态并按规程预留取一定旋转备用（包括正备用和负备用）。

旋转备用是为应对可能发生的负荷波动、机组跳闸、直流闭锁、电网事故和新能源预测偏差等不确定事件引起的电网功率缺额，需要预留的运行机组剩余发电容量。规程规定一般为最高负荷的 2%，特高压直流投运后还需考虑直流双极闭锁的影响。华东电网开展共享机制统一备用计算，2022 年夏季江苏需预留备用 320 万 kW。负备用为应对负荷向下偏差、新能源超预期发电、外送通道突然失去等突发情况引起的功率剩余，需要预留的运行机组可以向下调节的容量和可应急调停的机组。

（2）电网安全约束：是指满足电网安全稳定运行的要求，即满足潮流控制、短路电流控制和稳定控制等要求。正常方式和检修方式下，江苏电网安全约束主要受制于 $N-1/N-2$ 断面限额，形成对区域平衡和分区平衡的制约，需要通过增加受端开机、压减送端开机等安排，满足潮流控制要求。在个别重大检修方式下，可能因暂态、动态稳定约束，对开机方式和运行出力提出要求。

（3）机组运行约束：是指满足发电机组自身的物理特性和技术限制等方面的要求。如燃煤机组的开机和停机过程，特别是机组启动时，处于不同状态的发电机组，从锅炉点火、汽机冲转到额定出力，耗时有较大差别。全冷态下机组启动和升功率耗时长，一般在点火后 5～8h 并网，并网后 6～8h 达到满功率。热态下升功率耗时短，一般在点火后 3～6h 并网，并网后 3～5h 达到满功率。运行中燃煤机组功率提升（即爬坡率）存在一个极限，一般不超过 2%额定容量/分钟。在安排 96 点功率平衡时，应该充分考虑这一特点。

2. 发用电平衡与新能源

因新能源发电的不可调节性，在系统发用电平衡时，将预测的新能源发电作为平衡的边界条件，其他发电资源在此基础上进行安排，再充分考虑新能源的波动性和反调峰特性，重点考虑全天 96 点上的几个重要的时间点。

（1）高峰时段。一般有早高峰（10:30 左右）、午高峰（13:00～16:00）、晚高峰（21:30 左右）三个高峰时段。早高峰和午高峰要关注光伏发电的趋势，在晴朗天气下，光伏发电比较充足，如果分布式光伏出力没有纳入功率总加，就会抵消掉一部分调度用电负荷，但是天气一旦转阴，光伏资源快速下降，同时负荷快速上升。晚高峰无光伏发电，电力资源较白天下降较多，要安排灵活性可调资源向晚高峰时段适当倾斜。高峰时段要留足正备用，可以考虑紧急增开燃机、抽蓄等灵活性机组，协调上级调度增加受电，与兄弟省市开展互济等手段保障发用电平衡。

典型案例 5-6

2021 年 1 月 7 日 19:15，江苏电网冬季调度用电负荷创下历史新高，达到 1.17 亿 kW，刷新国内省级电网冬季用电负荷记录。采取以下措施确保发用电平衡：① 发电侧增开顶峰燃机，最高负荷时刻增加燃机出力 214 万 kW；② 受电侧与兄弟省份开展错峰互济，见图 5-9，向上级调度争取直流增送，相比日前确定的受电计划提升 455 万 kW；③ 寒潮期间 1 月 7、8、9、11 日四天江苏公司按照“需求响应优先，有序用电保底，限电不拉闸”的原则，在政府指导下，在负荷侧配合实施需求侧管理措施。其中 1 月 8 日全天，全省在政府指导下进行调休移峰，最大移峰超过 1000 万 kW。

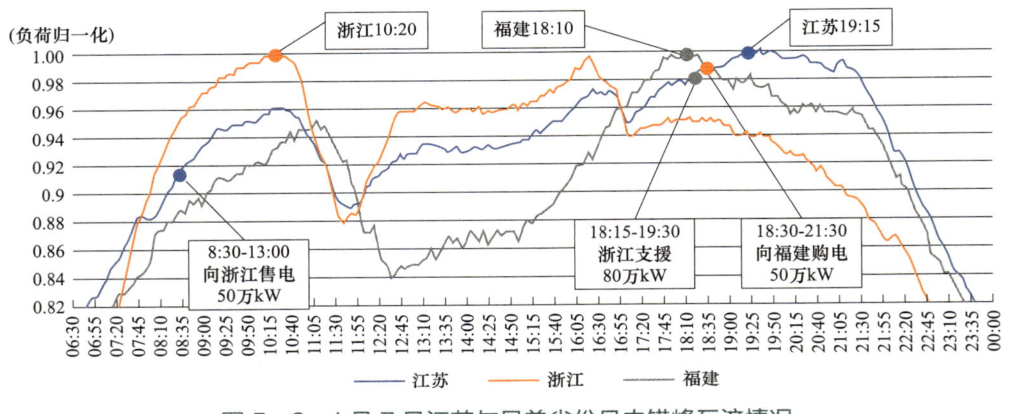

图 5-9　1 月 7 日江苏与兄弟省份日内错峰互济情况

（2）低谷时段。一般有夜间低谷（4:00 左右）和午间低谷（12:00 左右）两个低谷时段。夜间低谷是一天中负荷最低的时段，低谷平衡本质上是风电消纳的问题。午间低谷时段同时也是光伏发电的高峰，如果再叠加风电大发，会增加常规电源向下调节的难度，而且午高峰马上到来又要向上调节，电网调峰困难。低谷时段要留足负旋转备用，负备用不足时，可以调用煤电机组深度调峰、抽蓄机组抽水、与兄弟省市开展反向互济、短时调停发电机组等手段保障发用电平衡。

（3）高峰低谷调节转换。江苏省日用电负荷的典型形态是“两峰两谷一腰荷”，每天的电力平衡调节就需要根据负荷走势，提前调动发电资源，在高峰和低谷时段来回转换，使得系统在高峰最高点仍留有上调节空间（正备用），在低谷最低点仍留有下调节空间（负备用）。从曲线形态上直观来看，就是确保用电负荷曲线始终处在电力资源的上调节能力和下调节能力所构成的包络线之间。

对于日内峰谷调节转换，一方面要有足够的调节资源，煤电机组一般利用自身的运行调节能力，深度调峰改造后，可以在40%（甚至更低）～100%额定功率的区间运行；调峰燃气机组、抽蓄机组可以利用启停调峰能力，在高峰时段开机，在低谷时段停机（抽蓄机组还可以转换为抽水状态）。另一方面要维持一定的调节速率，特别是午间低谷到腰荷的转换，用电负荷的快速爬升叠加光伏发电的快速回落，需要常规电源具备在2～3h内增加1000万kW以上发电出力的能力。预计在“十四五”末期，安排机组时不仅要确保燃煤机组的开机不低于一定比例，还需一部分燃气机组维持热态以便快速开机顶峰，必要时申请区外电力配合调节。

典型案例 5-7

2022年10月3日（国庆节日期间），江苏全省气温较高，夜间低谷最低负荷仅6380万kW，腰荷最高负荷达到8957万kW，当日负荷峰谷差达到2577万kW。当时为了配合节日期间低谷调峰，全省燃煤机组开机方式较小（约50%开机），系统在低谷调峰后，立即转换为高峰平衡做准备，通过增开燃气机组600万kW、抽水蓄能机组转为发电状态、省间现货市场购入区外电力100万～200万kW等措施，提升高峰最大可调出力（扣除旋转备用）至9000万kW以上，确保了高峰时段的电力平衡，见图5-10。

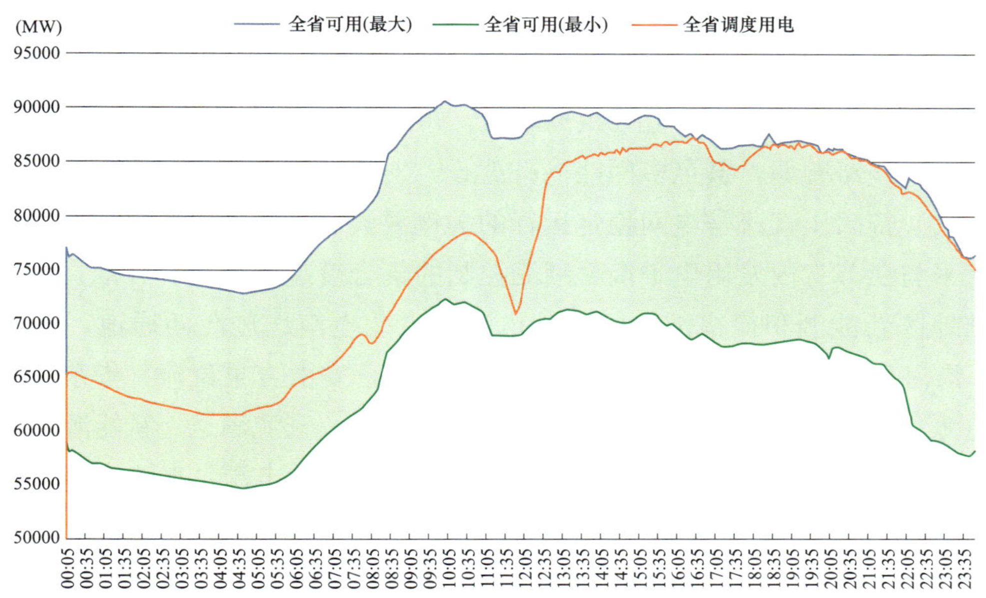

图5-10　10月3日全省电力平衡示意图

二、运行方式安排

运行方式安排是指在一定的负荷水平下，通过优化安排电网结构和开机组合，满足技术规程和导则的要求，保持安全裕度。

（一）电网安全稳定标准

《电力系统安全稳定导则》（DL 755—2001）、《电力系统技术导则》（GB 38969—2020）和《电网运行准则》（GB/T 31464—2015）是电网规划和运行方式安排的基本准则，是保障电网安全稳定运行的基础。

2011 年国务院颁布的《电力安全事故应急处置和调查处理条例》（国务院令第 599 号）以负荷损失量为核心定义了特别重大、重大、较大和一般电网事故等级。国家电网公司《安全事故调查规程》将上述电网事故等级定义为 1～4 级电网事件，并按损失负荷量进一步拓展了 5～8 级电网事件。二者与考虑事故发生概率、分级设防、保障系统安全的《电力系统安全稳定导则》（DL 755—2001）有很大不同，大大提高了电网安全稳定要求和可靠性要求，特别是对检修方式安排提出了非常大的挑战。同时对电网的规划设计、运行方式安排、安全稳定控制措施、电网运行风险控制等思路都需作出重大转变。

（二）电网结构安排

1. 方式安排主要约束

江苏电网结构紧密，电气距离较近，短路电流问题突出。此外，同杆并架双回路线路普遍，甚至多回路同杆架设，对检修安排影响显著。

（1）特高压直流是电网稳定运行的关键要素。区外直流送电功率大，来电水平与江苏省内发用电平衡、潮流控制的耦合度越来越高。雁淮直流、徐宿淮地区新能源和徐宿淮地区常规电源抢占北电南送过江西通道，锡泰直流、沿海风电群抢占北电南送过江东、中通道，安徽吉泉直流、华东皖电东送电源和宁镇常地区常规电源抢占西电东送通道，直流满送、新能源大发期间矛盾突出。锦苏、建苏直流是苏州南部电网的主力电源，直流来电水平直接关系到苏州南部电网的电力平衡。

（2）短路电流控制是运行方式安排的主要制约因素。一方面江苏电网尤其是苏南电网网架密集，多个变电站短路电流超标，被迫采取拉停开关、线路或者变电站母线分段等控制措施。另一方面，500kV 主变均为自耦变，普遍存在 220kV 母线单相短路电流超三相短路电流的现象，需要采取针对单相短路电流超标的控制措施。这些控制措施影响了网架的完整性，降低了系统的抗风险能力和运行方式安排的灵活性，限制了电网检修和事故处理方式的安排。

（3）电网分区供电能力是方式安排的重要条件。220kV 电网分区运行，500kV 主变限额和分区内电厂出力决定了分区电网最大供电能力。部分分区在负荷高峰期间及主变、大机组检修方式下存在供电缺口，分区间相互支援能力较弱，分区电网供电能力受到严重制约。尤其是 500kV 主变检修方式下，考虑主变故障后供电能力、负荷转供能力严重不足。

2. 电网结构安排的原则

运行方式安排应注重电网结构和电源开机的合理性，科学选择主接线和站间联络方式，增加系统运行的安全裕度。

（1）保障电力系统安全稳定。稳态潮流、电压都应在电网安全运行控制边界内，满足短路容量要求和设备载流要求，且具有一定的调节裕度，能够适应潮流短时变化的需要。电网运行方式具有一定的静态安全裕度，具备承受大扰动的能力。系统发生单一故障（$N-1$）扰动后，应能保持电力系统稳定运行和电网的正常供电，其他元件不超过规定的事故过负荷能力。系统受到较严重故障（$N-2$）扰动后，必要时可采取稳定控制措施，应能保持系统稳定运行。

（2）保障电网供电的可靠性。除考虑系统的安全稳定外，还需要考虑对外供电的可靠性。电网结构和开机组合安排要分析梳理正常及检修方式下，主网发生 $N-1/N-2$ 故障减供负荷和电厂损失出力的可能性。按照先降后控的原则，杜绝故障后减供负荷和电厂损失出力达到 4 级及以上电网事故等级，尽可能避免达到 5、6 级电网事件。

（3）故障后恢复负荷快速有效。方式安排要提前考虑故障后有简单、灵活、有效的调整措施，确保半小时内可操作完毕，将潮流控制在设备额定电流范围内，尽快恢复部分或全部因故障失电用户的负荷。目前的营商环境下，应尽量避免采取事故拉限电措施，提前准备需求侧管理方案。在不得已采取事故拉限电措施后，应尽快将拉停的重要用户和民生负荷置换出来。

（4）设防故障要有针对性。不同的电网结构防御故障的能力不同。对于一项停电检修，要充分考虑检修施工的停电范围、工作内容和工期等因素，结合当前气象条件、用电负荷、新能源发电、机组发电等边界情况，从故障发生的可能性、故障后果的严重性等方面出发，有针对性地制定电网结构优化方案，平衡好电网风险和施工风险，统筹好网架结构强度和供电可靠性的要求，使 $N-1/N-2$ 故障下综合风险最小。

（三）各电压等级网架结构安排关注点

1. 500kV 电网网架安排

（1）500kV 电网与特高压直流统筹。特高压直流稳定运行是近区 500kV 电网运行的强约束。一方面特高压直流落点近区 500kV 线路发生永久性故障，可能导致直流换相失败、甚至直流闭锁。另一方面特高压直流连续换相失败导致闭锁会对受端电网造成巨大的有功和无功冲击，严重影响受端电网发用电平衡，可能引发频率、功角、暂态过电压等问题。

在 500kV 电网 $N-2$ 等多元件停运方式下，需开展专题仿真计算分析，综合考虑直流输电功率、换流站近区网架结构和开机方式，评估交流系统的支撑强度对直流的影响。总体上换流站近区 500kV 网架越薄弱，电压支撑能力下降越多，引起直流连续换相失败导致闭锁的风险越大。

以江苏特高压直流的稳定控制要求为例：直流大功率输电时（80%以上额定功率），近区网架（一般指第一、第二级疏散通道，下同）破坏对稳定性影响比较明显，一般应保持全接线方式运行。直流中功率输电时（不超过80%额定功率），一般可以安排落点近区 500kV 主网线路或母线设备单一元件检修，此时发生近区永久性故障但直流一般可以维持稳定运行。直流落点近区 500kV 主网安排双回路线路同停，一般应安排在直流小功率输电时，且要进一步开展专题仿真计算。

（2）500kV 电网与区域交流网架统筹。省内 500kV 网架安排必须考虑对省间交流通道受电能力的影响，结合省间功率输送计划、交流和直流过境潮流、省内断面疏散能力，协调 500kV 主网结构安排。

500kV 省际联络通道以及省内西电东送、北电南送网架通道的检修，应该与皖电东送、雁淮直流、锡泰直流等影响潮流分布的受电计划相协调。一方面优化好检修安排，错开输电功率较大的时期；另一方面做好区外受电计划的安全校核，结合检修安排调减相应受电通道的计划。

（3）500kV 运行可靠性的统筹。通过电网结构优化，提高系统抗故障冲击的能力，杜绝存在四级及以上电网风险的网架结构安排。重点是防止检修方式下再发生故障导致 500kV 分区全停、500kV 变电站全停、供电能力不够被迫拉电、主力电厂全厂停运等情况。较常见的可能引起电网风险的检修主要有 500kV 母线检修、主变压器检修、线路检修形成 500kV 终端站方式、电厂出线检修形成电厂全停风险等。

在优化 500kV 网架的同时，应考虑在 220kV 网架层面进行优化调整，如采取分区合环、分区重构、电源切转、负荷转移等措施，加强分区供电可靠性或供电能力。必要时可以陪停 500kV 主变以控制短路电流。500kV 电厂出线检修应优化机组检修安排和发电运行方式安排，在电厂经单线并网的情况下，应控制发电出力，防止发生严重后果（如不超六级电网事件的 100 万 kW）。

（4）500kV 网架与站内接线方式的统筹。500kV 变电站主接线一般是 3/2 接线方式，具有可靠性高、运行调度灵活等特点。重点关注主设备停电导致破串，破串后再发生一条 500kV 母线故障，或者是母线停电再发生线路故障，可能导致同一通道两回及以上线路或者两台及以上主变同停（有主变直接挂接 500kV 母线）等风险。要结合站内具体的配串情况，重新校核破串后的稳定性和风险情况。

如果可能发生同一通道两回线路或两台变压器同时停电，影响局部供电能力，此时应采取分区合环、分区重构、负荷转移等措施进行 220kV 电网调整，优化分区供电平衡；如果无措施手段或采取措施调整后仍存在较大风险，可以考虑检修线路解搭头恢复完整串运行。

2. 220kV 电网结构安排

（1）优化 500kV 供（输）电能力。重点关注 500kV 变电站 220kV 母线接线方式变化（如母线、分段、母联开关检修），导致主变稳定限额降低。避免出现 220kV 弱联系、长距离的电磁环网，对故障后穿越潮流的承受能力不足而降低 500kV 线路稳定限额。

要统筹考虑通过分区合环、分区重构、负荷转移等措施保证分区供电能力，避免为了加强 220kV 网架而导致分区供电能力大幅下降。必要时可以采取解开 220kV 环网结构、牺牲部分负荷的供电可靠性等措施。

（2）优化 220kV 潮流。220kV 电网主要承担 500kV 主变下送潮流的作用，环网结构紧密，但部分 220kV 单回细导线线路（$1\times300/400mm^2$）在检修方式下常常成为潮流输送的瓶颈。可以考虑将当前分区负荷通过 220kV 联络通道转移至相邻分区，也可以将 220kV 重过载断面受端的负荷通过 110kV 电网进行转移，达到降低断面潮流的目的。还可以考虑调整局部电源开机和出力或 220kV 电网结构，改变潮流分布。

（3）优化 220kV 电网可靠性。220kV 电网分层分区后系统功能降低，最基本的出发点是尽可能降低对用户和电厂的可靠性影响。220kV 网架原则上应保持环网运行，维持结构强度，任一线路跳闸均连续运行。重点关注检修方式下，原环网结构打开形成链式结构特别是多级链式结构，应根据链式结构中的级数做好相应的网架结构调整，还需核实继电保护配置的适应性。

对于一级、二级、三级等链式结构（一般指同塔并架），都有可能形成负荷减供或者电源失去的风险。原则上 $N-1$ 故障应不减供负荷，$N-2$ 故障减供负荷控制在 10 万 kW 以内（五级电网事件），有条件时应控制到 4 万 kW 以内（六级电网事件）。

应通过分区合环、分区重构、末端变电站转供等方式调整手段，减少串供级数。应通过 220kV 分区转移负荷、110kV 侧转移负荷等措施减少链式结构中的负荷水平，同时应用备自投进行补救。

应做好母线接排方式安排和 220kV 网架结构安排的统筹兼顾。充分考虑双母线、三段式母线及四段式母线运行间隔排布的合理性和可靠性，使得任一条母线故障对网架结构的影响最小。防止一条母线检修另一条母线故障，导致多站全停或大规模减供负荷。

3. 110kV 及以下电网结构安排

（1）做好与 220kV 网架的配合。一般应该以 220kV 及以上的网架结构为基础，统筹安排 110kV 及以下网架结构，维持网架的可靠性，避免风险叠加。在 220kV 网架（如变电站的 220kV 母线、出线或者主变压器等）不完整的情况下，应尽可能保持下级有联系的 110kV 网架的完整性，保障负荷转供能力；变电站 220kV 母线、主变压器检修时需考虑安排一回 110kV 联络线倒供进该变电站 110kV 母线转供部分负荷的方式，以保证重要用户及下级

110kV 变电站的双电源供电。

（2）做好 110kV 电网可靠性安排。110kV 电网一般采取馈线方式运行，每个 110kV 变电站电源原则上应来自两个不同的电源点，或至少要来自于同一变电站的不同母线。重点关注检修方式下 110kV 及以下电网的方式可靠性，梳理发生事故后减供负荷可能达到的水平，采取转移负荷或对重要用户保供方案。同时安排好备自投的运行方式，尽可能通过负荷转移将减供负荷压降至 4 万 kW（六级事件）以下。

（四）系统安全校核

系统安全校核是对初步确定的运行方式进行电力系统安全稳定计算分析，以确定系统静态安全水平和动态稳定水平都在标准和规范规定的范围之内。如果不符合要求，则需进一步调整网络结构和开机组合，或者提出提高系统稳定运行水平的措施和保证系统安全稳定运行的控制策略。电力系统安全稳定计算分析要严格按照《电力系统安全稳定计算规范》（GB/T 40581—2021）等相关规定开展。

经计算分析确定的系统安全稳定控制方案通常以正常（或临时）稳定限额的形式发布，江苏电网稳定限额基本以热稳限额为主，极少部分为暂稳限额。热稳限额主要针对 $N-1/N-2$ 问题，一般表达为多个元件组成的断面潮流控制要求。暂态稳定限额主要针对故障后的暂态功角和电压问题，一般表达为中枢站母线电压和近区发电机组控制要求。

1. 母线负荷

主网安全稳定计算分析主要基于 220kV 母线负荷开展，年度运行方式分析、月度运行方式校核、日前检修方式校核等计算分析都需要准确的母线负荷最大值。母线负荷的确定是电力系统安全稳定计算分析的关键工作之一，在很大程度上决定潮流计算和稳定分析的准确性。

母线负荷预测一般采用负荷增长趋势外推法确定母线负荷。根据地区经济发展、供电区域内产业发展等情况，基于母线负荷同比增长、天气温度、供电区域内大用户业扩投产情况，调整相关母线节点的负荷预测。

母线负荷预测重点要关注以下五个方面：

（1）天气温度的影响。在制冷负荷占比超 40%的情况下，温度的变化对制冷和采暖负荷影响巨大，同一座变电站在不同的季节或者相同季节不同温度下所供负荷大小相差悬殊。

（2）110kV 及以下小电源的影响。要掌握如垃圾电厂、综合利用电厂、小火电等小电源的检修和发电计划，掌握风电和光伏发电的预测曲线，特别是分布式光伏的发电预测，准确计算小电源对母线负荷的影响。

（3）大用户生产情况的影响。及时了解行业形势和大用户生产情况，掌握冶金、化工、水泥和造纸等大用户的开工和检修安排，比较准确地预测母线负荷水平。

（4）110kV 及以下配网运行方式变化的影响。充分考虑主网设备停电检修引起的负荷转移、配网设备检修引起的负荷转供等情况，及时调整相关母线负荷的计算。

（5）要加强母线负荷预测数据的准确性校验。对于预测的母线负荷，不仅要对比每一个母线节点负荷预测的准确率，还要校核母线负荷累加后（考虑网损）与分区、地区负荷的偏差。

2. 电网参数

电网参数从设备类型上可划分为线路、变压器和发电机参数，从属性上可划分为理论值和实际值。变压器参数和发电机静态参数由于更加标准化、模块化，可以在出厂前进行试验，计算得出实际参数数值。发电机动态参数（调速器、励磁系统、PSS 等）和线路参数必须在机组、线路建成之后实测得到。

发电机的动态参数需经过励磁系统参数测试及建模试验、电力系统稳定器（PSS）参数整定试验、调速系统参数测试及建模试验后获取。运行机组应定期开展动态参数复核性试验，复核周期一般不超过 5 年。如测试结果与上次试验结果差异较大，应进行原因分析和技术评估，必要时重新开展相应的涉网试验。

根据《电气装置安装工程　电气设备交接试验标准》（GB 50150—2016）规定，新建及改建的 110（66）kV 及以上高压输电线路在投入运行前，应测量各种工频参数并提供实测报告（主要包括线路长度、导线型号、正序电阻、正序电抗、正序电容、零序电阻、零序电抗、零序电容等），若为同塔架设线路，原则上还应测量互感阻抗和耦合电容（同塔架设部分超过 10%时），用于计算系统潮流、短路电流、继电保护整定、系统稳定计算。并可以验证长线路的换相效果和无功补偿是否达到了设计预期。

线路参数试验应在线路建设或改造工作全部完成且验收消缺完毕、线路送电之前进行。在安排检修计划时，线路参数测试工作需要单独申请，以防止线路参数测试工作与线路本身工作相互交叉，造成人身安全风险。

此外，输电线路通道内邻近的平行线路越来越多，运行线路对试验线路的感应电压也越来越高，甚至达到上万伏，线路参数试验中过高的感应电压大大增加了试验人员触电和试验设备损坏的危险。在线路参数试验前应对线路感应电压进行评估，如果感应电压超过一定值（历史经验为 2kV，当全线同塔，或平行距离小于 50m、平行长度超过 2km 时）就应该陪停邻近线路，以保障试验人员的安全。

3. 负荷模型

负荷电气模型是指负荷群对外所呈现的总体特性，主要用于暂态功角稳定计算分析、动态功角稳定计算分析和电压稳定计算分析。

2018 年以前，在调度日常生产运行的上述稳定计算中，负荷模型主要采用静态负荷模型，江苏公司采用 40%恒定阻抗+60%恒定功率静态负荷模型。

2018 年以来，由于特高压直流运行仿真计算的需要，负荷模型开始采用含感应电动机的动态负荷模型，即 SLM（Synthesis Load Model）综合负荷模型。目前 SLM 模型由 58%电动机、42%静态负荷构成，其中静态负荷模型部分恒阻抗、恒电流、恒功率比例为 53%、34%、13%。主要考虑电网故障后电动机对系统电压恢复的影响，可能引起特高压直流发生连续换相失败甚至闭锁，应用 SLM 模型后能够更好地反映故障后电压的实际变化情况。

典型案例 5-8

电动机（马达）负荷的特性是在电网短路故障消失后，电动机会从电网吸收无功功率，导致交流系统母线电压故障后的恢复速度变慢，可能存在电压失稳风险，同时直流发生连续换相失败的概率增加，见图 5-11。

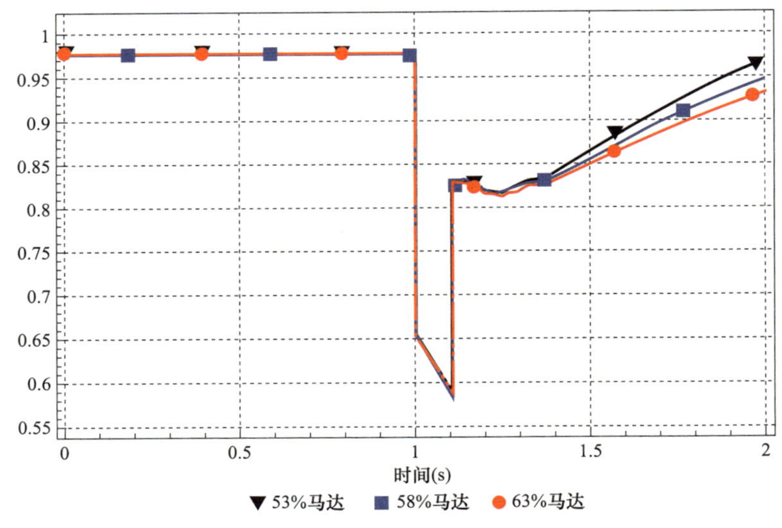

图 5－11　电动机（马达）负荷特性示意图

三、年度方式管理

年度运行方式是针对全年最高负荷、电网全接线全保护条件下的运行方式安排，是电网运行最基础的方式，是月度运行方式和各检修方式的基础。年度运行方式在确保最高负荷下安全运行的同时，还要能够最大化兼顾低谷负荷、新能源大出力等其他运行要求。

年度运行方式以《电力系统安全稳定导则》（DL 755—2001）为基本执行准则，全面总结所辖电网上年运行情况，结合电网设备、发电机组的投产计划和检修计划、区外送受电计划及全网、局部电网电力平衡预测，安排电网基础网架，细化电网运行极限，确定电网安全边界和基础运行方式，部署电网控制策略。

各级调度机构都需编制电网年度运行方式，并在公司层面审查后发布，作为来年电网运行的纲领性文件，规划、建设、生产、营销等专业都应按照年度方式所确定的方案和时间节点开展工作。电网年度运行方式管理的主要任务包括：

（1）电力平衡管理。开展来年每月电力生产需求、全网/地区/分区夏季高峰平衡情况预测，作为相关部门和单位确定来年需求侧管理容量、有序用电容量、事故拉限电容量和低频低压减负荷容量的依据。

（2）典型方式安排。细化制定基础电网结构及运行接线方式，开展不同典型方式（夏高、夏低、冬高、冬低、汛高以及汛低等）下的稳态潮流计算、$N-1/N-2$ 静态安全扫描、暂态稳定计算和动态稳定分析（小干扰稳定分析），全面掌握电网潮流分布特点和系统安全稳定水平情况，系统性制定稳定控制策略（稳定限额、稳控装置等）。

（3）重点工程安排。根据基建施工计划、大修技改计划等重点工程推进情况，安排好重点工程的停电计划和检修方式的安全校核，为基建、技改等工程提供停电检修窗口，或者为保障电网安全，优化有关工程施工节点安排和优化施工方案。对于因重点工程引起的电网运行风险，采取针对性的风险开展措施保证电网安全。

（4）电网加强需求。通过年度运行方式编制，梳理和发现电网运行的薄弱环节，结合电网实际运行需求，明确来年迎峰度夏/度冬工程，协调公司相关部门和单位全力推进。通过年度运行方式编制，指导 2～3 年电网规划、建设、改造计划，提高电网安全稳定水平和可靠性水平。

第三节　停电申请单管理

停电申请单（以下简称申请单）是保证停电检修计划正确、规范执行的工具，是设备停电检修管理的依据和流程信息的载体。通过申请单最终确定现场停电作业的工期和范围，执行各级调度、各个专业（基建、生产、一次、二次等）统筹协调的最终结果，完成工作的闭环管理。依据申请单规范编制调度操作票，正确指挥现场倒闸操作，确保设备停复役和运行方式调整的准确实施。

一、停电申请单管理流程

申请单一般由管理设备的运行单位［省超高压公司、市（县）供电公司等单位的变电、线路运维中心］发起。设备运行单位根据停电计划，综合基建、技改、市政、修试等方面需求，按规定填写申请单后，申报本单位县调、地调或者直接申报省调。一般特高压交直流线路和省调直调发电厂的申请单

（主要包括 220kV 及以上电气设备和发电机组）直接报省调。其他设备均向所在地的县调、地调申报。

调度部门根据设备管辖范围，按照地调（县调）—省调—网调—国调的流程逐级上报，各级调度按照国调—网调—省调—地调（县调）的流程逐级批复。目前省、地、县范围内的申请单已经实现在同一信息平台完成流转的一体化管理，国调和网调申请单需要在省调节点手工转报。各级调度要重点做好管辖范围内申请单的梳理和归集（制定主单和配合单），以及各级申请单批复意见的归集，确保最终将各级调度的所有签署意见完整下达到申请单位。

工程建设所需要的停电，由建设单位（如建设分公司、市公司建设部等）委托设备运行单位提报申请单，此时负责申报申请单的单位（部门）应将所有调度签署意见转达给委托单位。

需要设置主申请单和配合单的情况主要有线路及两侧变电检修、涉及多个地区的线路检修，以及基建、市政、消缺等多项全部或部分设备相同但工期不同的检修等。主单与配合单在申请单系统中相互耦合关联，且必须有严格的逻辑关系。主单的停电工期、停电范围和设备状态应该完全覆盖配合单，即配合单的停电开始、结束时间不应超出主单的时间范围，配合单的停电范围不超过主单（如主单要求主变一侧开关停、配合单要求主变停，这种配置方式就不合理），配合单的设备状态要求不应高于主单（如主单要求线路冷备用、配合单要求线路检修，这种配置方式就不合理）。在申请单开竣工的过程中进行主单、配合单同步性检查，确保主单与配合均已开工或竣工，防止出现部分检修工作未结束就进行送电的误调度情况。

典型案例 5-9　500、220、110kV 申请单的流程

（1）500kV 申请单流程。

500kV 汉龙 5298 线路（线路为雁淮直流二级送出通道，国调许可）及其两侧变电检修。

500kV 变电运检中心向地调提报三汉湾、龙王山两侧变电工作申请单，输电运检中心向地调提报线路停电申请单，地调将申请单（共三张）提交省调，省调将三张申请单分组（以线路申请单为主单），筛选出申请单中国调许可及网调调管的设备，上报至网调，网调开展校核的同时，将国调许可设备上报至国调。国调校核通过后批复网调，网调将国调及网调校核意见打包批复省调，省调将国调（网调）及省调校核意见一并批复地调，由地调批复给 500kV 运检中心和输电运检中心。

（2）220kV 申请单流程。

溧阳变电站溧天 2M74 开关、溧马 2Y39 开关停役（技改：测控装置更换）。同期，对侧天目湖变电站间隔气室加装独立密度继电器（工期 5 天），两回线路三跨段整治（工期各 3 天）。

溧阳变电站（市检修分公司—变电检修室）、天目湖变电站（省超高压公司）及天溧 2M74 线、溧马 2Y39 线（市检修分公司—输电运检室）分别向地调申报，地调按“停电范围一致性”原则确定合并上述停电单，按“停电时间最大”原则确定“溧阳变电站溧天 2M74 开关、溧马 2Y39 开关”为主单，“天目湖变电站天溧 2M74 开关”“天溧 2M74 线、溧马 2Y39 线”为配合单。地调汇总审核后，向省调申报。经省调批准同意后，按省调—地调—设备运行单位的批复流程逐级下达。

（3）110kV 申请单流程。

郑陆变电站 110kV 正母线、郑翠线 719 开关停役（技改：保护更换、端子箱更换）。同期，对侧翠竹变电站对应 2 号主变压器有载吊芯等（工期 1 天）、110kV 郑翠线电缆尾管修补（工期 3 天）。

郑陆变电站、翠竹变电站（市检修分公司—变电检修室）及 110kV 郑翠线（市检修分公司—输电运检室）分别向地调申报，地调按“停电范围一致性”原则确定合并上述停电单，按“停电时间最大”原则确定“郑陆变电站 110kV 正母线、郑翠线 719 开关”为主单，“翠竹变电站对应 2 号主变压器”“110kV 郑翠线”为配合单。地调汇总审核无误后，编制会签运行要求，按地调—设备运行单位的批复流程逐级下达。

二、停电申请单专业审查

（一）主网设备停电申请单

申请单专业审查是指申请单提交至调度后，由调度各专业按照各自的专业管理职责，对申请单的规范性、合理性等方面开展审查，并制定电网一、二次设备状态的调整方案。下面以省调为例说明各专业审查工作。

1. 计划专业

负责审查申请单的计划性，审查申请单是否在月度计划和周计划范围内（原则上除紧急缺陷停电外，所有一二次主设备停电检修均应提交相应的申请单）。负责审查申请单的规范性和正确性，停电范围、设备状态与工作内容是否完全匹配。负责梳理规整各类申请单，对于同一停电范围不同检修工作的申请单，进行归并分组并明确主辅单配置。负责明确申请单所对应的审查专业并发起流程。

2. 系统专业

负责制定与设备检修相对应的电网运行方式调整方案，优化潮流分布、降低运行风险、提高运行可靠性。编制临时稳定限额，跟踪稳定断面潮流情况。负责评估检修方式下的电网风险，按规定发布与申请单相关联的电网风险预警通知单，并跟踪风险预警通知单的流转和执行。牵头编制新设备或改造设备的启动方案。

3. 继电保护专业

负责新设备或改造设备的参数管理和保护整定。负责校验检修方式下继电保护配置的合理性，根据电网一次运行方式变化制定相适应的继电保护配置和整定方案；负责审查继电保护设备检修工期及时序的合理性，优化调整二次设备检修方式下的继电保护配置和整定。负责审查通信设备检修对继电保护的影响，根据通信设备检修安排调整继电保护配置。

4. 通信专业

负责审查一次设备检修工作是否影响通信设备或光缆，负责审查涉及 OPGW 光缆的停电检修工作是否影响通信系统的正常运行（本线路 OPGW 检修可能会影响其他线路通信业务），若影响通信系统运行，需同步发起配套的通信检修申请单（涉及电网调度通信业务的通信检修，原则上应与主网设备检修同步实施）。500kV 线路 OPGW 检修需同时提报主网停电申请单和通信检修申请单，确保 OPGW 一次检修时间与通信检修时间保持一致。

 典型案例 5-10　220kV 兴白 4657/兴白 4658 双线停电申请单

按照年度、月度计划，220kV 兴白 4657/兴白 4658 双线计划于 2021 年 4 月 23～30 日停电，配合泰兴工业园区迁改。停电后，泰南分区界牌变、白马变以及姜堰燃机将形成长链式结构，遇观界 2648/2649 双线故障，两站一厂全停。考虑方式调整将界牌变、白马变以及姜堰燃机经界寺 4H74、白海 2633 双线环入泰扬北分区，以增强可靠性。同时，由于姜堰燃机并入泰扬北分区后，500kV 凤城变 220kV 母线短路电流超标，需要陪停一台 500kV 主变压器，见图 5-12。

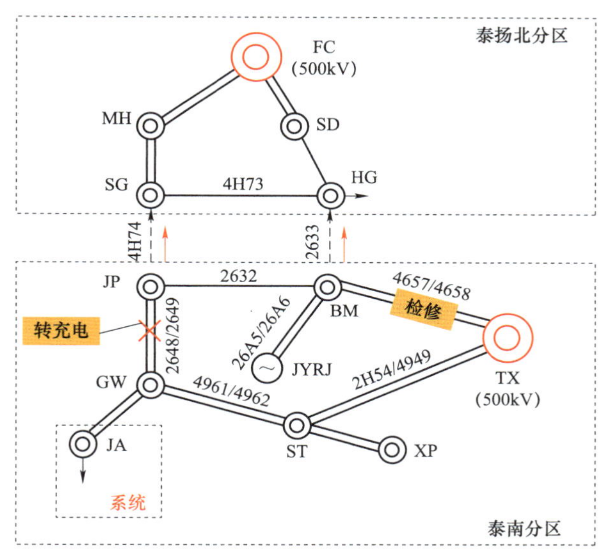

图 5-12　220kV 兴白 4657/兴白 4658 双线停电示意图

2021 年 4 月 15 日，泰州输电运检中心根据批准的月度停电计划填报停电申请单并报送泰州地调，形成地调申请单。泰州地调对申请单审核无误后，自动生成省调申请单报送省调审查。省调各专业开展申请单审查工作，并签署意见，审查意见通过一体化平台同步至地调申请单，地调各专业根据省调意见在地调申请单中签署审查意见（如 110kV 及以下电网的方式调整等）。以省调为例，江苏电网设备停电申请单如表 5-1 所示。

表 5－1　　江苏电网设备停电申请单

申请内容	申请单位	TZ 供电公司	申请时间	2021－4－15 17:25
	申请单编号	TZ 2021××××	申报人	×××/联系电话××××
	停电设备类型	线路	检修类别	计划检修
	相应月计划	TZ 202104_007 04/23－04/30 兴白 4657/4658 双线检修		
	设备管辖	省调管辖	电压等级	220kV
	是否影响通信光缆	是		
	申请工作时间	自 2021－04－23 08:00 至 2021－04－30 18:00		
	停电范围	220kV 兴白 4658 线检修；220kV 兴白 4657 线检修		
	工作内容	1. 泰兴高新工业园区迁改：兴白 4657/4658 线#5－10 段迁移改造，拆除现状 220kV 兴白 4657、4658 线#6－9 铁塔及导地线		
		2. 兴白 4658 线#65、66 塔升高改造		
		3. 综合检修等其他工作（略）		
	复役要求	线路测参数		
批复内容	通信批复	已受理　×××　2021－04－16 16:09		
	计划批复	×××　2021－04－19 13:09		
	系统_工程组批复	工毕后线路测参数，详见后续申请单。　×××　2021－04－16 17:10		
	系统_稳定组批复	稳定限额： 控制巷界 4H74、海白 2633 双线合潮流不大于 44 万 kW（20℃）		
		方式调整及保障要求： 1. 巷界 4H74、海白 2633 线转运行，观界 2648/2649 双线转充电备用（观五侧运行），寺巷—界牌—白马—海工环网运行； 2. 凤城变#4 主变 2604 开关转热备用； 3. 姜堰燃机开机方式不少于 1 套； 4. 告泰调×××：做好寺巷—界牌—白马—海工通道特巡工作。 ×××　2021－04－20 18:00		
	继保批复	1. 巷界 4H74 线、海白 2633 线合环运行时，线路两侧保护按正常联络线方式启用。 2. 观界 2648/49 线观五变侧对线路充电运行时，线路保护按电调〔2015〕110 号文规定处理，观五变 2648/49 开关 PSL603U 保护相间距离Ⅰ段定值改 22Ω（一次值），接地距离Ⅱ段和方向零序Ⅱ段时间改 0.5 秒，按省调 2013/002、2013/003、2013/004、2013/005、2013/006、2013/007 号定值单执行。 3. 工毕后巷界 4H74、海白 2633 线路恢复充电运行时的保护调整要求（格式同第二条，略）。 ×××　2021－04－21 9:00		
	处长会签	×××（计划处长）2021－04－21 14:09		
		×××（系统处长）2021－04－21 14:15		
		×××（保护处长）2021－04－21 14:10		
	调度处长	×××　2021－04－21 15:10		
	中心领导	×××　2021－04－21 15:30		

（二）自动化设备检修申请单

主站端前置/应用服务器或者涉及网络安全的相关硬件设备改造更换，前置采集、AGC/AVC、SCADA 等应用功能完善等工作，应按规提交自动化检修申请单。厂站端数据通信网、测控装置、PMU 等自动化设备改造工作影响“四遥”（遥信、遥测、遥控、遥调）或 PMU 数据采集，AGC/AVC 设备改造影响电网有功、无功调节，网络安全设备改造影响网络安全防护等工作，应按规提交自动化检修申请单。自动化申请单需调度运行、系统运行及网络安全等相关专业审查同意后方可开展工作。

自动化专业与生产调度紧密关联的自动化业务主要包括图模数据的建立和维护，以及“四遥”的正确性、可靠性保障。在电网拓扑结构发生变化后，及时调整调度自动化系统的图模数据。在一、二次设备状态变更后（设备新投或更换，需要建立或更新点表数据），重点开展遥控、遥调的闭环验证（传动试验），防止电网误控。参与 AGC、AVC 调节的发电机组大修后，必须重新开展系统联合测试，测试环节要确保做好安全隔离，杜绝测试工作影响电网正常运行。

典型案例 5－11 电厂检修人员无安全措施擅自更改远动和测控装置参数配置

2022 年 4 月 5 日，JX 省信丰电厂检修人员在应提未提自动化检修申请单（仅在电厂侧开了工作票，但是未联系主站侧）的情况下对远动和测控装置配置遥测数据正确性进行检查核对，并在未联系主站采取相应的数据处置措施的情况下（一般可以采取“对端代”“状态估计代”、数据封锁等安全措施，防止数据跳变），擅自更改远动和测控装置参数配置，导致联络线功率数据发生跳变，引起电网状态估计正确率降低，省级电网 ACE 控制指令出现偏差。

造成本次事件的直接原因是电厂检修人员无安全措施擅自更改远动和测控装置参数配置，同时也暴露出自动化专业管理的缺失，缺乏行之有效的自动化检修申请单管理规范。

典型案例 5－12 研发人员误操作，且未有效执行工作票相关的安全把控措施

2022 年 3 月 1 日，LN 省调组织 KD 公司对调度主站 AGC 功能进行升

级，AGC 研发人员在升级 AGC 备机过程中因为疏忽误将操作表指令在 AGC 主机执行（应该在备机执行），导致 AGC 关键进程异常，AGC 主备应用切换，下发异常指令，快减新能源场站出力，导致电网频率越限，DB 电网系统频率从 49.962Hz 开始下跌，最低跌至 49.750Hz。

造成本次事件的直接原因是研发人员作业时发生了误操作。同时暴露出管理上的不足：工作前应规范填报电子版电力监控工作票，严格执行系统安全把控，做好危险点分析及预控措施，但在实际工作期间仅有一份纸质工作票，且未有效执行工作票相关的授权、备份、验证等安全把控措施。

三、停电申请单的执行

调度运行专业负责停电申请单和启动方案的具体执行，检查电网实际潮流和初始运行方式是否与前期的安全校核边界存在重大差异，安排设备停复役操作要统筹好计划停电、临时停电和电网事故处理，重点关注三者的相互影响。对于计划停电，确保将各专业意见完整地解析到操作票层面，对于复杂方式调整的操作要优化操作顺序，非典型操作提前告知调度联系对象。对于临时停电，谨慎校核当前网架与潮流约束，仔细核对设备状态，校验操作顺序，确保设备不过载、潮流不越限。分析操作过程中的危险点，处置好操作过程中出现意外情况，遵循事故处理基本原则，日常做好预案编制，并针对性开展反事故演习及联合演练，做到“有预则立”，确保故障时能准确判断和处置。

典型案例 5-13 检修复役操作未严格校核

1999 年 12 月 31 日晚，ZJ 省因 220kV 2319 线 TS 变侧线路 C 相耦合电容连线断股，线路转检修处理。2319 线路停电后，SY 变由 2311 线路单线馈供，且同一日 2311 线对侧的 JL 变电站侧因开关有缺陷调整为线路旁代方式。当 2319 线路 TS 变电站侧缺陷处理工作完毕后，在线路送电合环时 SY 变电站侧的 2319 开关同期装置故障，开关合不上。ZJ 省调决定改由 TS 变电站合环操作。但在实际操作时，电话误打至 JL 变电站，下令 JL 变电站拉开 220kV 旁路开关，直接导致 SY 变电站全站失电，见图 5-13。

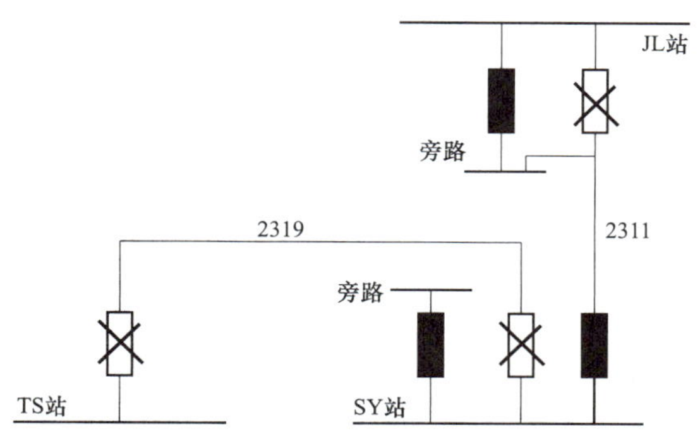

图 5－13 复役操作未谨慎校核至整站失电示意图

造成本次事故的原因是检修工作结束后复役操作时，ZJ 省调未充分掌握当前运行方式及电网薄弱点，未核对设备状态和潮流，未校验操作顺序，造成了整站失电的严重后果。

（一）停电申请单与调度操作票

调度操作票是用于改变设备状态的调度指令集，也是倒闸操作的依据。调度操作票的正确性、合理性关系到电网安全、设备安全和人身安全，其核心是防止误调度。

1. 拟写操作票

拟写操作票的主要依据是《电力系统调度规程》和《调度操作管理规范》。要逐一审查申请单中的停电范围、检修时间、方式调整、稳定限额、继电保护以及复役要求等内容，确保准确、完整地将申请单要求解析出来，形成调度操作票。同一停电设备涉及多张申请单时，要注意将所有申请单的要求汇集起来最终确定操作任务。涉及多个设备停电、多场站协同操作、需要关联性操作（如需要调整接排）或者需要调整网架结构等情况，要安排好操作顺序，尽量避免潮流大幅波动，优化操作步骤（如先停线路再停母线以减少倒排操作）。涉及上下级调度协调操作的情况，要明确配合节点和先后顺序。

典型案例 5－14 220kV 兴白 4657/4658 双线停役，方式调整

1. 委托操作票（省调委托泰州地调）。兴白 4657/4658 双线两侧变电站（泰兴变、白马变）及方式调整涉及的变电站（寺巷变、海工变、界牌变、观五变）均在泰州地区，具备委托操作条件，省调拟写委托操作票（见表 5－2）并明确操作中需要配合联系的节点。

表5-2　　委托操作票

操作任务：兴白 4657/4658 双线停役，方式调整											
编号	操作方式	序号	操作单位	项号	操作内容	监护人	下令人	开始时间	受令人	汇报人	结束时间
W××	委托	1	泰州地调	1	兴白 4657 线路改为检修	×××	×××	4－23 6:45	×××	×××	4－23 12:20
				2	兴白 4658 线路改为检修	×××	×××	4－23 6:45	×××	×××	4－23 12:20
				备注	含方式调整。分区合解环前后泰调联系省调，省调联系网调；注意合解环潮流。合解环后省调联系网调将凤城变#4 主变 2604 开关转热备用。						

2. 逐项操作票（泰州地调）。泰州地调收到省调下发的委托操作票后，根据省调申请单各专业的批复要求，拟写逐项操作票（见表 5-3），并在操作票相关节点的备注项中明确与省调配合联系的要求。

表5-3　　逐项操作票

操作任务：兴白 4657/4658 双线停役，方式调整											
编号	操作方式	序号	操作单位	项号	操作内容	监护人	下令人	开始时间	受令人	汇报人	结束时间
N	发令	1	寺巷变	1	将巷界 4H74 开关综合重合闸启用（单慢）	×××	×××	4－23 7:12	×××	×××	4－23 7:21
N+1	…	2	…	…	…	…	…	…	…	…	…
N+2	发令	3	界牌变	1	将界巷 4H74 开关综合重合闸启用（单慢）	×××	×××	4－23 7:06	×××	×××	4－23 7:21
				2	将界巷 4H74 开关#603 距离、方向零序保护由临时定值改为联络线定值						
N+3	…	4	…	…	…	…	…	…	…	…	…
N+4	发令	5	寺巷变（泰州监控）	1	合上巷界 4H74 开关（合环）	×××	×××	4－23 8:43	×××	×××	4－23 8:44
				备注	*合解环前联系省调，注意合解环潮流*						
N+5	…	6	…	…	…	…	…	…	…	…	…
N+6	发令	7	界牌变（泰州监控）	1	拉开界观 2648 开关（解环）	×××	×××	4－23 8:55	×××	×××	4－23 8:56
				2	…						
				备注	*合解环后汇报省调*						
N+7	…	8	…	…	…	…	…	…	…	…	…
N+8	发令	9	泰兴变（江苏集控）	1	拉开兴白 4657 开关	×××	×××	4－23 10:01	×××	×××	4－23 10:19
				2	…						

续表

操作任务：兴白 4657/4658 双线停役，方式调整											
编号	操作方式	序号	操作单位	项号	操作内容	监护人	下令人	开始时间	受令人	汇报人	结束时间
N+9	…	10	…	…	…	…	…	…	…	…	…
N+10	发令	11	观五变	1	将观界 2648 开关综合重合闸停用	×××	×××	4－23 10:38	×××	×××	4－23 11:07
				2	…						
				3	将观界 2648 开关#603 距离、方向零序保护由联络线定值改为临时定值[相间距离Ⅰ段定值改 22Ω（一次值），接地距离Ⅱ段和方向零序Ⅱ段时间改 0.5s]						
				4	…						
N+11	发令	12	白马变	1	将白兴 4657 开关由热备用改为冷备用	×××	×××	4－23 11:10	×××	×××	4－23 11:18
				2	…						
N+12	…	13	…	…	…	…	…	…	…	…	…
N+13	发令	14	白马变	1	将白兴 4657 线路由冷备用改为检修	×××	×××	4－23 11:39	×××	×××	4－23 11:49
				2	…						
N+14	…	15	…	…	…	…	…	…	…	…	…

2. 预发操作票

预发操作票也称调度预令，调度部门预先将调度操作票下发以便运行值班人员提前填写、审核现场倒闸操作票，为正式操作做好准备。调度预令一般向 500kV/220kV 集控中心、发电厂值长室等有人值班场所下达，集控中心将预发操作票转发至现场运行人员。

调度拟写完操作票并通过审核后，一般应提前一个班次（启动操作票除外，临时决定的操作尽可能提前预发）预发操作票，明确操作目的和操作内容，预告操作时间。现场运行人员应根据调度预发的操作票，结合现场实际情况，按照有关规程规定填写具体的倒闸操作票，并提前核查相关一二次设备状态，对现场操作票的正确性负责。同一地区范围内的 220kV 线路，可由省调向地调下达委托操作票，再由地调根据委托操作票编制逐项操作票，并预发至相关集控中心。

3. 执行操作票

执行操作票也称调度正令，调度部门依照调度预令下达正式操作指令，将设备操作至目标状态。调度正令一般向操作现场下达，如集控中心（仅负责开关操作）、变电站或发电厂值长下达。

停役操作前，应通过实时系统和接令人核对一、二次设备状态，确保一、二次设备状态与操作票起始方式一致。复役操作前，应确认该设备关联的所有申请单工作都已结束、安措拆除并具备复役条件。加强特殊设备（串联电抗器、UPFC、柔性直流等）操作过程沟通。停复役操作接现场操作汇报时，调度员应同时在实时系统中核对设备状态的正确性，高度关注二次设备操作后的状态确认。

设备停送电操作会改变网架结构和潮流分布时，应使用调度员潮流及在线安全分析工具进行操作前校核。如果校核结果存在断面重过载情况，应采取调整机组出力、启停备用机组、网架调整和负荷转供等控制措施，并复校通过后再行操作。同时有多个项目等待操作时，优先安排存在五级及以上电网风险预警或其他薄弱方式的设备送电。

操作过程中出现意外情况（如闸刀分合不到位、操作过程中开关跳闸等）应中止操作，根据现场对设备缺陷或故障处置情况的评估（需要处置的时间、是否需要其他设备陪停等），考虑对潮流控制、系统可靠性、对外供电等方面的影响，决定后续操作的安排。上述情况可能会涉及操作票的改动（操作顺序、操作步骤），操作票变更应经过充分的审核，并在操作过程中进一步加强一、二次设备的状态核对。

4. 申请单开竣工

将设备操作至指定状态后，申请单即可办理开工。一般由各级调度根据管辖范围逐级向下许可工作，由原受理申请单的调度中心许可各变电运维中心（或变电站、换流站）和线路运检中心，再由变电运维中心或线路运检中心许可工作票。工作结束后需要确认所有工作安措拆除并具备复役条件，申请单才能办理竣工。受理申请单竣工时应明确设备的送电条件是否有变化。

在申请单开竣工时，要特别注意主单和配合单的情况，工期一致的主单和配合单原则上同时办理竣工，避免主单先于配合单办理竣工。优先处理上级调度管辖或主网设备的申请单开竣工业务。

典型案例 5-15 对同一设备多项工作开竣工流程缺乏安全把控

为配合市政迁改工程，望陆 2240 线路于 2004 年 5 月 31 日起开始停电检修。在望陆线路停电期间，望亭电厂临时提出申请望陆线路厂内部分设备检修，并报网调批准同意。6 月 3 日，望厂汇报工作结束，确认设备具备正常复役条件。网调遗漏了望陆线路本身的停电申请单（当时无主单和配合单的管理机制），拟写复役操作票并发令操作，导致发生带地线合闸的误操作事故。

此次误操作的主要教训是缺乏对同一设备多项工作开竣工流程的安全把控，未设置主单和配合单的关联关系和竣工手续的系统性把关。

（二）停电申请单与风险预警通知书

风险预警通知书与停电申请单紧密耦合，通知书的生效时间和结束时间必须覆盖停电申请单的开始和结束时间，同时预留停役和复役操作以及启动投运时间。风险预警通知书先于停电申请单流转，流转完毕后关联至相应停电申请单。要注意在停电申请单开工之前，必须要先核实风险预警通知书相关管控要求已经落实到位，相关责任部门和责任单位已将具体管控措施和预案上传至风险预警系统。

风险预警的发布是落实风险管控措施、确保重大停电期间电网安全运行和可靠供电的重要手段。电网风险预警的管控措施一般要求相关单电源变电站改为有人值守，运行人员对站内设备加强巡视检测，做好事故预想等。

（三）停电申请单与启动方案

启动方案编制是一项系统、专业的重要业务，由专业人员按照调度规程规定，编制形成一套完整的执行方案。对于待启动设备，设备运行单位在启动前应向调度部门提交停电申请单，用于明确启动范围内的设备和启动时间安排。对于运行设备，如果启动过程中需要运行母线、运行线路或运行主变停电配合启动，母差保护短时停用配合试验等情况，设备运行单位还应向调度部门申报配合停电申请单，明确配合范围和设备状态，并按规定做好各专业的审查。

新设备启动的时间安排以待启动设备的停电申请单为准，启动前 5 个工作日，发电厂、设备运行单位按设备调度管辖范围履行申请单报批手续。启动前，调度部门根据启动方案形成一整套调度操作票，并在操作票中标明与现场衔接的重要工作节点（如定相核相、保护试验等）。

调度部门是启动过程的指挥者，要依托启动方案和调度操作票，做好设备启动调试过程中的工作指挥和安全把控。启动过程中，以启动方案为依据、以操作票为抓手，把控整个启动节点。重点做好冲击后设备状态检查、定相核相、保护带负荷做试验等环节的安全把关，履行好现场试验的开竣工手续。许可工作前要与现场运行人员确认具备工作条件，在每一个现场试验工作结束后，需与运行人员确认完毕后（如冲击正常、核相无误、保护试验正确）方可进行后续操作步骤。在现场操作完毕后必须确保安全措施全部落实到位，才可以许可试验人员进场。

启动方案中的调度关系转移：调度管辖内新设备启动，如果涉及上级或下级调度机构调度管辖设备，编制启动方案时，应与相关上下级调度机构共同磋商，在满足安全、便捷的前提下，确定相关设备的操作权限、管辖分界点及相互间的操作配合步骤，实际生产中又以设备调度管辖权限的临时转移（俗称“借调度关系”）最为常见。“借调度关系”的主要目的是在启动范围涵盖两级调度管辖设备的情况下，避免在管辖范围分界点附近形成两级调度频繁的操作配合，增加误操作风险。

停电申请单涉及新设备启动方案编制时，应重点关注以下四点：

（1）没有经过带负荷测试的保护都属于不可靠的保护（经一、二次通流试验正确的过流保护除外），无可靠保护的电气设备不能直接投入运行。基于这一原则，在安全的前提下使基建或技改设备有序地转变为可以安全并网的运行设备，是启动方案编制的根本目的。

（2）基建工程的项目繁多，投产时的操作方式也有很大区别。编写启动方案时要充分考虑采用什么措施保证启动设备与电网已运行设备的安全、第一步充电从哪里开始、在哪里核对相序、在哪里合环、如何取得负荷电流进行保护测试工作等问题。

（3）必须以可靠的保护对新投产设备形成封闭式的包围。也就是说，不论新设备在投产过程中出现什么样的电气故障，都应该保证有可靠的保护迅速将该故障点切除而不至于出现危害电网安全运行的扩大性事故。对于没有可靠保护的新投产设备，可将其与相邻的在运行设备进行串联、依靠二次保护延伸的方法进行启动。

（4）尽量选择安全、简便、明了、快捷的启动方式。应将操作任务的连续性与减轻操作人员的劳动强度、缩短操作时间等方面的问题结合起来考虑，能够合并为一次性完成的操作任务特别是要到场地操作的工作，在可能的情况下尽量不要分为两步进行。

（四）停电申请单的临时变更

申请单的临时变更包括申请单批复后改变开工时间（简称改期，即工期整体平移，后移的情况较多）、申请单开工后推迟或提前竣工时间（简称延期或缩期，即工期延长或缩短，延期的情况较多）。停电申请单临时变更管理要注意以下三点：

（1）申请单的临时变更应明确具体原因，认真审核临时变更的必要性，并与设备检修单位核实是否会造成送电要求发生变化。申请单延期或缩期应在原定工期过半前提出申请。涉及上级调度管辖设备的申请单临时变更，应按照上级调度的工作节点要求及时完成变更申报。

（2）申请单的临时变更，必须重新履行审核签署流程并重新开展安全校核，仔细梳理增加或者变更的停电工期内是否有近区设备同时停电检修，并且导致风险叠加。如果的确存在又无法避免，应尽可能调整运行方式降低风险，必要时追加风险管控措施。

（3）涉及风险预警的申请单在办理时应明确是否会造成风险预警工期、预警范围发生变化。如有变化，应要求设备检修单位提供书面说明材料，内容必须包括设备归属、工作责任落实单位、延改期必要性说明、后续工期安排、安全保障措施、基层内部汇报和协调情况等。

第四节　倒 闸 操 作 管 理

倒闸操作是指因电网方式调整、检修施工、新设备启动等需要，根据调度指令通过操作开关、隔离开关（又称刀闸）、接地开关（又称接地刀闸）

等，改变设备和电网状态的操作，其核心是防止误操作。

一、倒闸操作内容

（一）操作流程

倒闸操作的流程主要包括操作准备、操作票填写、接令、模拟预演、执行操作。

1. 操作准备

（1）根据调度预令明确的操作任务和停电范围，分析操作过程中可能出现的危险点并采取相应的措施。

（2）检查操作所用安全工器具、操作工具正常，“五防”闭锁装置处于良好状态，模拟预演系统与当前运行方式对应。

2. 操作票填写

（1）填票人核对一、二次设备实际运行方式，正确理解操作目的和操作任务，核对操作任务正确性，参考典型操作票进行填票。填写完毕并确认无误后签名提交审票人审核。

（2）审票人再次核对操作目的和操作任务，逐项检查操作步骤的正确性、合理性、完整性，确保无错漏项、顺序错问题。审核人确认正确无误后签字完成审核。

（3）当值接收的操作任务由当值运维人员负责操作票的填写和审核。当值未执行的操作票移交下一值时，接班值应对移交的操作票重新进行审核。

3. 接令

（1）运维人员接受调度指令时要严格落实全程录音、复诵核对等要求，有疑问时，应向发令人询问清楚，确认无误后执行。

（2）采用网络化发令系统时，调度员下达操作预令，运维人员应校核正确无误后，方可在系统中点击确认。调度员下达操作正令，运维人员完成复核后，在调度员确认并最终下令后，方可执行。

4. 模拟预演

（1）模拟操作前应结合调度指令核对系统方式、设备名称、编号和位置。

（2）模拟操作后应再次核对新运行方式与调度指令相符。

5. 执行操作

（1）监护人根据操作步骤发出操作指令，操作人依据操作指令并经监护人再次核对正确无误后，操作人进行操作。

（2）每一步操作后，确认设备状态与操作票内容相符。操作全部结束后，应对所操作的设备进行全面检查，核对整个操作是否正确完整、设备状态是否正常、监控系统有无异常信息。

（3）开关的操作应在监控后台进行，一般不得在测控屏进行，严禁就地操作。

（二）操作要点

倒闸操作主要有线路停复役、主变停复役、母线停复役、改变结排方式等操作。需要重点关注的问题如下：

1. 送电前关注重点

送电前拉开送电范围内的全部接地刀闸，拆除全部临时接地线，检查送电范围内确无遗留接地。

典型案例 5－16　运维人员漏拆地线，造成带地线送电

2013 年 10 月 11 日 220kV 溧阳变电站，运维人员进行 220kV 2 号主变复役操作，过程中未发现主变 110kV 7026 地刀仍处于合闸状态，即对主变进行充电，导致 2 号主变差动保护和重瓦斯保护动作跳闸。

2. 一次设备操作关注重点

（1）对于 GIS 刀闸，若为分相机构，应检查三相位置指示到位；若为三相联动机构，应检查首、尾端位置指示到位。

典型案例 5－17　GIS 刀闸联动机构传动连杆脱落

2016 年 5 月 19 日 1000kV 盱眙变电站，运维人员操作拉开盱安线 502217 接地刀闸（GIS），现场检查 502217 接地刀闸机械位置指示 C 相位置处（称之为首端）的机械位置指示为分［见图 5－14（a）］，A 相位置处（称之为尾端）的机械位置指示为合［见图 5－14（b）］，检修人员检查发现联动机构传动连杆脱落，A、B 相未分闸。如果运维人员在操作中未注意到接地闸刀两侧机械指示不正确，将会造成带地刀合刀闸，导致 500kV 母线跳闸的误操作事故。

(a) 首端显示分闸　　(b) 尾端显示合闸

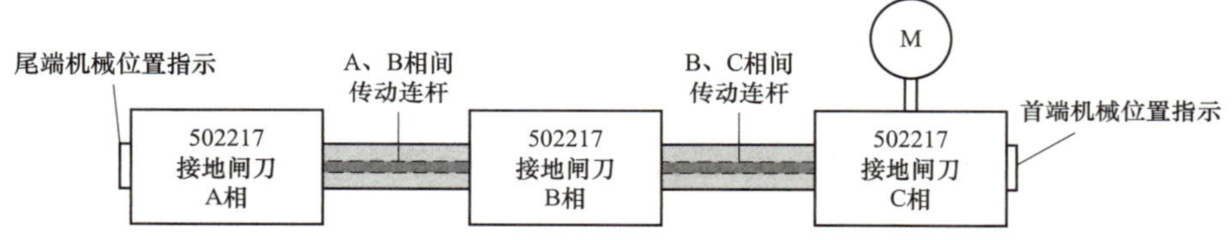

(c) 传动机构结构图

图 5－14　GIS 刀闸联动机构传动连杆脱落示意图

（2）对于敞开式刀闸，要检查拐臂过死点，动静触头接触良好。

典型案例 5－18　敞开式刀闸合闸不到位

2020 年 7 月 29 日 500kV 访仙变电站，运维人员发现 2 号主变压器 25022 刀闸 C 相拐臂过死点后发生下垂，导电臂出现塌腰［见图 5－15（a）］，造成动触头刀头未完全插入静触头内部［见图 5－15（b）］，动静触头合闸不到位，检修人员检查后判断为平衡弹簧零部件老化，从而导致合闸不到位。

(a) C相刀闸导电臂出现塌腰

(b) C相刀头未完全插入

(c) 正常相刀头插入

图 5-15 敞开式刀闸合闸不到位示意图

(3) 对于双母线接线方式的母线刀闸，操作后还要检查母线二次电压切换是否正确，母差保护装置刀闸运行方式是否正确。

(4) 对于开关，要检查分合闸位置指示灯、机械位置指示状态是否正确，机构储能是否正常。开关操作后还要检查监控系统中开关状态是否正确，电流、功率指示是否正常，有无异常信息。

典型案例 5-19 开关机构传动连杆脱落

2018 年 9 月 22 日 500kV 太仓变电站，常仓 5654 线（5033、5032 开关，GIS）复役操作过程中，运维人员操作合上 5033 开关后，保护及测控装置均显示 5033 开关三相都在合闸位置，但 5033 开关 B 相电流为 0［见图 5-16（a）］。进一步对 5033 开关 B 相进行 X 光检查，发现导电杆未插入触头［见图 5-16（b）］，解体检查发现机构传动轴销断裂脱落。

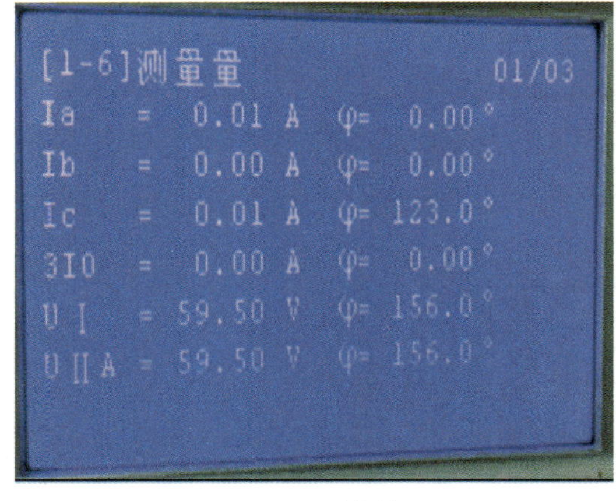

(a) 5033 开关保护屏

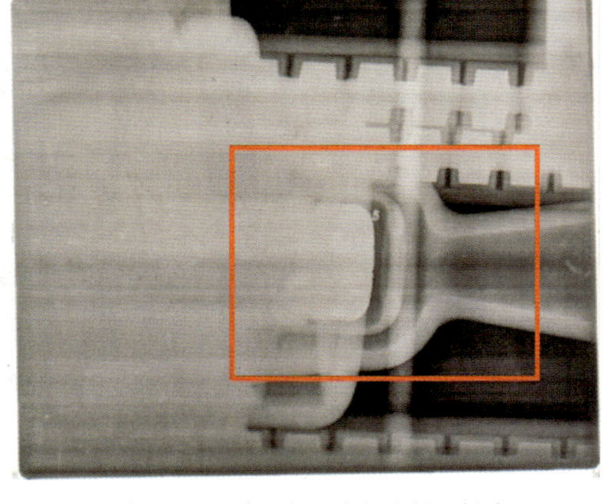

(b) 5033 开关 B 相导电杆未插入触头

图 5－16　开关机构传动连杆脱落示意图

3. 二次设备操作关注重点

（1）对于保护装置，要检查相关保护装置的功能压板、出口压板是否按要求投入，有无异常信号。

典型案例 5－20　线路保护出口压板未投

2020 年 5 月 31 日 220kV 兆群变电站，运维人员进行 220kV 兆扶 26K1 线、兆扶 26K2 线复役操作，未检查线路保护状态（两条线路的智能终端出口压板都在退出状态），复役操作过程中两条线路均发生线路故障，线路保护动作但无法出口跳开关，导致 220kV Ⅰ母、Ⅱ母母差失灵保护动作，Ⅰ母、Ⅱ母全停。

（2）对于保护定值，应进行逐项核对，确认装置当前定值与调度下达值一致，正确无误后方可投入保护。

典型案例 5－21　定值执行错误导致保护越级跳闸

2022 年 5 月 8 日 220kV 钟秀变电站，110kV 秀观 723 线路故障，220kV 1 号主变压器高压侧过流Ⅱ段保护越级跳闸。检查发现 1 号主变压器 B 套保护装置内整定的高后备保护过流Ⅱ段定值与调度下达定值不符，定值执行错误。造成故障发生时，1 号主变压器高后备保护先于 110kV 秀观 723 线路保护和 1 号主变压器中压侧后备过流保护动作跳闸。

（3）对于监控系统，设备操作后要检查监控系统中设备状态是否与现场一致，有无异常信号。对于热倒排操作，重点检查母联三相电流是否平衡。

典型案例 5-22　热倒排操作未核对母联电流

2017 年 9 月 16 日 500kV 徐圩变电站，执行将 220kVⅢ段母线所有设备调至Ⅳ段母线操作。在进行 3 号主变压器 2603 开关间隔（GIS）热倒排操作，合上 26032 刀闸后，此时未检查母联三相电流是否平衡，拉开 26031 刀闸时，220kV Ⅲ、Ⅳ段母线差动保护动作，跳开两段母线上所有开关（母联 2634 开关处于非自动状态，未跳开）。解体后发现 26032 刀闸机构传动连杆脱齿，合闸操作时，A 相合闸，B、C 相未合闸。

二、倒闸操作常见问题及处置措施

倒闸操作常见问题主要有开关、刀闸、防误装置等设备缺陷导致操作失败。倒闸操作发生问题时按以下步骤执行：

1. 立即停止操作

发生操作异常，严禁擅自解锁或更改操作票，问题未查清楚前禁止继续操作。

典型案例 5-23　发生操作异常，擅自解锁带电合接地刀闸

2018 年 11 月 1 日，HB 省咸宁变电站 500kVⅡ母线运行转检修操作过程中，运维人员走错间隔误入 500kVⅠ母线接地刀闸 5127 间隔，无法进行操作，误认为防误装置故障，擅自使用“五防”解锁钥匙调试密码功能进行解锁，误合 500kVⅠ母线接地刀闸 5127，导致 500kVⅠ母线差动保护动作，跳开 500kV 5011、5021、5051、5061 开关，造成 500kV 蒲咸Ⅱ回线及其所带的蒲圻电厂 4 号机（1×100 万 kW）停运。

2. 仔细检查核对

核对操作设备双重名称、实际位置、操作步骤，确认操作行为无误。检查设备状态及相关回路，确认设备无异常。

 典型案例 5－24　开关操作发生异常

2017 年 6 月 5 日，220kV 高新变电站 2Y99 线路送电过程中，操作合上 2Y99 开关，开关无法合闸。运维人员立即停止操作，核对操作设备双重名称、操作内容、操作步骤无误，对设备检查时发现 2Y99 开关机构储能电源跳开，机构未储能。运维人员试送储能电源，开关储能正常后重新操作，合闸成功。

 典型案例 5－25　刀闸发生操作异常

2020 年 9 月 16 日，220kV 山江变电站运维人员操作 220kV 母联开关转热备用时，合上流变侧刀闸时，刀闸合闸过程中出现卡涩停顿，刀口拉弧。此时运维人员未及时手动合上刀闸，刀口持续拉弧，导致母联流变 B 相发生爆炸（见图 5－17），220kV 正母线母差保护动作，跳开 220kV 正母线所有开关，1 号主变压器失电，损失负荷 3.5 万 kW。

(a) 掉落的流变及引线

(b) 残留的流变支柱

图 5－17　刀闸发生操作异常

典型案例 5-26 防误装置发生操作异常

2016 年 10 月 20 日，500kV 秦淮变电站，运维人员操作拉开汉淮 5296 线路 503167 接地刀闸时设备拒动，检查操作电源、电机电源空气开关均在合位，监控后台逻辑闭锁条件满足。进一步检查发现带电显示装置 B 相指示灯熄灭。检修人员更换带电显示装置后操作正常。

3. 及时汇报情况

异常无法现场处置时，汇报当值调度人员、班组长或运维专职以及检修人员，等待上级指令处理。

4. 现场及时处置

遇有下列情况，应先处置后及时汇报：

（1）将直接对人员生命有威胁的设备停电，将有受损伤威胁的设备停电。

（2）将已损坏的停电设备隔离，恢复失电的站用电。

典型案例 5-27 及时恢复失电站用电，将已损坏的停电设备隔离

2020 年 9 月 29 日，500kV 盐都变电站，1 号主变压器 5013 开关流变 A 相故障燃烧，造成 500kV 变 1 号主变压器和 2 号主变压器同时跳闸，站用电全部失电。运维人员第一时间操作 0 号站用变压器恢复站用电，将 5013 开关间隔转为检修。上述工作完成后将现场设备受损及处置情况汇报调度。

三、倒闸操作班组管理

（一）编制倒闸操作计划

根据设备停电检修计划编制年度、月度及周班组倒闸操作计划，其中年度计划重点关注大型基建投产安排，月度计划重点关注大型复杂操作，周度计划重点关注操作风险。

（1）针对年度计划，要根据大型基建投产安排，统筹考虑人员休假、集中培训等因素，合理调配人员，细化到月。

（2）针对月度计划，提前梳理大型复杂操作，明确专项负责人，开展相关典型操作票核对及操作工器具及安全工器具检查准备。

（3）针对周计划，提前梳理操作中存在的风险，制定预控措施，明确操作人员、工器具、车辆安排。密切关注操作预令的下达，接令后跟踪操作票填写及审核。

（二）编制典型操作票

（1）动态修编典型操作票。运维班组长或专业工程师组织骨干人员，按照调度典型任务票、状态定义要求，结合二次回路图纸、设备操作手册等资料，编制涵盖全部设备的典型操作票。根据设备变更、管理要求变化等情况，及时修订典型操作票并严格履行编审批手续。

（2）认真学习典型操作票。通过个人自学、集中讲解、考试拷问开展典型操作票学习，促使运维人员牢记设备状态转换的操作内容及顺序，准确理解每一步操作的目的，切实掌握操作及异常处置要点，确保正确执行倒闸操作。

（三）防误系统维护

江苏电网变电站防误操作系统主要由“监控系统逻辑闭锁+本设备间隔内电气闭锁”的方法实现防误操作功能。

【防误操作系统原理说明】

（1）监控系统逻辑闭锁：将“五防”逻辑编写在监控系统中，只有满足逻辑条件才能下发控制命令，并通过测控装置输出一对条件允许接点串联在电气设备控制电源或电磁锁的电源回路构成的闭锁。

（2）本设备间隔电气闭锁：将本设备间隔的开关、刀闸、网门等设备的辅助接点接入电气设备控制电源或电磁锁的电源回路构成的闭锁。

（3）机械闭锁：机械闭锁是在开关柜或户外刀闸的操作部位之间，用互相制约和联动的机械机构来达到先后动作的闭锁要求。

1. 防误规则的审核

防误规则必须符合现场实际，严格落实“五防”规则要求。除“防止误分、误合断路器”可采取提示性措施外，其余“四防”功能必须采取强制性防止误操作措施。设备的操作回路（操控部件）中必须串联受防误规则控制的接点（装置），不得有走空程现象。设备改扩建后，同步修改防误规则与现场实际保持一致。

2. 防误系统的验收

防误系统验收必须进行正反向逻辑的实际传动试验（防误条件满足应能正常操作，条件不满足应能可靠防误）。改扩建工程必须将防误系统传动试验工作编入停电计划中。

3. 防误系统的维护

防误系统应保持良好状态并与主设备同时投运，发现缺陷立即处理。按规定周期进行维护、校验，确保运行状态良好。设备检修时同步对相应防误系统进行维护，对照防误规则进行传动检验。

4. 解锁钥匙的使用

禁止擅自使用解锁钥匙，扩大解锁范围。因设备损坏、改扩建等特殊运行方式造成防误系统部分或全部退出时，要编制解锁操作方案，明确具体解锁位置。解锁后设备要加挂机械锁作为临时防误措施，并将机械锁钥匙纳入防误解锁管理。

（四）加强学习培训

（1）组织开展开关、刀闸等设备结构原理和操作要点培训，重点讲解倒闸操作中操作异常的处理方法，并运用仿真培训系统及备用设备开展实操演练，确保人人掌握，有效提升运维人员操作技能。

（2）组织开展防误装置原理、操作培训，熟悉防误装置操作过程中可能出现的异常及处理方法，做到“四懂三会”（懂防误装置的原理、性能、结构和操作程序，会熟练操作、会处缺和会维护）。

四、倒闸操作专业管理

（一）典型操作票管理

（1）规范典型操作票要求。明确各类设备倒闸操作的基本原则、技术要求、操作术语、执行步骤、检查方法等要求。重点关注首台首套、示范工程、非常规配置等设备的倒闸操作要求。

（2）做好典型操作票审核。运维室领导组织专职、班组长进行初审，重点检查操作内容有无错误、遗漏，对操作内容的正确性负责。可结合设备检修、新设备验收等工作进行操作验证。运检部分管领导组织安监、调度等专业部门进行会审，重点检查操作内容有无违反规程规范，对操作内容的合规性负责。公司分管领导批准后执行。

典型案例 5－28 典型操作票编审不严格

2021 年 10 月 14 日，CQ 公司 500kV 石坪变电站设备改造施工中，现场人员擅自更改作业方法，导致吊索与 220kV TV 引流线间距不足放电，同时采取旁路代方式时，未将母差保护有关压板退出，发远跳命令致对侧保护跳闸，造成事故扩大，导致 5 座 220kV、20 座 110kV 变电站全部失电，损失负荷 29.6 万 kW，停电用户 32.3 万户。

后经调查发现：在典型操作票修编时错误删除旁路代线路“应退出母差失灵保护启动线路跳闸出口压板”的要求，暴露出现场运行规程编、审不严谨的严重问题。

（3）做好典型操作票检查。组织开展典型操作票互查，重点检查典型操作票的编写质量、编审批流程、动态修订、培训质量等情况，对发现的问题限期整改并落实考核。

（二）防误系统管理

（1）强化基础管理。完善防误系统装置台账、电气闭锁回路图纸、逻辑闭锁规则表等基础资料。结合综合自动化装置改造，落实“监控系统逻辑闭锁＋设备间隔内电气闭锁”防误的技术要求。

（2）强化缺陷管理。建立防误系统缺陷清单，明确缺陷处理时限要求，实行“一患一档、闭环管控”。每年春、秋检前进行装置维护工作，确保系统运行良好，同步开展防误系统全面排查。

（3）强化解锁管理。做好防误系统解锁原因的分析，从防误装置、防误管理等方面查找存在的问题。对缺陷频发的系统安排升级改造，对存在管理漏洞的进行改进完善。

（三）监督检查

（1）加强远程督察。应用视频、录音等技术手段，每月核查运维人员执行倒闸操作全流程（从接受正令开始至操作结束汇报）的规范性。

（2）加强现场检查。对母线、主变等大型停复役操作，分管领导或专职人员要现场到岗到位，对倒闸操作进行旁站监督，及时制止不规范的操作行为。

（3）加强运行分析。定期通过规程典票抽查、“两票”检查、现场督查等，分析“两票”填写审核、操作行为规范、运维巡视质量、员工业务技能水平、工作计划安排、班组日常管理等方面存在的问题，提出改进完善措施，动态跟踪落实整改情况。

第六章

供电可靠性管理

供电可靠性是指供电系统对用户持续供电的能力，是供电系统在规划设计、建设施工、运行维护、供电服务、应急保障等方面工作质量和管理水平的综合体现。供电可靠性统计评价指标主要以供电可靠率表示，即在统计期间内，对用户有效供电时间总小时数与统计期间小时数的比值。用公式表示为：

供电可靠率=（1－用户平均停电时间/统计期间时间）×100%

供电可靠性管理一般以10kV配电系统为主要管理对象，以10kV公用配电变压器和10kV供电用户（一个计量收费点为一户）为用户统计单位。

供电可靠性管理是以可靠性管理为工具，发现和解决配网规划设计、建设施工、检修维护、故障处理等工作中存在的问题，提高配网运行水平，减少用户停电，提高用户用电的可靠性。

第一节　转变配网管理理念

当前，我国经济正由高速增长向高质量发展转变，经济社会发展和人民群众生产生活对电力的依赖程度不断增加。供电可靠性作为直接反映营商环境状况、客户用电感受的国际性硬实力指标，不仅体现了电力对经济社会发展的支撑程度，同时也体现了电网的发展水平，反映了电力企业的综合管理能力。

10kV 配网设备多、线路长、绝缘水平低，同时运行环境复杂，受气候和外部因素影响大，故障停电多发。同时，配网直接面向大量中低压用户，新用户业扩接电、市政建设迁改、配网建设改造施工需求多。长期以来，配网管理是以设备为中心，配电线路建设施工、配网设备检修消缺或故障抢修等都需要停用配电线路和设备，需要用户配合停电，较少考虑用户的安排。甚至部分配电线路因为多次施工、消缺或故障抢修而出现频繁供电中断，造成客户投诉。也有部分客户业扩报装接电因为停电时间安排等原因而不得不推迟接电，影响客户生产。

加强供电可靠性管理，最重要的是转变配网管理理念，要从过去的以设备为中心转变为以用户为中心。真正做到工作安排面向用户而不是面向设备，由过去的停电作业转变为不停电作业，把计划检修停电转化为设备计划检修，而对用户不停电、短时停电或少量用户停电，满足用户对供电可靠性的要求。

配网管理理念的转变，应从管理机制、检修施工、设备运维、项目投资、规划设计等方面同步转变，切实发挥供电可靠性管理的引领作用。

一、管理机制方面

1. 从结果管理向过程管控转变

有的单位供电可靠性管理更多的是结果管理，重指标、轻管理，可靠性数据失真，可靠性提升举措不实，供电可靠性管理未能有效指导建设改造和设备运维等工作。可靠性管理的重点不是结果要达到接近100%，而是通过可靠性管理的过程发现问题、解决问题。要切实把供电可靠性管理作为配电管理工作最重要的抓手，将供电可靠性管理贯穿于配网规划、建设、运行、检修、服务全过程，作为优化配网结构、改善设备状态、提高运行水平的核心依据，实现可靠性管理全过程贯通、闭环。

2. 从单一专业管理向专业协同管理转变

影响供电可靠性的直接原因主要有施工停电和故障停电两个方面。配网运维管理多注重故障次数管控，对优化配网结构、减少用户停电重视不够。施工项目管理多关注施工安全和工程进度，没有将供电可靠性作为重要目标进行管控。提升供电可靠性需要公司各专业的全面协同。要建立配网可靠性专业牵头协调、统计分析，建设施工、生产运维专业共同负责的责任机制，电网调度、规划设计、营销服务等专业协同做好检修计划、配网规划、投资计划和客户服务等工作。

3. 从抓供电可靠率向抓停电时户数转变

供电可靠率指标比较宏观，数据变化都在小数点后二三位，很难将指标转化为工作的抓手。而将供电可靠率指标转化为停电时户数，则增强了抓工作的实在感。例如，国网江苏公司共有 10kV 公用配电变压器 62.15 万台、10kV 专变用户 32.06 万户，按照可靠性 99.99%计算，可用时户数为 82.52 万时户。将上述停电时户数指标分解至配网故障和配网施工两大类，根据上年工程项目量和故障情况就能提出管控要求。例如，牵头部门要组织对耗用时户数较大的检修施工项目审核，审查停电计划的合理性；运行部门要针对重复停电线路加强治理，对频繁故障设备进行改造等。

二、检修施工方面

1. 施工方案从简单易行向综合最优转变

通常施工单位和施工管理人员较为关注施工安全、进度和成本，施工停电方案也优先考虑现场施工简单方便和提高效率。施工方案未将供电可靠性作为一个重要因素予以考虑，导致不必要的用户陪停等停电时户数损失。改变传统施工管理理念，要把施工安全和减少用户停电放到同样优先考虑的位置，在制定施工方案时要综合考虑带电作业等技术应用，采取划小停电施工范围（由大化小）、多次小型施工（切香肠施工）、加强施工力量组织、缩短施工时长、优化调度操作安排减少无效停电时间等手段，减少对用户停电的影响，确保施工方案综合最优。

2. 作业方式从停电作业向综合不停电作业转变

常规停电作业方式影响范围大，要积极开展空载带电拆（搭）引线、带电更换避雷器（熔断器、柱上开关、隔离开关、线路附件）等简单带电作业项目，也要开展带电立（撤）直线电杆、带负荷更换隔离开关（柱上开关、熔断器、直线杆改耐张杆）等用户不停电的复杂带电作业项目，减少对用户的停电。同时要综合应用带电作业、旁路作业和移动电源车发电等方法与小范围短时间停电作业相结合，实现用户不停电、少量用户停电、用户短时停电的综合不停电作业，同时降低带电作业的难度。

三、设备运维方面

1. 故障处置从抢修设备向恢复用户用电转变

以往配电线路故障跳闸后，首先安排人员查找故障点、考虑修复设备故障恢复送电，“先复电，后抢修”意识不强，可能导致停电时间长、影响范围大、用户感受差。要加强故障点查找、隔离、转移负荷、修复设备等故障处置全过程管理，最大限度转移负荷，减少用户停电范围，尽快恢复部分和全部用户供电。合理安排运维抢修驻点，及时响应故障，加快故障点查找，尽快修复故障。

2. 故障查找从人工经验式向装备技术化转变

通常配电线路上很少安装电流、电压等测量设备，故障查找更多依靠人力和现场经验。碰到长线路或分段电缆数量多等复杂情况时，需要多次试送、逐条电缆测试，查找故障耗时长，影响用户用电。要有针对性地安装测量设备、故障检测设备等装置，依靠技术手段定位故障点，提高故障查找效率。对供电可靠性要求特别高的部分配网建设自动化系统，缩短查找故障时间和操作时间，实现远程操作、自动识别和隔离故障。

四、项目投资方面

1. 从设备改造主导向网架改造优先转变

配网网架薄弱是影响供电可靠性的关键因素，配网线路长、10kV 台区（用户）多、线路联络少、互供能力弱，一旦发生故障则停电范围广，处理时间长。但网架改造普遍存在施工困难多、难度大的问题，导致重设备、轻网架现象，部分地区网架薄弱、可靠性较低的问题长期存在。要以可靠性提升为导向，找准配网网架结构短板，形成联络、分段、减小供电范围等改造方案并纳入投资计划。对于长期存在的重点难点网架类改造需求，要挂牌落实。

2. 从投资平均分配向可靠性精准导向转变

投资计划安排往往沿用基于设备规模、技术条件和经济发展水平等因素的投资分配模式，部分单位存在计划下达“撒胡椒面”现象，项目的必要性、投资的精准性、解决问题的针对性等方面存在不足。要充分应用可靠性数据统计分析结果，充分论证线路及设备改造需求的必要性，将有限的资金优先使用在供电可靠性提升的目标上。

五、规划设计方面

1. 配网网架结构从简单互联向负荷组管理转变

配网负荷转移能力是提升可靠性的基础。10kV 配网没有针对每个用户都按照 $N-1$ 准则规划设计，线路跳闸、检修施工都会引起较大范围用户的停电。目前，主要通过加强线路分段和联络，转移负荷、隔离故障来减少检修或故障引起的停电用户数和停电时间，提升供电可靠性。网架建设应从供电可靠性的视角分析分段大小、线路互联和接线方式的合理性。减少每次停电用户数的方法有减少每条出线的用户数，增加分段以减少每段内的用户且具有转移负荷的能力。

每段内的用户组合称为负荷组，每个负荷组应符合 $N-1$ 准则。负荷组内用户数的多少应综合用户对可靠性的要求、负荷组内负荷大小、故障响应快慢等因素综合考虑。可靠性要求高、组内负荷大，负荷组内用户数量就应该少。负荷组大小应该是一个范围，可以依靠经验和可靠性统计数据确定，太大易导致每次停电影响面广、可靠性低，太小则可靠性高、投资大、实现难。

2. 可靠性提升从单纯配网向上下级电网配合转变

影响供电可靠性的因素除配网本身外，因上级电网检修或故障（如母线）引起配电线路无法转供负荷而对外停电事件也时有发生。要建立主网与配网在规划、运行管理上的协同机制。在规划上，负荷较大的变电站，35kV 及以上主网应满足 $N-1$ 准则，增强对配网的支撑能力。负荷较小的变电站，应具备一定容量的站间联络线，并且 10kV 出线合理接入不同的母线，使主网和配网相互支撑提升供电可靠性。在运行上，设备检修、倒闸操作工作安排应充分考虑提升供电可靠性的要求。

第二节 配网带电作业

随着科技水平不断提高，配网带电作业各种个人绝缘防护用具、遮蔽用具和带电作业新材料、新工具等不断问世，且安全性能稳定。绝缘斗臂车、绝缘作业平台、旁路作业用柔性电缆、移动开关车、移动箱变、移动发电车等配网带电作业和不停电作业装备日益完备，配网带电作业水平有了长足的发展。配网带电作业已经从初期主要解决业扩报装接电、带电空载接（断）引线等简单作业，发展到目前带电立撤电杆、带负荷加装或更换杆上设备、带负荷直线杆改耐张杆等复杂作业。

另外，应用带电作业和停电作业相结合，通过旁路供电或移动电源供电等各种综合不停电作业方式，在保障用户不停电或短时停电的目标下，完成包括更换配电变压器等在内的配网设备检修和施工。

一、配网带电作业基本方法

配网带电作业的基本方法可以分为绝缘杆作业法、绝缘手套作业法和旁路作业法。

1. 绝缘杆作业法

绝缘杆作业法是指作业人员与带电体保持《安规》规定的安全距离，通过绝缘杆顶部的专用工具进行操作的作业方式。绝缘杆作业法既可在登杆作业中采用［见图 6－1（a）］，也可在绝缘斗臂车的工作斗或其他绝缘平台上采用［见图 6－1（b）］。如作业范围窄小或线路多回架设，作业人员有可能触及不同电位的电力设施时，作业人员应穿戴绝缘防护用具，对带电体应进行绝缘遮蔽。

绝缘杆作业法的优点是：① 受地理环境的影响小，只要人员能够到达的地方，都能进行作业；② 操作简单，特别是永久性拆除引线和裸导线搭接引线工作，最为实用；③ 安全性高，作业人员不直接接触带电体，并且与带电体保持规定的安全距离，绝缘工具保证最小有效长度，提高了作业的安全性。

绝缘杆作业法的缺点是：① 能够开展的作业项目少，由于缺少有效的绝缘杆剥除架空绝缘线外皮的工具，绝缘杆作业法带电接引线受到限制；② 作业质量不能完全保证，受绝缘操作杆的灵活性和杆头专用工具的限制，连接金具一般采用专用线夹，导线连接质量不能有效保证；③ 通过绝缘杆作业，操作距离远、工具重量大，劳动强度大。

(a) 登杆作业

(b) 绝缘斗臂车作业

图 6-1　绝缘杆作业法搭接 10kV 导线引线

2. 绝缘手套作业法

绝缘手套作业法是指作业人员使用绝缘斗臂车（或绝缘平台等）与大地绝缘并直接接近带电体，作业人员穿戴全套绝缘防护用具，与周围物体保持绝缘隔离，通过绝缘手套对带电体直接进行检修和维护的作业方法。采用绝缘手套作业法时，无论作业人员与接地体和相邻带电体的空气间隙是否满足《安规》规定的安全距离，作业前均需对人体可能触及范围内的带电体和接地体进行绝缘遮蔽和有效隔离。

绝缘手套作业法的优点是：① 能开展的作业项目多，利用绝缘斗臂车能够完成从简单到复杂的所有作业项目；见图 6-2（a）、（b）；② 作业效率高，绝缘斗臂车机动性强、操作方便灵活，能将作业人员迅速送达最佳的作业位置，进入作业状态；③ 劳动强度较低，采用绝缘斗臂车开展带电作业，升空便利，距离设备近，降低了作业的劳动强度。

绝缘手套作业法的缺点是：① 受地理环境的影响大，利用绝缘斗臂车进行作业必须有到达现场的道路，以及绝缘斗臂车能够保证作业的场地；② 受杆上装置的影响大，对于回路多、分支多、杆上其他装置多等复杂情况的配电线路，满足绝缘隔离和遮蔽、绝缘斗调整空间等要求困难；③ 安全作业要求高，绝缘手套作业法直接接触带电体，对绝缘工器具要求严格，对身体有可能接触的带电体和接地体都要严格绝缘隔离和遮蔽。

为克服地理环境的影响，可以使用履带式绝缘斗臂车和绝缘平台作业，见图 6-2（c）、（d），适用于狭窄的街道、野外等绝缘斗臂车不能到达的地方。但履带式绝缘斗臂车受稳定性限制，作业高度一般较低。绝缘平台作业要求杆上结构简单，难以完成复杂的作业项目，而且绝缘平台作业安全性相对较低。

(a) 带电立杆作业

(b) 带负荷直线杆改耐张杆作业

(c) 履带式绝缘斗臂车作业

(d) 绝缘平台作业

图 6-2　绝缘手套作业法 10kV 带电立杆等施工示意图

3. 旁路作业法

旁路作业法是指用旁路柔性电缆和旁路负荷开关等设备构建旁路回路，将线路中的负荷转移至旁路回路对用户供电，实现设备检修和维护的作业方式，见图 6－3。旁路作业法是一种综合不停电作业法，旁路柔性电缆的搭接（拆除）采用带电作业的方法；设备的检修和施工一般也采用带电作业的方式；对于特别复杂的检修和施工，可以通过旁路回路形成一个比较小的隔离停电区段进行停电作业。引流线法更换杆上设备也是一种旁路作业法。

(a) 旁路作业现场一

(b) 旁路作业现场二

(c) 旁路作业现场三

(d) 旁路作业开关情况

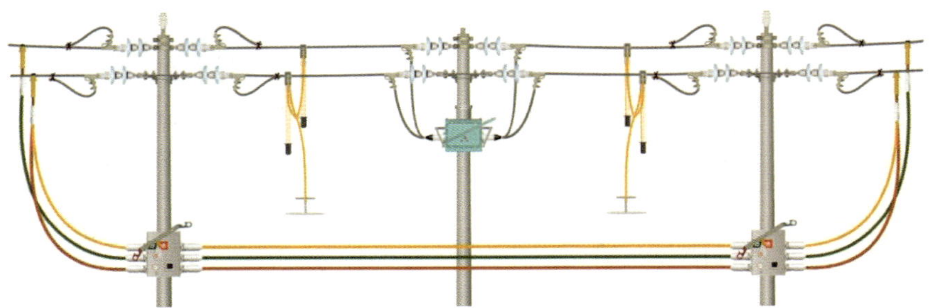

(e) 旁路作业法形成停电区段

图 6－3　旁路作业法更换负荷开关等作业示意图

旁路作业法的优点是：① 在连续供电的情况下，可以形成最小的停电区段，采用停电检修的方式来完成复杂工作；② 在旁路负荷开关断开的情况下，挂接和拆除旁路柔性电缆时，即使柱上开关的跳闸回路未被完全闭锁，也不会发生“带负荷断、接引线”的事故；③ 可以借助旁路负荷开关进行核相，避免短接检修设备的回路接错相而发生短路事故。

旁路作业法的缺点是：① 挂接、敷设旁路柔性电缆工程量比较大，费时费事；② 使用旁路柔性电缆和旁路负荷开关，需要较高的装备条件。

二、配网带电作业队伍建设

配网带电作业作为供电公司的核心业务，专业的人才队伍建设是带电作业持续发展的关键。用户不停电目标的实现既需要带电作业技术进步和装备升级，更需要一支业务技能过硬的带电作业队伍。带电作业人才队伍建设，既要重点关注持证人员的能力和类型，又要具备一定的规模和数量，还要考虑工作绩效激励等措施。

1. 配网带电作业特点

在配网带电作业中，为确保作业人员安全，采用主绝缘工具和辅助绝缘用具组成的多重安全防护。在任何情况下，都要防止人体同时接触具有不同电位的设施。

对于绝缘杆作业法，绝缘杆等工具为相地之间的主绝缘，穿戴的绝缘手套、绝缘靴等防护用具为辅助绝缘。作业过程中要时刻保证人体与带电体的安全距离、绝缘工具的最小有效长度，作业前应严格检查所用工具的电气绝缘强度和机械强度。

对于绝缘手套作业法，绝缘斗臂（或绝缘平台）为相地之间的主绝缘，空气间隙为相与相之间的主绝缘，绝缘遮蔽用具、绝缘防护用具为辅助绝缘。开展作业前，必须使用绝缘用具对可能触及的带电体和接地体进行绝缘遮蔽和隔离，同时作业人员穿戴全套绝缘防护用具与周围物体保持绝缘隔离，防止作业人员偶然同时触及两相导线、带电体和接地体造成电击。

无论是采用绝缘杆作业法还是绝缘手套作业法，由于作业人员是穿戴绝缘防护用具对人体进行安全防护和隔离，不仅将人体与带电体隔离开来，而且与接地体隔离开来，此时人体电位既不是地电位，也不是等电位，而是处于带电体与接地体中间的某一悬浮电位。上下传递工具、材料都应该使用绝缘绳传递。

在配网带电作业中，由于配网电压低，三相导线之间的空间距离小，而且配电设施密集，作业范围窄小，在作业过程中，人体活动很容易触及不同电位的电力设施。当带电体没有遮蔽或遮蔽不全时，若作业动作幅度大，就可能同时触及两相带电体，导致相间短路。当横担或其他接地体遮蔽不全时，若有疏忽，身体的不同部位就有可能同时触碰带电体和接地体，形成单相接地。所以，配网带电作业不仅要有良好的绝缘工器具和绝缘防护用具，还需要有一支熟悉配网带电作业规程和标准化作业、具有良好作业习惯的高素质专业队伍，从而保证带电作业的安全。

2. 作业队伍专业化

配网带电作业的特点决定了需要专业化的队伍来实施，以保证作业人员的安全。首先需要养成良好的作业习惯，作业动作要小、身体与其他物体要有时刻保持距离的意识等。其次需要养成严格执行工艺要求的习惯，配网带电作业在严格执行各项绝缘、遮蔽及先后作业顺序等工艺要求下是安全的作业方式，否则就会威胁人身安全。第三需要有精心保养工器具的习惯，绝缘斗臂车、绝缘工具还有其他绝缘防护用具在带电作业中都起着关键作用，不管是在库房还是在现场，都需要精心保管。

带电作业人员要加强培养带电意识和带电作业技能，学习培训应在规范的带电作业实训基地开展，保证规范、全面和有效。要学习配网带电作业的基本原理，掌握作业的关键要素。只有通过简单类项目的学习培训，并经考核取证，方可上岗。在巩固掌握简单项目的基础上，逐步开展带电作业复杂类项目的培训与认证，提升作业人员带电作业的技能。

3. 绩效激励

配网带电作业技术要求高、工作风险大，合理的绩效激励是作业人员工作积极性的重要保障。有公司建立了“基本工资+绩效考核奖（计件制）”的员工绩效模式（见图 6–4），基本工资按技能水平、职称和工作年限等确定，绩效考核按作业类别、作业次数、作业角色等因素进行计件制评价，并且绩效考核占比大，有效提升了作业人员的积极性，激励作业人员主动提升技能水平，积极承担任务，实现“能者多得、多劳多得”。

典型案例 6－1 国网 SH 市某公司带电作业人员薪酬激励机制

绩效考核奖根据以下公式进行计算：

$$绩效考核奖=\sum_1^n 作业分值\times K1\times K2\times R1$$

其中：n=作业次数，$K1$=角色系数，$K2$=区域系数，$R1$=分值单价

根据国家能源局《20kV 及以下配电网工程预算定额》中对不停电作业类别、作业方式、人均定额的规定区分作业难易程度，从而确定作业分值，作业分值范围 3～10 分；每位作业人员在同一项作业中担任不同的角色，根据角色承担的责任及作业难度确定相应角色系数 $K1$，共分为：工作负责人、专职监护人、主要操作人员、地面辅助人员 4 类，对应的角色系数分别为 1.2、1.2、1.1、0.7；根据作业项目所在地是否跨越本职工作区域设置对应的区域系数，分为本职区域及跨区域系数 $K2$，对应的系数分别为 1.0 及 1.5；单位分值对应单价 $R1$ 为 20 元/分，根据公司经营状况及社会劳动力市场价格可动态调整。

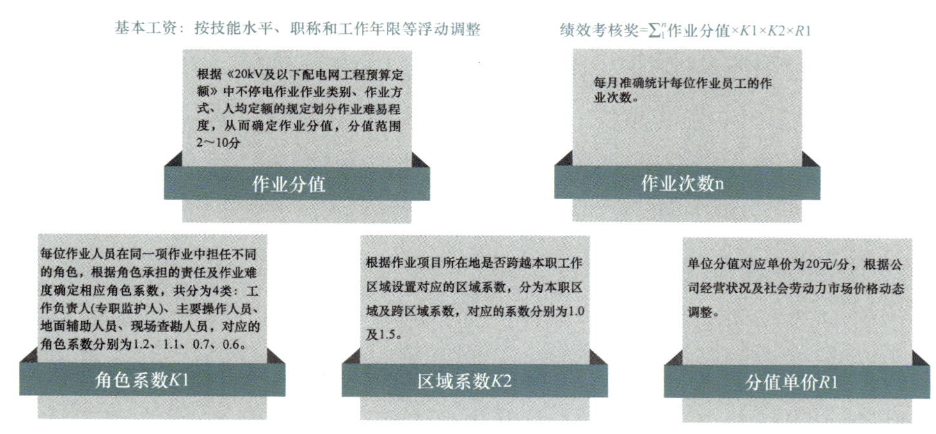

图 6－4 员工绩效模式

第三节 检修施工供电可靠性管理

在不以提高供电可靠性为主要目标的传统配网管理模式下，检修施工安排的计划停电是影响可靠性的最主要因素。

以 SH 公司为例，2018 年全年全口径供电可靠率为 99.9666%，停电累计影响 47.2 万时户。其中，计划停电累计影响 40.1 万时户，故障停电累计影响 7.1 万时户，计划/故障影响时户数的比例为 85%:15%。

2019 年 SH 公司实施供电可靠性提升专项行动，通过开展计划停电管控，推广带电作业，落实设备运维保障等措施，实现全年全口径供电可靠率首次突破 99.99%的目标，达到 99.9911%，取得了历史性飞跃。停电累计影响 12.96 万时户，较 2018 年下降 73%。其中，计划停电累计影响 7.28 万时户，较 2018 年下降 81%；故障停电累计影响 5.68 万时户，较 2018 年下降 25%。计划/故障影响时户数的比例为 60%:40%。

可见，计划停电影响时户数压降是供电可靠性提升的主导因素。要建立时户数预算管理模式、推广带电作业、加强计划停电管控等措施，实现检修施工作业方式的全面转变。

一、建立停电时户数预算管理模式

时户数预算管理有两层含义：一是预先测算每次计划停电所耗用的时户数，通过综合应用带电作业、施工停电方案优化等措施，实现最大限度减少时户数损失，提升供电可靠性；二是按照年度可靠性目标，确定年度停电时户数预算，并结合实际情况，将年度停电时户数额度层层分解下达至各基层单位，逐级落实，细化到月、到周，实现停电时户数精打细算。

1. 建立停电时户数审查管控机制

设备管理单位要结合月度生产计划，测算每一个项目的停电时户数和下月停电时户数总体计划安排情况，针对每个检修施工项目，指导施工单位加强现场勘查、优化施工方案，减少停电影响可靠性。经本单位审查，预算单次施工停电时户数超一定限额（如 100 时户），且认为无法减少停电影响的项目，提前一个月报备上级公司设备部（可靠性主管部门）进行复核。设备部根据实际情况，组织专家复核，针对作业方式不满足“能带电不停电”的或停电时户数压降不充分的，原则上需待施工方案整改、停电时户数充分压降后再安排实施。

施工单位应进一步优化项目施工方案，综合应用负荷转供、带电作业、施工力量调配、移动电源发电等方式，分割超大停电范围、分解超大时户数停电，尽可能缩小停电范围、缩短停电时间。通过多次、小范围停电，减少陪停的时户数，总体压降停电时户数，以最少的时户数完成工程施工。

针对单次施工停电时户数超过规定限额（如100时户）且未提前报备审核的计划停电事件，设备管理单位应在实施后的一定时间内（如3天）说明情况、分析原因，并提交上级公司设备部。

2. 建立停电时户数源头管控机制

项目设计阶段，配网工程项目设计应充分考虑供电可靠性提升的要求，坚持“能带电不停电”原则指导项目设计。在项目设计过程中，充分考虑停电时户数压降的要求，明确带电作业方案及停电影响范围，并由供电可靠性专业管理人员确认。项目评审阶段，应将停电时户数压降作为项目评审的内容之一，概预算中应列支不停电作业费用，在施工图纸上标注不停电作业内容，建立预安排停电管控的“第一道防线”。供电可靠性专业管理部门参与各类配网工程项目设计方案的编制和评审。

在配网带电作业推广过程中，受配网杆线环境、杆上设备布置、导线排列方式、其他附挂设施等因素影响，可能制约带电作业的全面推广应用。配网工程项目设计方案应充分考虑带电作业技术应用对配网线路、设备和装置等方面的要求，特别是针对配变台架、柱上开关（熔断器、隔离开关、避雷器、附挂设施）、配电站（房）、重要用户等重点设施在装置上应考虑带电作业的需求。对影响范围大、时间长的配电站（房）改造等项目应考虑临时过渡措施，减少停电的影响。

3. 建立停电时户数计划管控机制

（1）年度可靠性目标管理。设备管理单位应结合配网运行和配网工程的实际情况，合理确定年度供电可靠性目标，开展年、月停电时户数和可靠性指标预测。分解配网故障耗用时户数和检修施工可用时户数，提前对停电影响范围较大的计划停电进行管控，对故障停电影响较大的线路和设备加强管理。根据月度生产计划，测算每项停电的时户数和下月停电时户数的总体计划安排，掌握可靠性指标的进度情况。

（2）减少年度停电总次数。设备管理单位应加强生产计划管理，统筹年度、月度停电计划和各配网项目施工计划，坚持“一停多用”原则，严控线路重复停运。协调基建、运检、营销等部门停电需求，统筹考虑变电站检修改造、基建工程、配农网工程、技改大修、迁改工程、业扩工程、计量装置改造、居配工程、配农网消缺等项目安排，切实减少用户停电次数。

二、提升检修施工供电可靠性具体方式

提升检修施工供电可靠性的具体内容包括统筹协调减少计划停电总次数、综合采取不停电作业等措施减少每次停电户数、加强管理缩短每次停电时长。

不管是推广带电作业、移动电源临时发电还是旁路作业，都会增加工作难度和工作量。按照常规施工方法半天就可以完成的工程，现在可能需要分二至三次、三个半天才能完成。这是提升供电可靠性必然增加的投入。

1. 应用带电作业

综合应用带电作业，按照“先转移负荷、后带电作业”“由大化小、由一次化多次”等原则，采取带电立杆、带电装柱上开关、带电开分段等技术手段，减小停电范围、减少陪停用户、减小停电影响，实现“停设备、不停用户或少停用户”。

典型案例 6-2 国网 SHJD 公司米泉路架空线入地工程

不停电作业是提高供电可靠性的有效措施。现场作业中，由于工程情况和作业环境的复杂性，往往需要多种带电作业方式相结合应用。2019 年米泉路架空线入地代工工程，是某公司在安亭镇新建“MEB”工厂，由 JD 公司配合实施的塔山路、昌吉路、塔庙村路等道路沿线架空线路搬迁或拆除工程。该工程中，JD 公司多措并举，经过积极讨论研究，制定工程优化方案。

一、基本情况

本次架空线入地工程主要内容包括：

（1）塔山路东侧：拆除 35kV 休止线路 25 档，合杆 10kV 线路 14 档，须停役浦 3 塔山线部分，预计停电时户数 90 时户。

（2）米泉路东侧：拆除 10kV 及合杆休止 35kV 线路 30 档，新建箱站米泉泽浦站割接道路沿线路灯及通信基建电源，须停役亭 20 昌吉线部分，预

计停电时户数20时户。

（3）塔庙村路：拆除亭18阜康线34号杆向东向北线路15档，新敷设10kV跨越电缆联络亭18阜康线及浦16水厂线，须停役亭18阜康线部分、浦16水厂线部分，预计停电时户数78时户。

（4）曹安路南侧：新敷设10kV跨越电缆联络浦7南安线及浦3塔山线，须停役浦7南安线部分，预计停电时户数72时户。

该工程原方案停电施工，累计影响260时户。

二、方案优化情况

JD公司结合现场实际情况，充分利用带电作业等技术手段，对原施工方案进行了全面优化，见图6－5。

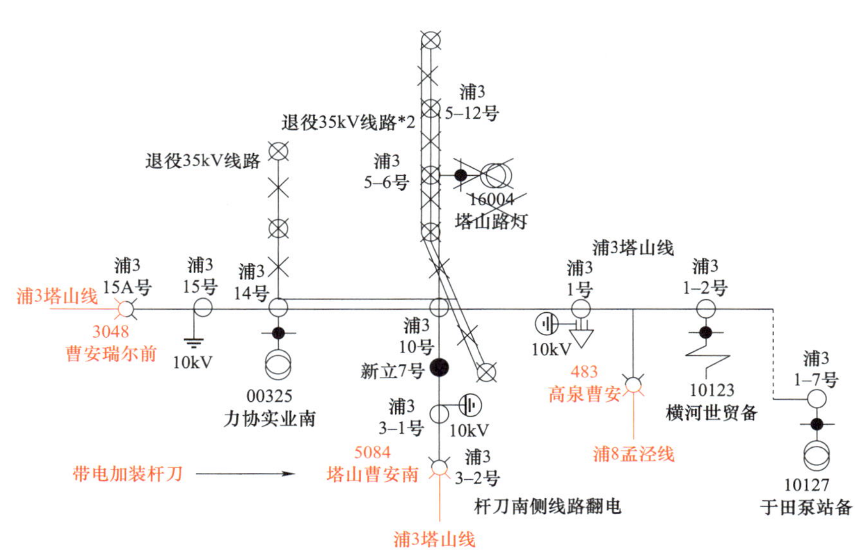

图6－5　方案优化（带电装杆刀）一次接线示意图

（1）塔山路东侧：经现场踏勘，在3－2号杆带电新装杆刀，杆刀以南设备翻电，将原停电范围缩小，减少为7用户，增加施工班组力量，将停电时间由6h缩减至4h。

（2）米泉路东侧：设计方案为在亭20昌吉线插立电杆，新装柱上断路器，经现场踏勘论证，协调用户配合清空现场地面堆积的施工材料，采取带电插立电杆作业，见图6－6，避免了线路停电。

图 6-6　带电立杆现场施工图

（3）塔庙村路：原施工方案须停役浦 16 水厂线，建设部组织运检部、设计公司进行现场踏勘，决定修改设计，将原在线档内插立电杆新装跨越电缆登杆的方式，改为在原线路尽头杆西侧延伸 1 杆 1 档新装跨越电缆登杆，在原尽头杆处采用带电挂线、搭头的工作形式，见图 6-7，避免了浦 16 水厂线路停电。

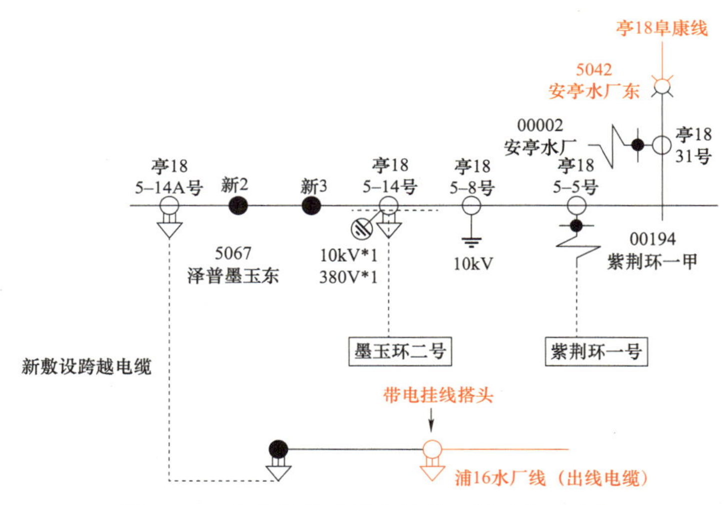

图 6-7　方案优化（带电挂线、搭头）示意图

（4）曹安路南侧：经现场踏勘，修改设计，将原插立电杆新作跨越电缆的方案改至原 3 号杆电缆登杆，带电搭电缆头，见图 6-8，避免了浦 7 南安线路停电。

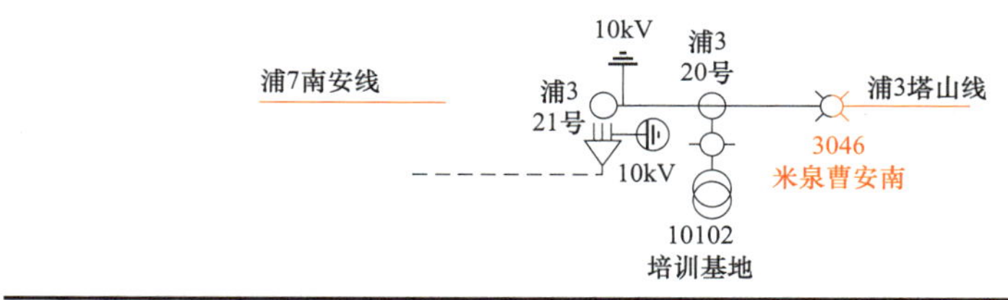

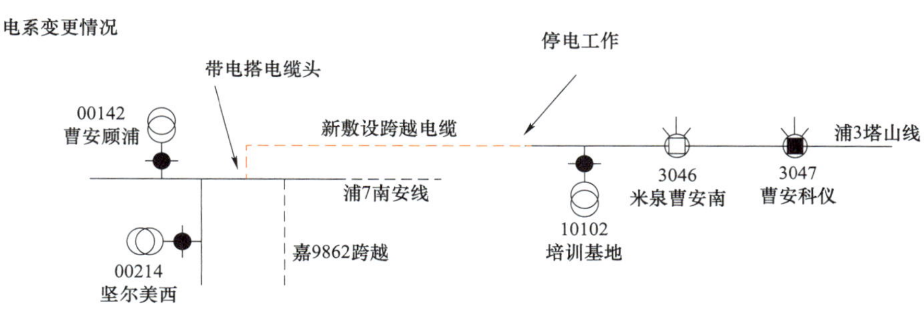

图 6-8　方案优化（带电搭电缆头）示意图

三、优化成效

通过以上带电作业优化方案的实施，避免了该工程所涉及的两条线路停电，将原方案的停电时户数由 260 时户压缩到 78.86 时户，缩减了 70%，提高了供电可靠性。

2. 应用旁路作业

旁路作业是将供电线路中的负荷转移到临时搭建的旁路回路中，使负荷不间断用电，并应用带电作业搭接（拆除）引流线的方法，该方法是提升供电可靠性的非常重要一类方法。

典型案例 6-3　国网 SHFX 公司 10kV 口 22 奉粮线路绝缘化工程

带负荷作业作为 10kV 配网带电作业的一种先进作业法，真正意义上实现带电作业的全覆盖，无论是主线还是支线，都不会受到停电的影响。作为不停电作业的重要方式之一，旁路带电作业在配网设备检修中的应用越发广泛，这对于供电服务和供电可靠性是极其重要的保障。

FX 公司 2019 年 4 月 10kV 口 22 奉粮线路绝缘化工程中成功应用旁路作业法，减少了停电时户数，提高了供电可靠性。

一、基本情况

本次工程施工范围为 FX 公司 35kV 路口站 10kV 口 22 奉粮线 1 号 – 口 22 奉粮线 1901 号杆调换 JKLYJ – 10 – 185 绝缘导线，长度 1.5km。

方案为：口 22 奉粮线 31 号支线采用旁路供电，见图 6–9，避免该支线上的用户受停电施工影响。

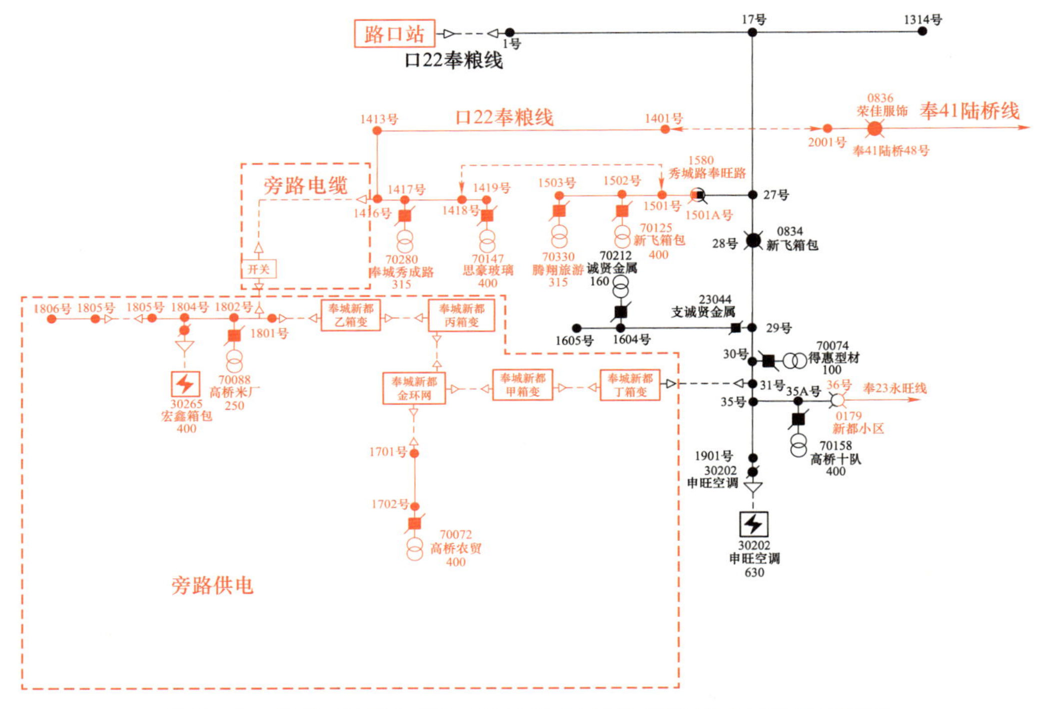

图 6–9　国网 SHFX 公司 10kV 口 22 奉粮线路绝缘化工程示意图

二、实施方案

（1）通过合上奉 41 陆桥 48 号（0836 荣佳服饰）杆刀，拉开路口站口 22 奉粮开关，将口 22 奉粮全线负荷翻至奉 41 陆桥线。

（2）利用旁路开关，从口 22 奉粮 1416 号小号侧临时取电，通过旁路电缆为口 22 奉粮 1801 号两端线路供电。

（3）奉贤操作班：用户负荷转移完毕后，口 22 奉粮 1501A 号（1580 秀城路奉旺路）柱上断路器拉开挂牌，在 27 号杆侧验电接地；口 22 奉粮 36 号（0179 新都小区）杆刀拉开挂牌，在口 22 奉粮侧验电接地；奉城新都丁箱变 21 口 22 奉粮/31 号负荷闸刀拉开，合上线路接地闸刀。

（4）线路工作班：口 22 奉粮/1 – 口 22 奉粮/1901 停电更换导线及线路检修。

三、现场实施安排

本段施工，共安排 1 个外协带电作业小班（DJ 集团）共计 7 人开展带电作业，安排配合施工人员 2 个外协小班共计 50 人进行停电线路施工作业，FX 公司安排倒闸操作班 1 个小班共计 2 人进行箱变操作。另安排绝缘斗臂车 3 辆、其他工程车辆 5 辆。

四、实施成效

整个工程共减少停电时户数 100 时户，增加供电量 3600kWh。

3. 移动电源车供电

移动电源车供电是计划停电和故障停电处置中的一种辅助供电手段，对保障居民用电、特别是高层住宅用电，提高供电可靠性有着重要作用。

移动电源的接入和退出一般需要短暂停电切换，在准备工作充分的情况下，一般需要 30min 时间切换。

典型案例 6-4　国网 SHSQ 公司 10kV 江浦站线路新建工程

发电车应急发电是计划停电及故障处理中的一种辅助供电手段，可在经济合理的前提下有效缩短用户的停电时间，提高供电可靠性。

2019 年以来，SH 公司在计划停电施工及故障停电处理过程中，广泛采用发电车应急供电，减少停电对下级用户的影响。

一、基本情况

SQ 公司 10kV 江普开关站，计划在 2019 年 5 月新建一条 10kV 出线，其下级三台箱变计划停役，工程将影响其所服务的约 400 户居民用户生活用电以及电梯等部分公建设施使用。为减少施工对居民正常用电的影响，SQ 公司提前安排移动发电车，组织相关部门、专业和班组密切配合，计划对 3 座箱变进行应急供电。

二、实施方案

本次新建施工，原计划停用 10kV 江普开关站两回 10kV 出线 51 江 1220 弄 1 和 52 江 1220 弄 3，其所供的江宁 1220 弄 1 号箱变、江宁 1220 弄 3 号箱变、江宁 1220 弄 5 号箱变将在施工期间停电。

根据现场勘察结果，具备发电车接入条件。可以在拆除变压器与低压母排的引线以形成明显断开点后，将江宁 1220 弄 1、江宁 1220 弄 3、江宁 1220

弄5箱变低压母排处作为发电车电源接入点，利用三台400kVA发电车进行应急供电，保证三台箱变正常运行及所供小区的正常用电，见图6－10。

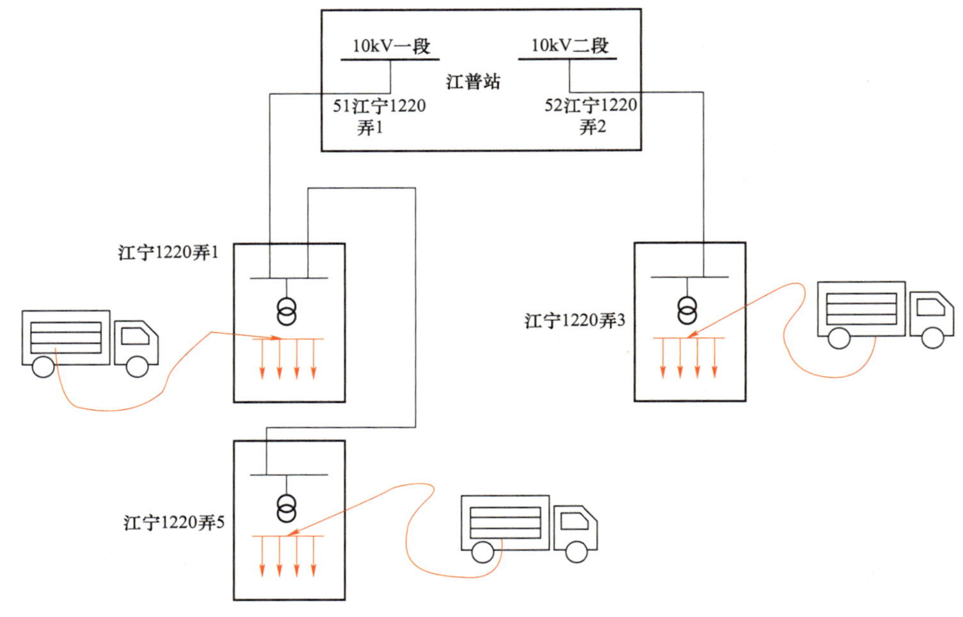

图6－10　发电车应急供电施工方案示意图

三、现场实施情况

第一阶段：接入发电机

（1）提前通知物业确认电梯内无人并将电梯关闭。

（2）工作许可人、工作负责人到达现场确认发电车就位后，与当值调度员联系，发电机就位。

（3）操作班到达现场进行停电操作。

（4）工作许可人、工作负责人履行完工作票流程开始工作，进行发电车接入作业，操作时间约20min。

（5）启动发电机开始供电。

第二阶段：拆除发电机恢复正常供电

（1）为减少无效停电事件，江普站10kV线路新建施工完成前1h，现场施工人员进行预汇报。

（2）运维人员到达现场，通知物业确认电梯内无人并将电梯关闭。

（3）通知操作班到达现场。

（4）关闭发电机，拆除发电机接线恢复正常接线。

（5）操作班送电，居民恢复正常供电。

四、实施成效

（1）本次施工，江宁 1220 弄 1、江宁 1220 弄 3、江宁 1220 弄 5 箱变所供居民在此次电缆施工中基本不停电，将工程对用户的用电影响减少到了最小程度，提升了用户的用电体验。

（2）在施工工程中，前期周密勘察，缜密衔接，制定了完善发电车应急接入方案，顺利完成发电车电源接入作业，为今后此类工作提供了范本。

（3）通过对江宁 1220 弄 1、江宁 1220 弄 3、江宁 1220 弄 5 箱变接入应急发电车，施工期间停电中压配变数量从原来的 3 台减少为 0 台，减少中压停电时户数 25.5 时户，提高了供电可靠性。

4. 压缩无效停电时间

加强检修施工组织管理，充分做好施工准备，执行预到场、预汇报制度。科学合理调配运行操作力量，合理安排停役时间。减少“早停晚干”，争取“即停即干”“干完即送”，压减无效停电时间。严格执行停送电时间计划，超计划时间送电等问题。

典型案例 6-5 国网 SHSB 公司 10kV 月 15 钱潘线迁改工程

通过灵活调整电网运行方式，实现用电负荷转移或部分转移，减小计划检修停电范围，加强调度操作许可汇报管理，压缩无效停电时间，降低停电时户数，是提升供电可靠性的重要手段。

一、基本情况

2019 年 1 月，由于祁北路附近道路施工，要求国网 SB 供电公司配合进行大范围线路搬迁。SB 供电公司组织实施 10kV 月 15 钱潘线迁改工程，将 10kV 月 15 钱潘 26 号杆至月 15 钱潘 26－12 号杆整线向南搬迁。

本次搬迁工程涉及居民台区数较多，但搬迁线路不具备带电作业条件，因此计划利用杆刀分割线路，将部分居民用户负荷转移，并在施工期间严格要求施工队伍执行公司制定的作业标准时间表，做到准时停电、准时开工、准时完工、准时复电，同时适当增派施工力量，进一步缩短停电时间。

二、实施方案

根据现场勘察结果，该线路全线由月浦站月 15 钱潘出线电缆供电。为缩小停电范围，避免该范围内 7 个台区停电，采取杆刀分割的手段对线路的运行方式进行调整，见图 6－11。

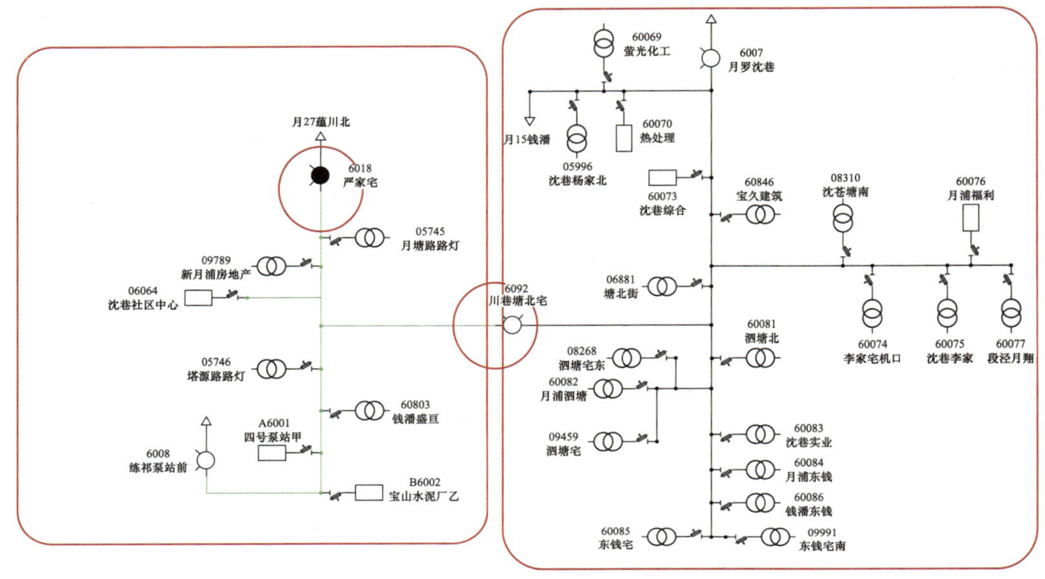

图 6－11　负荷转移示意图

三、现场实施情况

第一阶段：线路停役

（1）当值调控员根据当日电系设备停复役申请时间（8:30～15:00），组织操作班和中心站于 7:15 分到达现场开始操作，同时对于影响停电时户数多的操作，按照“晚停先送”原则，尽可能缩短线路停役至工作许可之间的空窗期，减少无效停电时间。

（2）操作班在线路停役前首先合上月 27 蕴川北 49－4 号杆上柱上断路器（6018 严家宅），拉开月 15 钱潘 51 号杆上柱上断路器（6092 川巷塘北宅），使月 27 蕴川北 49－4 号杆至月 15 钱潘 51 号杆的负荷（水泥厂乙、四号泵站甲、钱潘盛亘、塔源路路灯、沈巷社区中心、新月浦房地产、月塘路路灯）转移到月 27 蕴川北线路上。

（3）中心站将月浦站内月 15 钱潘开关改为线路检修，7:30 月 15 钱潘剩余线路停电后，操作班在 6092 川巷塘北宅、6007 月罗沈巷杆上闸刀停电侧挂接地线，7:55 完成线路停役的必要安措。

第二阶段：工作许可和汇报

（1）工作许可人、现场工作负责人和施工队伍严格按照作业标准时间表开展施工作业，工作许可人在停役操作完成后，立刻向调度申请工作许可，正式开始祁北路电力线路搬迁代工工程施工。

（2）公司运检部、项管中心要求现场工作负责人在作业收尾阶段严格执行预汇报制度，至少提前 60min 向当值调度员进行预汇报，使调控中心能够合理调配操作力量。本次祁北路电力线路搬迁代工工程现场于 8:43 向调度预汇报，并于 9:45 正式汇报。

第三阶段：线路复役

（1）当值调控员在接到现场预汇报后，立即安排操作人员提前到位，尽可能减少现场作业过程中无效停电时间。操作班于 9:40 到达现场，并于 9:47 正式开始线路复役操作，拆除 6092 川巷塘北宅、6007 月罗沈巷杆上闸刀停电侧接地线。

（2）中心站在接地线拆除后立即送出月浦站月 15 钱潘开关，于 10:15 恢复月 15 钱潘线路送电。之后，操作班将翻至月 27 蕴川北线路的部分负荷翻正，于 10:32 恢复线路正常运行方式。

四、实施成效

（1）月 15 钱潘线路上共计 26 个台区，其中 7 个台区可通过杆刀临时割接给月 27 蕴川北线路，从而将原本预计停电时户数下降 27%。

（2）当值调控员按照“晚停先送”原则以及现场预汇报制度，合理安排操作力量，竭力缩短线路停役至工作许可、工作汇报至复役操作之间的两段空窗期，在本次工程中累计节省停电时户数约 50 时户。

（3）工作许可人、现场工作负责人和施工队伍严格执行公司制定的作业标准时间表，做到“准时停电、准时开工、准时完工、准时复电”，与操作班线路停复役时间衔接良好。同时，工作过程中严格执行质量管控，按质按量提前 5h 完成工程，累计节省停电时户数约 95 时户。

（4）本次工程用户实际停电时间为当日 7:30～10:15，实际停电时户数约 52 时户，仅为预计停电时户数 22%，为今后类似工程项目实施提供了良好范本。

第四节　可靠性统计分析和数据管理

一、供电可靠性统计分析

供电可靠性统计分析的目的不仅是要得到供电可靠率一个总体指标，更重要的是通过可靠性分析发现配网在规划、建设和运维等方面存在的问题。供电可靠率、用户平均停电时间、用户平均停电次数等可靠性主要指标反映的是总体情况和平均指标，由于配网基数庞大，部分严重的问题也会淹没在平均数据之下而得不到反映。所以不仅要统计分析总体指标，更要分析反映最差部分的数据，只有这样才能既提高整体水平，又能有针对性地解决突出问题。

供电可靠性统计分析只有以时户数作为分析对象才能找出配网在规划、建设、运维等方面存在的问题。

1. 供电可靠率统计分析

供电可靠率等主要指标分析可以基本反映配网建设和管理的总体水平和发展趋势（见图 6-12），用户平均停电时间、用户平均停电次数比供电可靠率指标更进一步反映趋势变化情况，但不能反映存在的主要问题及具体情况。

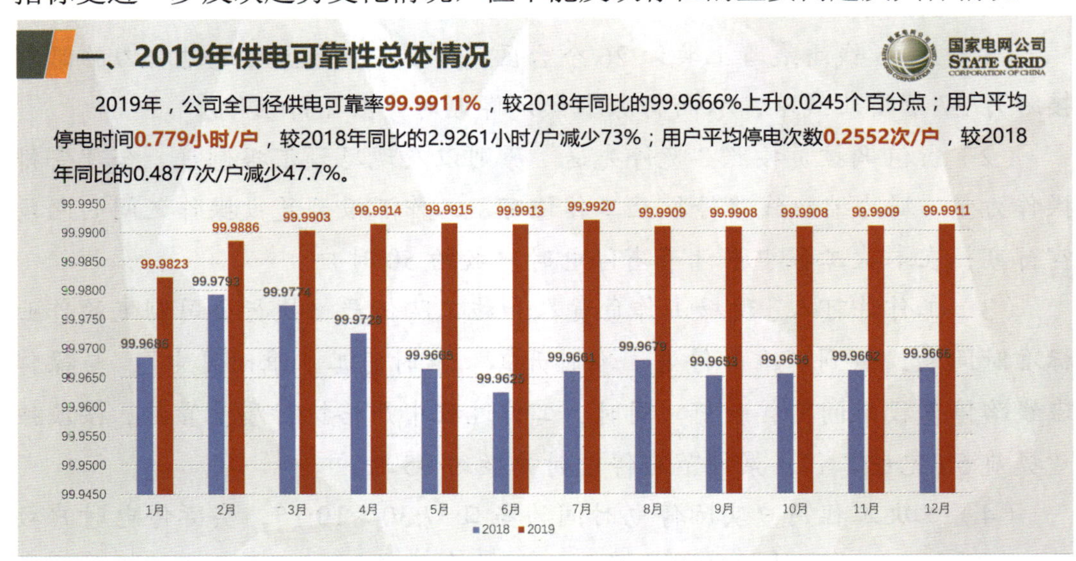

(a) 2018、2019年公司全口径供电可靠率各月累计值对比图

图 6-12　SH 公司 2019 年供电可靠率统计分析（一）

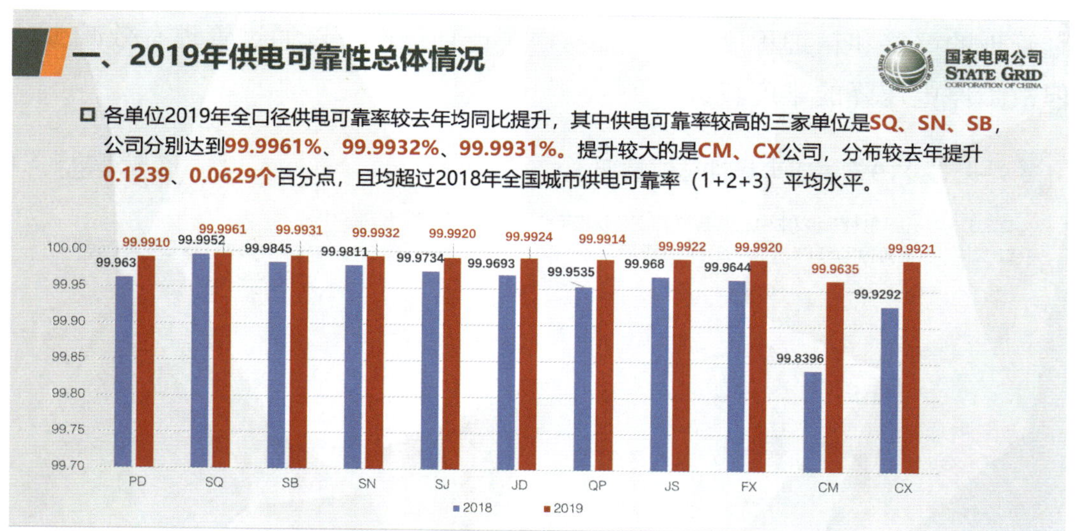

（b）各单位2018年、2019年全口径供电可靠率对比图

图 6－12　SH 公司 2019 年供电可靠率统计分析（二）

2. 停电时户数日耗用统计分析

停电时户数日耗用分析可以直观反映计划停电和故障停电时户数在全年各季节的分布情况，以及季节特点和台风等气候的影响，见图 6－13。

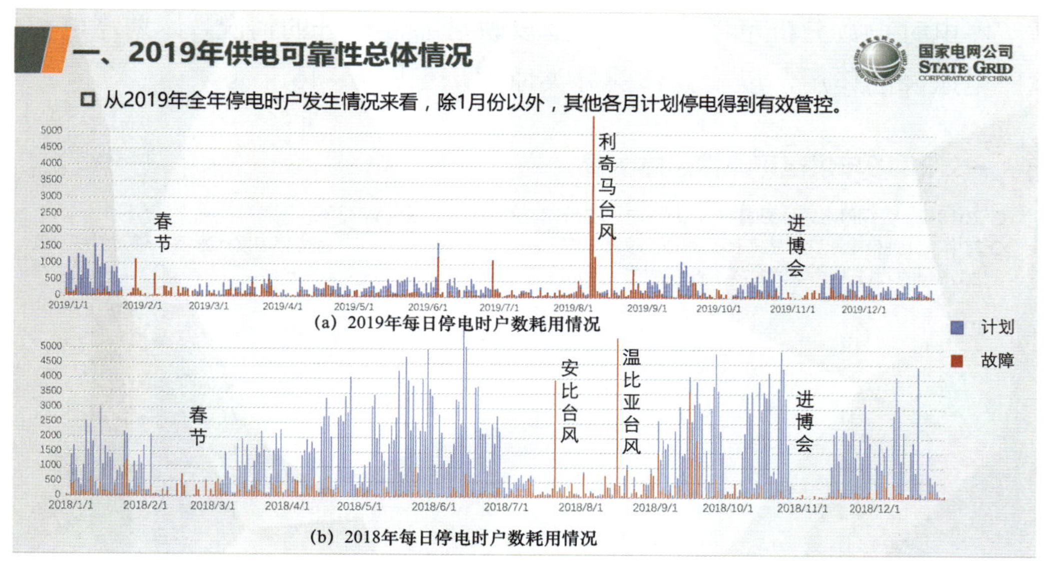

（a）2019年每日停电时户数耗用情况

（b）2018年每日停电时户数耗用情况

图 6－13　SH 公司 2019 年每日停电时户数耗用统计分析

3. 停电次数统计分析

停电次数分析可直观反映计划停电和故障停电的数量，总体反映生产计

划管理的严格和精细程度，见图 6－14。计划停电可以通过管理有效减少，但故障停电压降的难度较大。

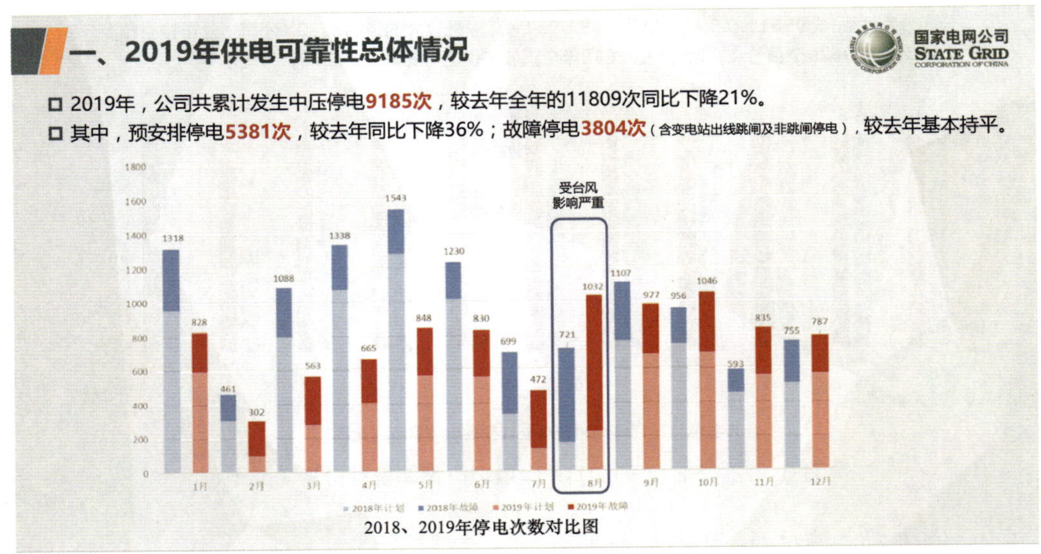

图 6－14　SH 公司 2019 年停电次数统计分析

4. 停电时户数统计分析

停电时户数分析可以更加直观地反映可靠性提升的情况，计划停电和故障停电压降的作用，以及具体的分类原因，见图 6－15。

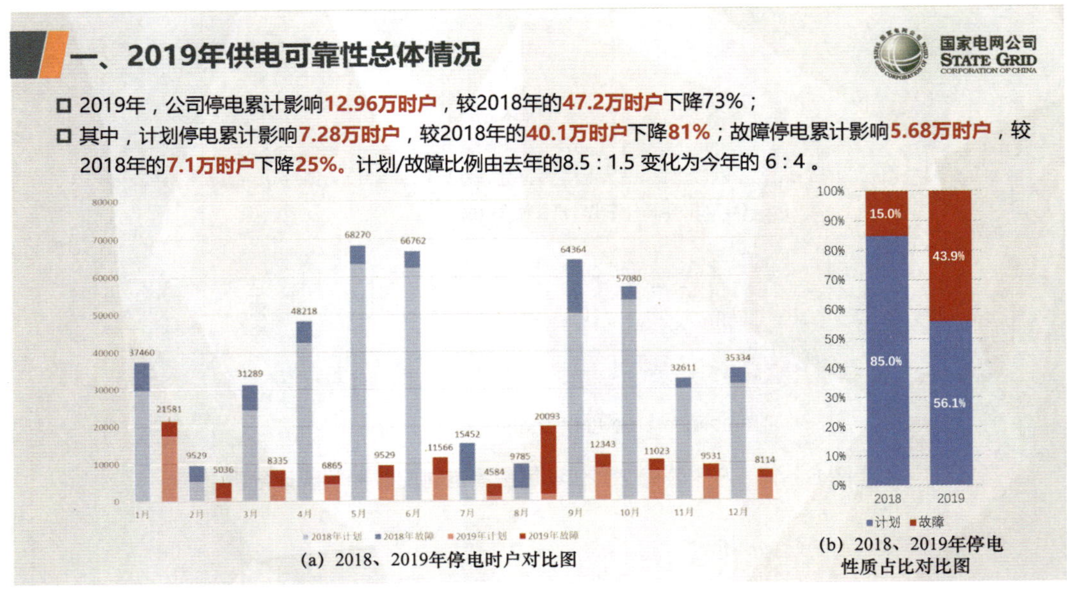

图 6－15　SH 公司 2019 年停电时户数统计分析（一）

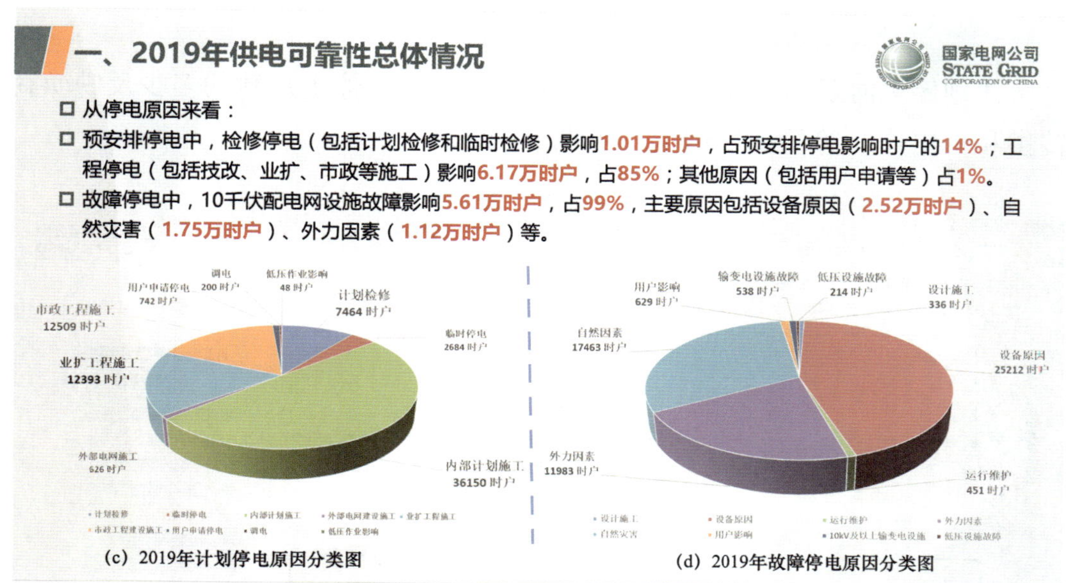

图 6－15　SH 公司 2019 年停电时户数统计分析（二）

5. 计划停电操作时间统计分析

计划停电操作时间分析反映因“早停晚送”所形成的无效停电，需要变电运行专业围绕可靠性提升进行改进和提升，散点图能很好地反映 2019 年的提升情况，见图 6－16。

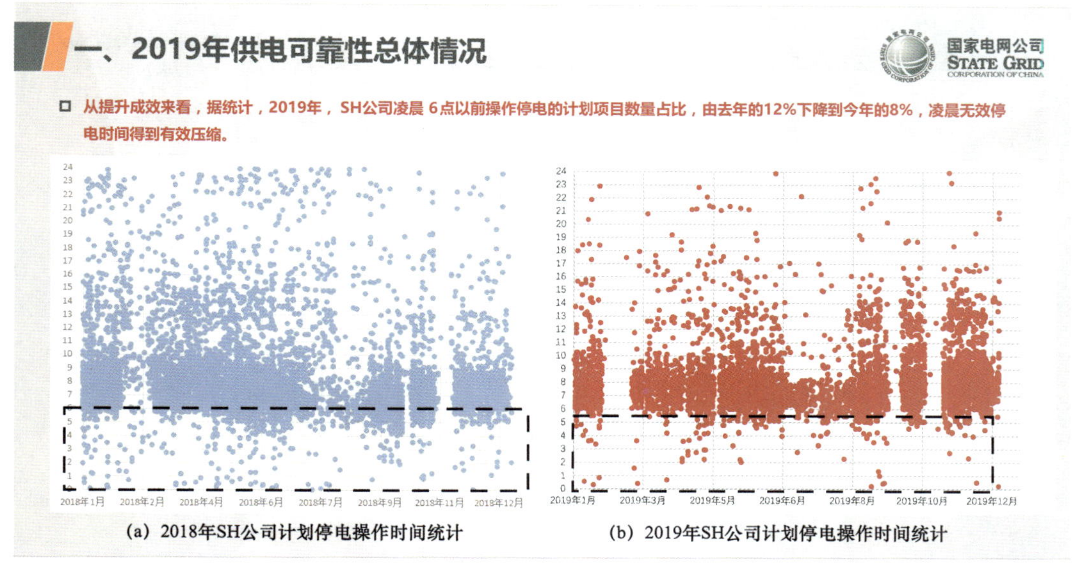

图 6－16　SH 公司 2019 年计划停电操作时间统计分析

6. 计划停电时长和户数统计分析

计划停电时长反映施工现场的组织水平，每次停电户数的多少反映负荷转供和带电作业等的推广情况，见图 6-17。

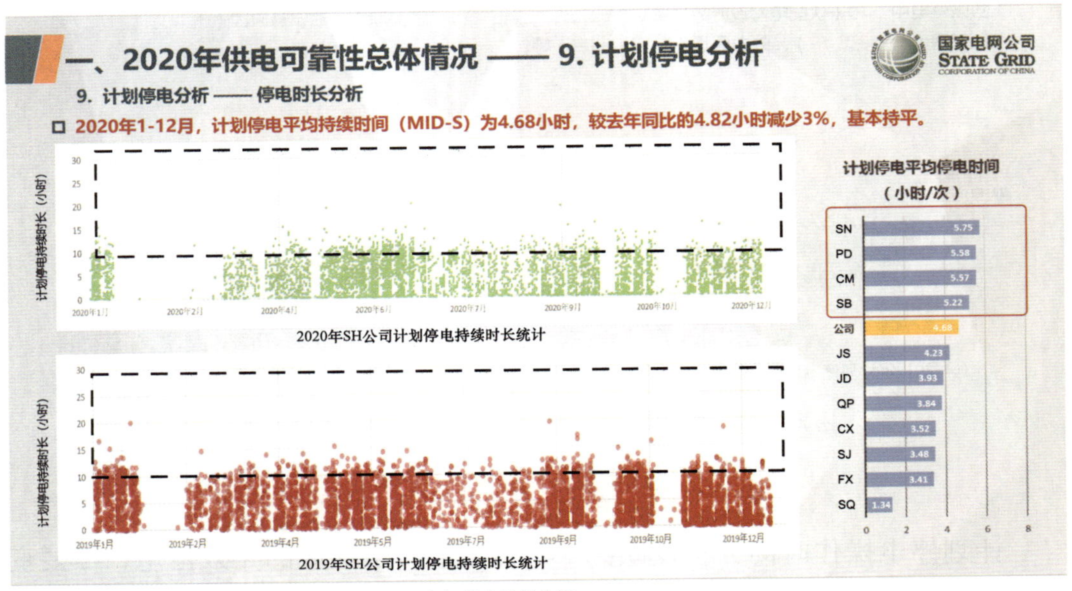

(a) 停电时长分析

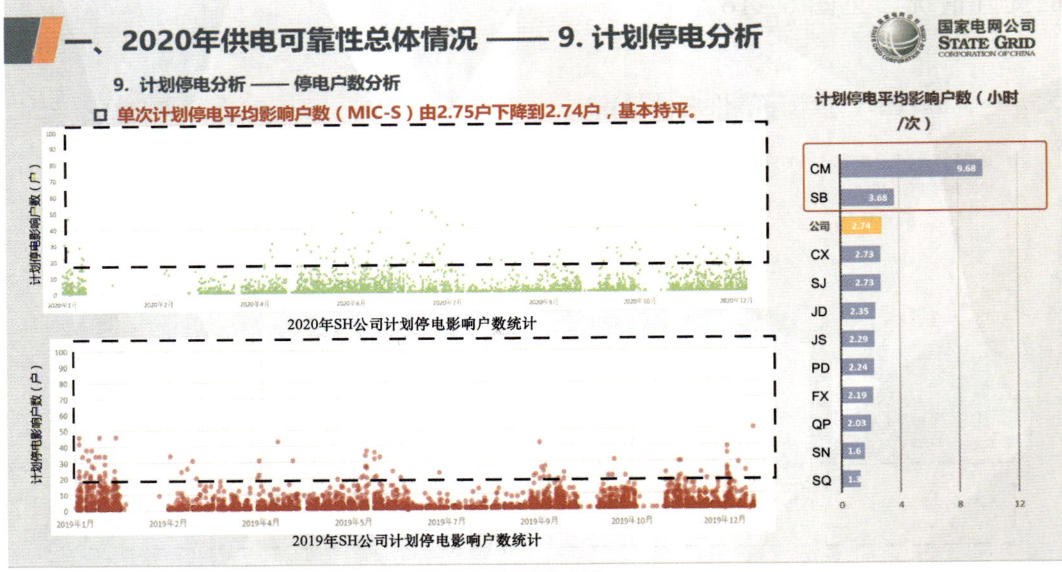

(b) 停电户数分析

图 6-17 SH 公司 2020 年计划停电时长和户数统计分析（一）

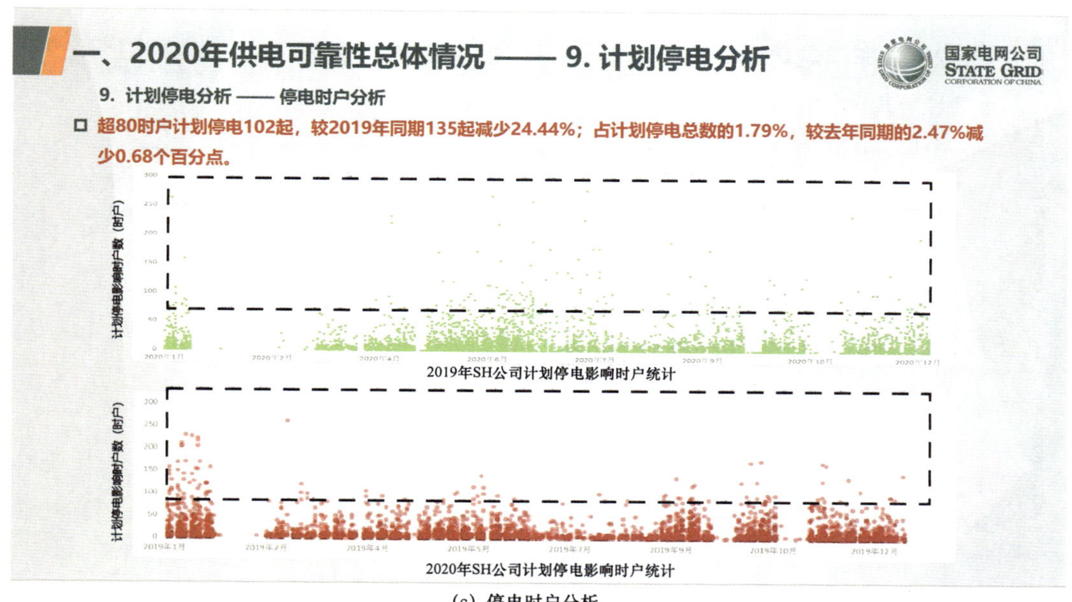

（c）停电时户分析

图 6－17　SH 公司 2020 年计划停电时长和户数统计分析（二）

7. 故障停电时长和户数统计分析

故障停电时长反映故障查找、隔离、抢修恢复的水平，故障停电户数反映配网结构和建设水平，也反映了自动化建设水平，见图 6－18。

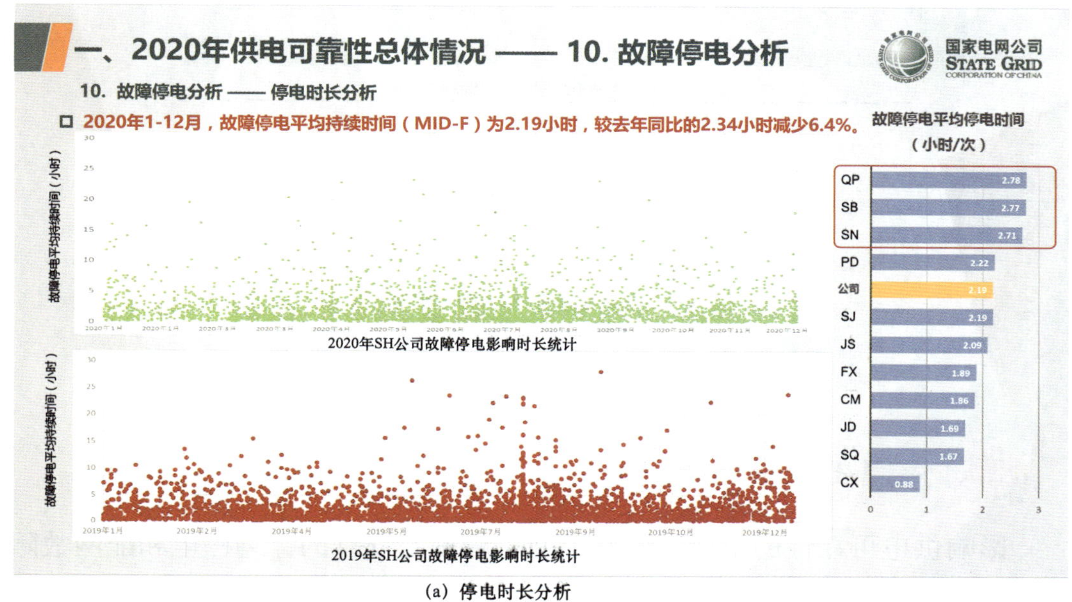

（a）停电时长分析

图 6－18　SH 公司 2020 年故障停电时长和户数统计分析（一）

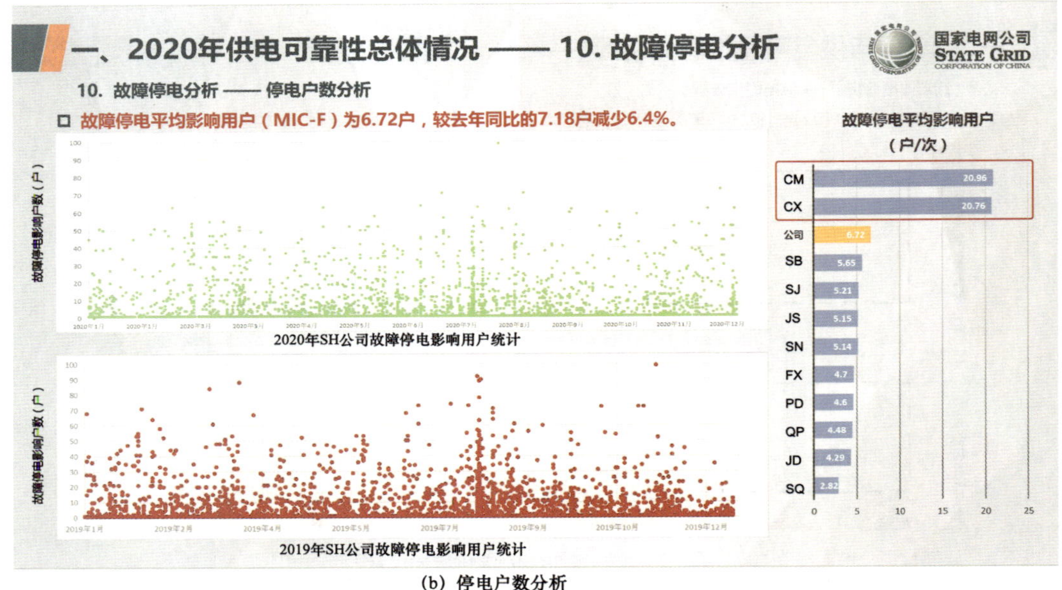

(b) 停电户数分析

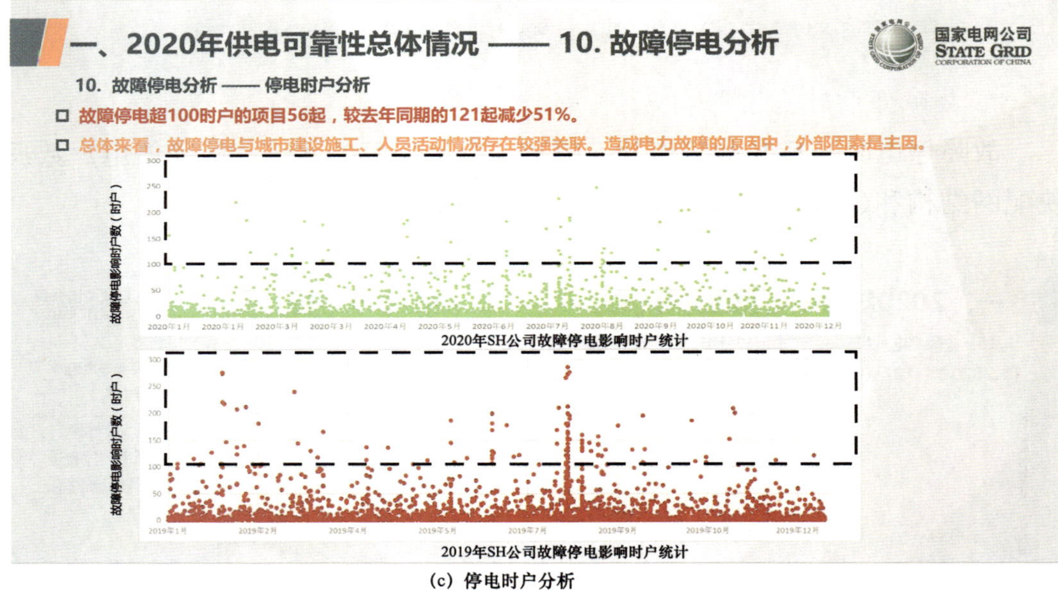

(c) 停电时户分析

图 6－18　SH 公司 2020 年故障停电时长和户数统计分析（二）

二、供电可靠性数据管理

影响供电可靠性的主要因素是配网工程施工安排的计划停电和配网故障停电，两者的数量非常庞大。例如，国网江苏省电力公司 2021 年底共有 10kV 公用配变 62.15 万台，用户专变 32.06 万台，每年约实施 26.3 万个配网工程，发生各类跳闸1.88万次。在这样大规模的停电事件下，要准确地统计每起停电的起止时间、停电涉及的10kV用户和公变等数据，准确地统计出每起停电的时户数，需要有一套便捷、科学和严格的数据管理办法来保证质量。

1. 数据统计真实可靠及时

可靠性统计分析的基础是数据的可信度。应充分利用目前各种信息系统直采数据，自动完成可靠性的统计工作，减少人为填报的影响。

通过营销用电采集系统（用采 2.0）获得专变用户、公用配变和低压用户的停电事件和电压、电流、电量等信息，计算形成配变和专变停电事件池。通过调度自动化系统（D5000）获得变电站出线开关变位、保护动作信号、遥测、遥信、遥控等数据，计算形成线路计划停电和故障停电事件池。通过配电自动化系统获得配电开关遥信变位、保护动作信号、融合终端停电告警等信息，计算形成线路分段停电事件池。通过以上三个信息系统形成的停电事件池是可靠性事件研判的基础。

通过生产管理信息系统（PMS3.0）提供配网拓扑（站—线—变—户的关系）、设备台账、检修计划、配网故障、停电信息发布等数据信息，支撑线路停电范围计算。结合停电事件池交叉校核停电区段与配变停电状态，校核线路停电事件计算的准确性。

通过融合用电采集信息、生产管理信息、配电自动化与调度自动化四大系统的多源数据，采取交叉分析、相互印证等数据处理方法，实现前一日停电事件和停电时户数的综合研判计算。进一步辅以生产计划数据、95598抢修工单数据、调度管理信息系统（OMIS）数据等大数据聚合，可以精准地对配网停电事件进行监测、统计和分析，得到较为真实的可靠性数据。

可靠性数据统计要做到及时有效。由于配网停电事件数量多、10kV 配网变化快、配网运行数据管理不太严格，可靠性事件的统计分析要讲究时效性，第二天就应完成分析统计。

2. 数据统计基础管理工作

可靠性自动统计分析包括停电事件生成、停电范围校验、停电事件分类、停电时户数计算和可靠性指标计算等五个环节。前三个环节是停电事件的基础，有赖于上述四个主要信息系统数据的可靠和及时，需要加强系统的运行和维护。

（1）停电事件生成。根据停电事件池的信息，依据涵盖配变电压、电流、功率量测掉零、用电量变化率为零、低压用户停复电匹配等特征的研判模型，调度自动化系统和配电自动化系统的开关变位、保护动作等信息，生成配变停电事件。并根据配变停电的时空特性，将同一线路上停电时空接近的配变停电事件合并，生成线路停电事件。

（2）停电范围校验。针对停电计算中可能存在的错判、漏判等现象，应用其他系统的数据，开展停电拓扑聚集、线—变量测相关性计算等多重逻辑校验，修正线路及配变的停电计算结果，提高停电计算的准确性。

（3）停电事件分类。根据检修计划、停电信息发布、配网故障等信息，以及配电线路所属单位、所处地域等情况，对停电事件进行计划、故障分类，以及市、县、城网、农网等维度的分类。

1）营销用电采集系统是生成配变停电事件池的重要系统，要提高系统的采集成功率、缩短采集周期，保证每天的停电事件计算。优化变—户关系匹配算法，准确计算出配变停电事件。通过上述计算也可以发现配变—用户的关系问题，为台区线损管理打好基础。

2）调度自动化系统和配电自动化系统是生成线路停电事件池的重要系统，要加强系统维护，保证各类变位信号、告警信号等的完整。加强停役申请单、操作票等信息管理，区分检修调试等因素的影响。

3）生产管理信息系统是校核线路停电的重要信息系统，由于配网运行方式变化、负荷转供、线路割接等原因，配电系统变化多、变化快，要加强系统维护，保证站—线—变—户拓扑关系的信息准确。通过上述计算也可以发现站—线—变的关系问题，为分线线损管理打好基础。

4）可靠性基础台账。要及时增加新增用户台账数据、减少销户用户，正确划分市区、城镇、农村等分类，保证基础台账数据的准确。

另外，抢修工单数据、调度日志数据、生产停电计划数据等系统数据都是自动融合、自动计算、人工审核停电事件的基础数据，也应加强维护。

三、供电可靠性数据应用

供电可靠性统计分析的目的是要发现配网管理方面存在的问题，应用统计分析的结论指导配网规划设计、运行维护、配网自动化建设等方面的工作。

1. 可靠性数据指导配网建设改造

应聚焦单次停电情况，针对单次停电时间长、停电用户数量大、重复停电等可靠性指标落后的线路，以及建设施工、故障停电事件时户数排名前列的线路（例如前 20%），从配网规划、改造的角度进行专题分析，形成配网建设改造方案，并纳入项目储备、安排资金进行改造。特别是一次故障停电“户数”更能反映配网结构水平，要以可靠性提升为目标，创造条件缩小故障停电范围，将故障停电的影响范围降至最小。

典型案例 6-6 国网 SHCM 公司 35kV 前哨站哨 2 东旺线网架优化

CM 岛为狭长的岛屿，负荷密度小、变电站布点少、网架结构薄弱，导致线路长距离供电现象较多，线路长、单线台区数量多，见图 6-19，造成停电影响范围大、故障巡视时间长等问题。CM 公司梳理现状后，以优化电网结构，缩小供电半径方式对哨 2 东旺线进行增设开关站方式，提升供电可靠性。

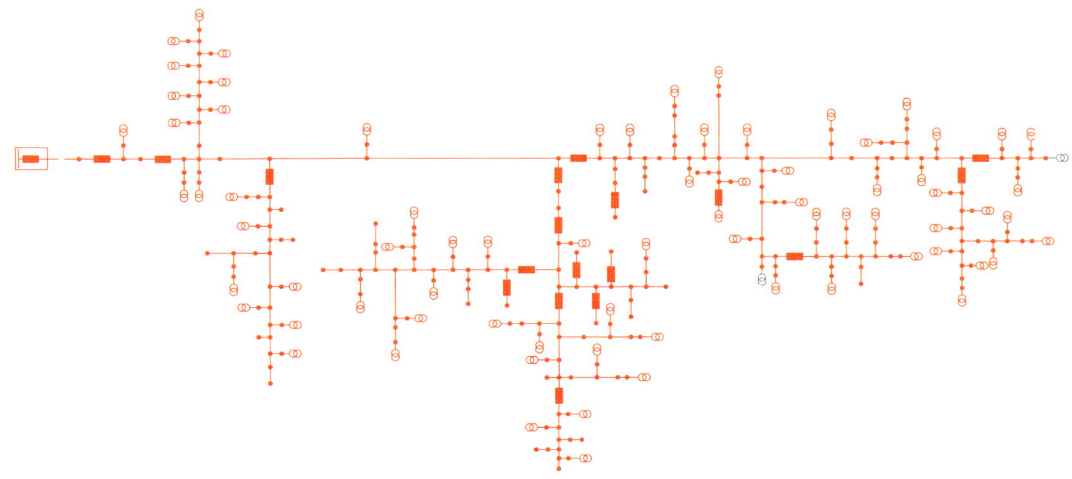

图 6-19 哨 2 东旺线改造前一次接线示意图

一、基本情况

35kV 前哨站哨 2 东旺线位于 CM 岛最东侧，供电半径超 15km，线路总长 74km（为 SH 公司最长线路），共有中压台区 92 个。供电距离较长，供电半径大，支接线路较多，网架结构差，联络点较少，供电负荷分散。

2018 年发生跳闸 7 次，累计造成中压停电时户达 1300 时户，供电可靠性差，巡线、检修困难。哨 3 电信线为重要用户光缆登陆站专用电源，该线路杆型低，电杆老化较多，导线截面较小，给线路运行及检修造成较大的困难。

为提高线路安全运行水平和供电可靠性，进一步缩短供电半径，CM 公司在哨 2 东望线建设小型开关站，解决网架薄弱问题。

二、实施方案

1. 线路割接方案

本次改造，在哨 2 东旺线主干线第一个分支点位置新建一座 10kV 预装式开关站，对哨 2 东旺线、哨 3 电信线进行负荷割接，见图 6-20。改造后，哨 2 东旺线、哨 3 电信线前段线路作为新建开关站 2 条进线电源，原哨 2 东旺线负荷分割为 6 部分，其中前段线路负荷割接至哨 1 场部线，其余 5 部分负荷割接至新建开关站，作为开关站 5 条出线。哨 3 电信线后段负荷割接至新建开关站，见图 6-21。

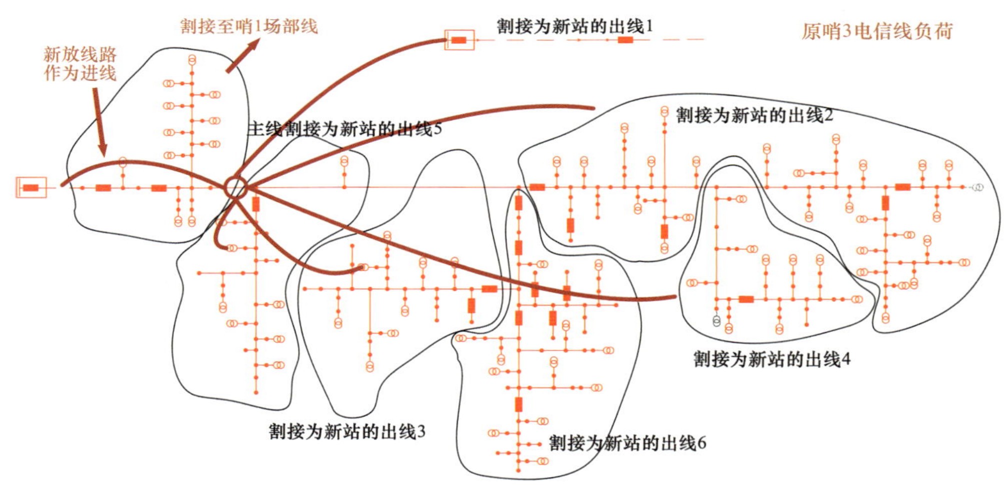

图 6-20　哨 2 东旺线割接示意图

2. 线路部分

调换及新立 10kV 电杆 142 基，调换 JKLYJ—10—240 型导线 14km；新敷设 ZA—YJV22—8.7/10 3×400 电缆 2km，柱上断路器成套装置含 FTU7 套，全绝缘杆刀 23 套。

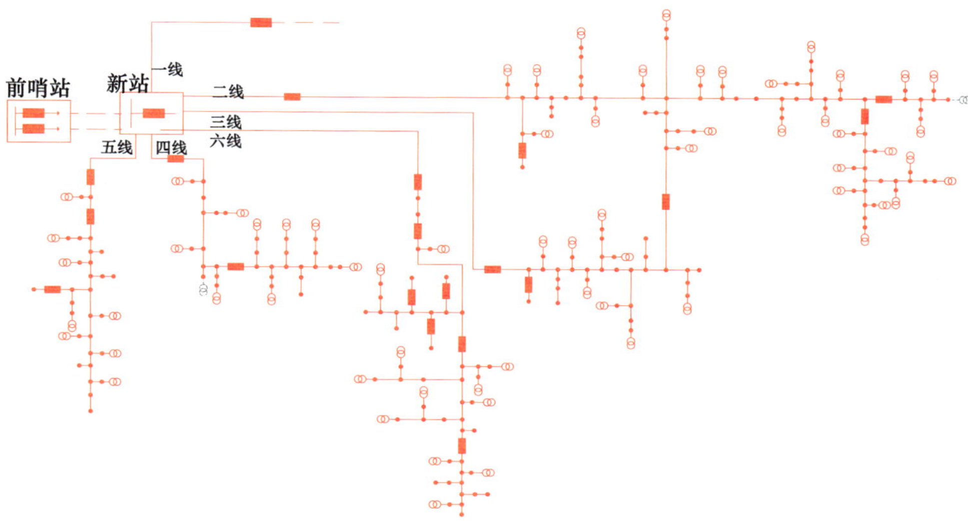

图 6－21　哨 2 东旺线改造后一次接线示意图

3. 变电部分

10kV 预装式开关站，配置 2 台 30kVA 站用变压器，10kV 侧采用单母线分段接线形式，2 进 8 出（含站用变压器），见图 6－22；10kV 保护为微机型保护，全站设置配电自动化系统。

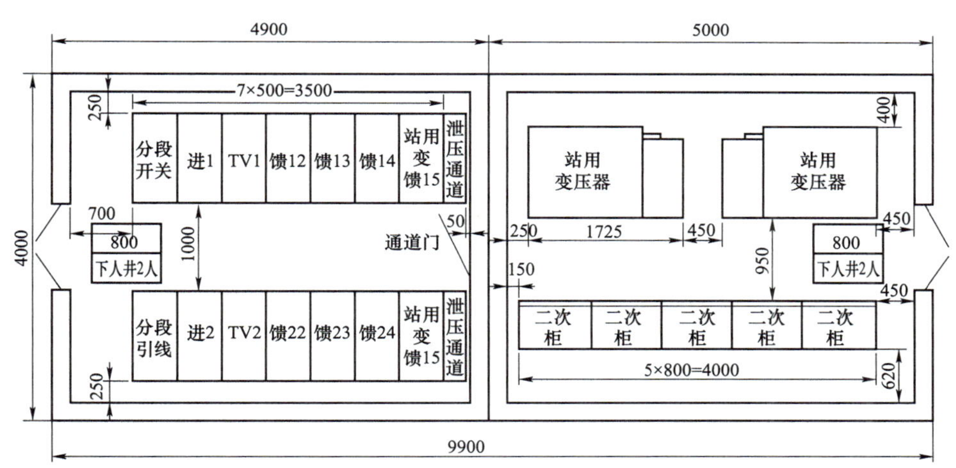

图 6－22　线路割接方案变电部分示意图

一次设备采用 C－GIS 充气柜（使用环保气体），柜体尺寸为 500mm×1050mm×2250mm（宽×深×高）。共需 14 面充气柜及 2 台站用变压器（30kVA）。

考虑到现场选址，受到运输、吊装问题，本次开关站舱体创新采取分体式方案，运输至现场拼装，总体占地尺寸为 4000mm×9700mm，具有防潮、隔热、防火、隔音等功能。内置两台挂壁式空调，安装照明及抽湿机。

土建采用钢筋混凝土电缆夹层结构，总高 2.6m，地下 1.5m，地面 1.1m，包括两个集水坑、两台抽水变压器，占地尺寸 5000mm×11000mm，总面积约为 55m^2。

外观方面，考虑到与 CM 地区生态岛定位一直，开关站采用环境友好型外观喷涂方案，见图 6－23。

图 6－23　10kV 预装式开关站舱体外观

三、实施成效

项目成效主要是优化了电网结构。

实施前东旺沙地区仅由哨 2 东旺线一条线路供电，其总长超 70km，供电半径较长，支接线路较多，给线路运行及检修造成较大的困难，且一旦哨 2 东旺线发生故障或检修，东旺沙地区将大面积停电。10kV 开关站建成后，通过开关站将原有哨 2 东旺线分割成 6 个单独的供电区域，提升了线路互供互联的能力，特别是哨 2 东旺线通过合理分段，完善了架空线路的网架结构，在故障和检修状态下有效减少停电时户数，在故障状态下减少故障的查找时间，提升了供电可靠率。

2. 可靠性数据指导配网运行管理

减少或避免故障停电发生，降低配网故障率；故障发生后快速恢复供电，提高供电可靠率，是配网运行管理最基础的管理工作。通过停电次数统计分析、停电时户数统计分析发现配网设备跳闸的数量和原因，采取针对性的设备改造等措施，通过故障停电时长和户数统计分析发现故障处置中因管理和抢修组织上存在的问题，采取针对性管理措施，缩短故障处置的时间。

（1）深入推进线路设备全绝缘化改造，做好树、鸟、蛇、鼠等外破源防治。熔丝、杆变、避雷器、绝缘子、杆刀、柱上开关、电缆登杆、线夹等设备加装绝缘罩或绝缘自固胶带绕包。从技术上对裸导线及各种接头金属裸露部分进行改造，实现架空线路全绝缘，避免瞬时性异物碰线故障，杜绝重复故障。新建工程从项目立项、建设阶段就采取全绝缘设计建设，做到同步考虑、同步实施，从而进一步加快绝缘化率的提高。

典型案例6-7 国网SHSN公司架空线路全绝缘化改造—全绝缘杆刀调换

一、基本情况

近年来伴随着生态环境的不断提升、自然环境的不断改善，SH 市内松鼠等小动物的数量逐渐增多，由于小动物攀爬架空线路触碰杆刀等金属裸露部位导致的短路故障时有发生，由此会进一步引发线路跳闸、用户失电等情况。根据公司提升供电可靠性的相关要求开展架空线路全绝缘化改造工作，以提升供电可靠性为主线，通过强化基础、狠抓管理，以“压降故障跳闸”为重点，健全故障跳闸管理体系，抓实故障分析及源头管控，落实故障跳闸压降方案，专项治理重复跳闸线路，持续降低故障跳闸，不断提升供电可靠性。

二、实施方案

老式杆刀调换为全绝缘杆刀柱上杆刀。老式杆刀为传统美式杆刀装置，见图 6-24，由于小动物攀爬架空线路触碰杆刀等金属裸露部位导致的短路故障时有发生，由此会进一步引发线路跳闸、用户失电等情况。针对过去三年小动物碰线导致的重复跳闸线路开展全绝缘杆刀的调换与改造，再逐步推广，提升线路设备自身的安全防护水平。

图 6-24　传统美式杆刀装置

此次改造的全绝缘杆刀采用双真空开关和三相柱式倒装结构，结构简单、安装方便，性能稳定可靠；具备无油、无污染、阻燃、免维护、体积小、重量轻和使用寿命长等特点。

静触头的外部和动触头的外部均采用环氧树脂固体绝缘，外包硅橡胶绝缘，耐高低温、耐紫外线。开关内部触头倒装，防止带电接头被小动物等直接接触。更由于其整合式一体结构，解决了经常因有小动物串入而造成短路以及操作拉杆卡死的问题。全绝缘杆刀现场安装情况如图 6-25 所示。

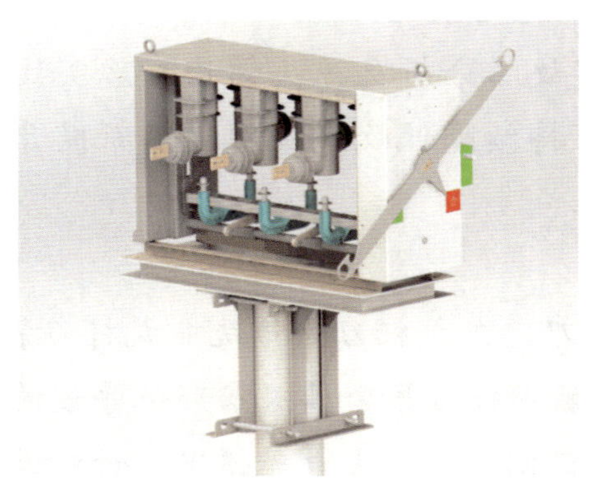

(a) 结构示意图

(b) 现场安装图

图 6-25　全绝缘杆刀装置

三、实施成效

截止到 2021 年 10 月，经过有计划地开展安装防小动物装置及调换全绝缘杆刀，已调换 30 把全绝缘杆刀。

2020 年截止到 10 月，XH 区内环内共发生由于小动物引起的故障跳闸 13 起。2021 年截止到 10 月，同区域共发生由于小动物引起的故障跳闸 8 起，相比于上年同期跳闸数减少 38.5%。大幅降低了因小动物引起线路跳闸损失的停电时户数。

（2）提高故障抢修快速复电能力。遵循“快速定点、快速隔离”原则，抢修人员快速达到现场、快速定位故障、快速隔离故障。合理设置网格化抢修驻点，就近布置抢修施工力量。加强指挥管理，优化抢修流程，实现调度、线路、电缆、变配、客户经理等专业“并联、贯通、高效”，提升故障抢修快速复电能力，缩短故障停电时间。

典型案例 6-8　国网 SHSJ 供电公司属地化抢修案例

故障抢修由故障报修、故障分析、故障巡视、抢修许可、现场抢修、汇报送电等多个环节构成，涉及调度、运检部、营销部、供电服务指挥中心、抢修队伍等多部门单位。故障抢修各环节能否环环相扣，各部门之间配合能否高效通畅直接影响了故障抢修的总体进度。

SHSJ 供电公司为进一步提升供电可靠性，并配合“供电服务指挥中心”建设，先行对 SJ 地区的抢修队伍进行属地化运作，对线路抢修许可人员进行全民化转换，加强抢修队伍的准军事化管理，提升快速响应水平，以适应松江地区新形势发展。

一、基本情况

1. 抢修队伍情况

当前 SJ 地区共有抢修队伍 11 支，其中安排从事线路抢修的 9 支，安排从事高压电缆抢修的 8 支，安排从事变电抢修的 2 支，安排从事配电抢修的 2 支。

2. 全员人员情况

（1）变配电安排 4 名抢修总负责人，轮流在家待命值班，接受调度指令，开具抢修工作票，组织变配电故障的现场抢修。

（2）线缆安排8名抢修总负责人，轮流在家待命值班，接受调度指令，组织线缆故障的现场抢修。

（3）不论是全民职工还是外包抢修队伍人员，均采用在家待命值班方式，由运检部每月排出值班表，轮流参加待命抢修值班。

（4）低压居民抢修范围、值班方式不变，仍旧由8个驻点24小时值班实施。

二、实施方案

措施一：线缆特巡人员在厂值班

每天安排具有三种人资质的两名高压线路特巡人员、两名高压电缆特巡人员、两名低压线路特巡人员（营业站设备主人）、两名司机，共8人在厂值班。一旦发生故障，要求30min内赶到现场，与抢修队伍汇合开展故障特巡；巡出故障后，向调度履行抢修工作的许可汇报手续，并在抢修结束后完成运行验收。

待命抢修总负责人在过渡期“在家待命值班”，待供电服务中心成立后撤出，现场指挥权移交给供电服务中心值班员，从而实现全体抢修指挥人员在厂值班。

由于变电抢修数量很少，往往全年不超过10起，而且基本可以通过负荷转移手段缩小停电范围，所以全民变电抢修人员暂时维持在家值班模式不变。

措施二：抢修队伍属地化管理

根据SJ地区11支抢修队伍现状，整合抢修资源，将SJ区全境划分成10个地块，见图6–26，每个地块安排就近的1支外包抢修队伍。分到属地的抢修队伍必须安排24小时有人在厂值班，遇到突发故障，必须在30min内赶到故障现场，参与故障特巡与抢修。

措施三：属地化抢修设备范围

属地化抢修覆盖高压线路、低压干线、高压电缆、低压电缆、变配电故障抢修，只要在地块中发生故障，不论哪种类型，外包抢修队伍都应接受待命抢修总负责人的指挥调配，快速出动处置。低压居民抢修仍旧由驻点实施不变。

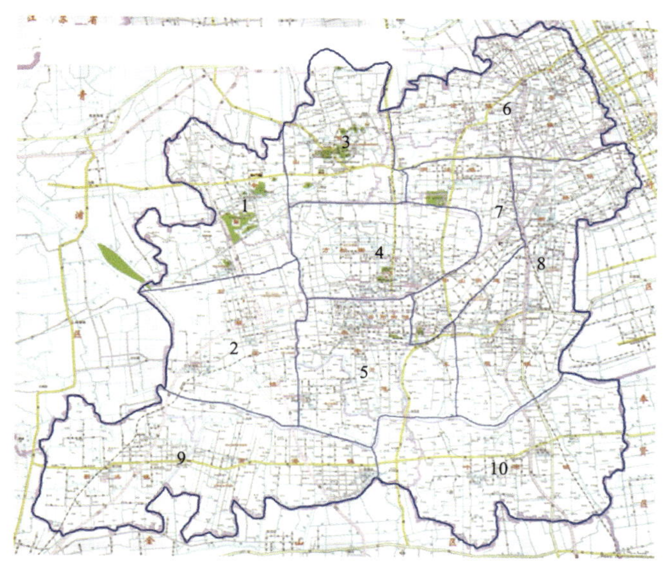

图 6－26　属地化抢修区域划分示意图

措施四：许可人全民化

因为变配电、高低压电缆的故障抢修，许可人都是调度；唯独高压线路抢修，跟随高压线路的业扩工程，由调度许可给集团工程部许可人，再由集团工程部许可人许可给外包队工作负责人。现将许可人全民化，即由线运班具有许可资格的人员向调度办理许可手续，再由线运班许可人许可给外包抢修负责人。由于线运班已先期到达故障现场，将给抢修节省不少时间。

措施五：线运班应配至少 8 名许可人

相关班组已满足 8 名许可人要求。

措施六：增加抢修宿舍

因为属地化抢修追求快速高效，变电、电缆、线路甚至营销专业都应有人在厂值班，应当增加抢修宿舍，至少需要 8 个床位（电缆 2 人、线路 2 人、营业站低压线路 2 人、司机 2 人），轮到值班晚上在单位住宿。

经商定，腾出阳华桥宿舍 2 间，作为抢修值班宿舍；阳华桥宿舍离公司本部 1.5km，开车数分钟可到。

三、实施成效

通过对比属地化抢修方案实施前后的故障平均抢修时间，发现单次故障抢修的用时下降了 47.9%以上，具体对比情况如图 6－27 所示。

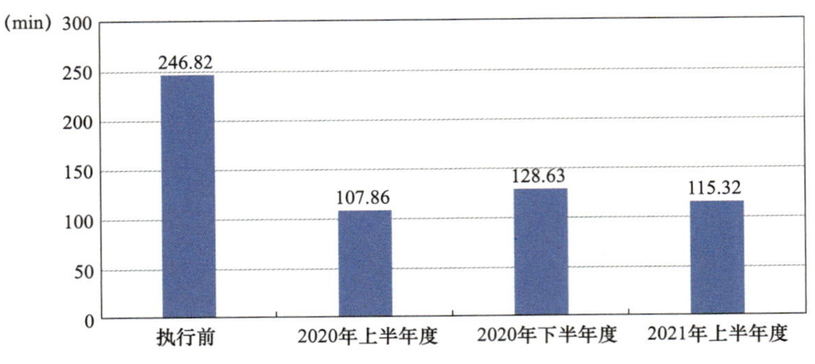

图 6－27　属地化抢修方案实施前后平均抢修时间对比图

属地化抢修方案的实施，极大地提升了抢修各环节的响应速度和响应水平，SJ 供电区域电网供电可靠性得到有效提升。

3. 可靠性数据指导配电自动化建设

通过故障停电时长和户数统计分析发现因查找故障难度大、故障查找时长、配网操作耗时多等原因影响用户供电的配网线路，采取技术措施提高定位故障的能力。例如，配电线路上分支电缆多、开关设备多等情况，需要试验的设备多，查找故障的时间一般都较长，应优先安装故障指示器和电流、电压测量设备等技术手段反映故障状态。再进一步，对隔离故障时间有较高要求的高可靠性要求地区应优先安排建设配网自动化，自动隔离故障恢复送电。

第七章

生产管理工作

生产工作主要有两条主线，一条主线是设备运行，即发现设备缺陷和环境隐患、消除缺陷和隐患、处置故障，另一条主线是现场作业，即检修试验、技改大修、扩建投产等。这两条工作主线各自循环往复、不断运转，既相对独立又有联系。设备运行工作通过不断的巡视检测发现问题、解决问题，出现故障、处置故障，循环往复。运行中发现的问题，通过分析研究形成大修、技改项目进入现场作业。现场作业工作通过不断的立项（大修技改、电网建设）、安排计划、现场实施、验收投产，进入现场作业循环。

生产管理工作就像同时推动这两个轮子平稳向前，既能有序完成好生产任务，又能长时间保持工作的一致性、有效性。生产工作的有序开展，应该依靠管理体系的有效，而不是把希望寄托在某一个人的身上。虽然管理体系的有效，有赖于每一个人的作用，但是个别人的疏忽，不会严重影响体系的有效。但是两条主线的各自协调，特别是两条主线之间的相互协调起到很重要的作用，这就是生产管理工作应该起到的作用。

不管是运行工作还是现场作业，生产任务应该按照项目化的方法进行管理，也可以将复杂的生产任务分解为一组子任务，然后分别进行项目化管理。生产管理工作要遵循管理的一般规律，按照计划、组织、协调、控制的管理方法推进。

第一节　生产计划管理

生产工作面广量大、任务繁杂，要保证良好的生产秩序，有条不紊地开展好工作，需要有一套规范严格的管理措施来保证各项工作的有序推进，既能够全面推动工作，又能够管住关键，生产计划管理就是实现上述目标的有效抓手。生产工作可以分为两大类型：一类是计划性工作，如设备巡视检测、建设类施工、检修类作业等；另一类是非计划性工作，如故障处置和紧急缺陷处理。对于故障的后续处理和非紧急缺陷的处理都应该纳入计划管理，尽可能使非计划性工作减到最少，使生产工作最大可能纳入计划性工作管理。

生产计划涉及生产检修、基建施工和用户接入等工作的安排，需要各级各专业的领导亲自组织协调，特别是负责生产运行的领导要对有关电网运行和现场作业安排的矛盾和冲突进行协调。

一、生产计划管理的目的与意义

生产计划管理是生产工作的龙头，是开展生产工作的依据。它可以使各专业和各环节的工作协调统一，从而有序地、系统地开展工作。生产体系的每个层级直至班组都应该制定生产计划，各级生产管理者必须要抓好生产计划管理。

1. 生产计划管理是明确生产工作任务的核心

生产工作计划不管是年、月、周计划，都是明确一定时间的工作任务或工作目标，使各单位、各专业都可以围绕同一目标有序地开展工作，为管理工作和现场作业明确方向。生产计划管理也让所有相关人员了解生产工作的目标和为达到目标自己需要完成的任务，自觉地协调自己的工作，做到互相配合。

2. 生产计划管理是其他管理工作的基础

有了生产计划，才可能规范和系统地开展其他管理工作。通过生产计划管理，才能科学开展电网方式校核，进行电网风险评估，采取措施管控电网风险，有序安排电网检修。通过生产计划管理，才能开展作业风险的评估、班组承载力分析、现场作业风险管控，才能有条不紊地开展现场作业。

3. 生产计划管理的过程本身就是一个协调过程

生产计划联系电网运行、设备修试、工程建设、用户供电等方面，通过它把日常的生产工作组织起来。在生产工作过程中，各单位、各专业之间经常会出现矛盾和不协调的情况，如电网、设备、作业、安全之间的矛盾，进度、质量、承载力的矛盾，上下级电网之间的矛盾等，这些矛盾都需要通过计划管理工作进行平衡和协调才能予以解决。

4. 生产计划管理是提高效率的途径

生产计划管理不仅要保证生产工作目标的实现，还要优化工作安排，做好巡视检测、常规修试、建设类施工的协调，在实现工作目标的过程中合理地利用资源和提高效率，并且尽可能地均衡工作量。均衡生产工作是提高劳动生产率和充分利用企业资源，保证安全生产的重要手段，也是生产计划的原则和任务。

5. 生产计划管理是各层级推进工作的抓手

无论是供电公司还是生产中心（工区）、班组，都需要根据自己的工作范围和职责制定自己的工作计划，根据工作计划开展生产工作和管理工作。上级工作计划管理应更重视长周期工作计划和重点工作，下级工作计划管理应覆盖面更全面，要保证上级工作目标任务的实现。这里所说的工作计划是涵盖与运行设备有关的巡视检测、设备修试、建设施工等全部工作范围。

二、生产计划管理的基本原则

生产计划管理总的目标是：作业内容全面，工作无遗漏；临时作业最少，安全生产可控；停电计划最优，减少设备重复停电，减少运行操作、检修施工的工作量；作业风险、电网风险可控；作业承载力、管理承载力可控。

生产计划管理应遵循如下原则。

1. 作业风险与电网风险相协调的原则

作业风险管控的目标是不发生人身、电网事故，电网风险管控的目标是保障电网安全稳定运行和可靠供电，生产计划管理要树立“作业风险和电网风险相协调”的理念。一要保证人身安全。合理确定停电范围，减小人员触电风险，有条件的情况下可采取整串全停、母线全停、电压等级全停等集中检修模式，全面降低现场作业风险。二要降低电网风险。在保证作业安全的前提下，通过优化施工方案、缩短作业工期、采取临时过渡方案等措施，有效降低电网风险，同时实施有针对性的电网风险预控措施，将电网风险“先降后控”的要求落到实处。三要合理安排工期。既要避免工期太短造成赶工期而影响安全、质量，又要防止工期过长造成电网风险暴露时间过长而增大风险程度，以及占用电网停电窗口影响其他工作的安排。

2. 新建改造与常规检修相协调的原则

为了保证电力供应，提升电网安全水平，需要开展新建、扩建工作；为了消除设备缺陷隐患，掌握设备状态，需要开展老旧设备改造和常规修试工作。生产计划管理要抓住修试计划和建设类项目计划两条主线，提升作业的效率与效益。一要充分利用建设类停电窗口。结合建设类工程需要陪停的设备，安排常规检修工作，避免一个周期内因为常规检修导致设备重复停电。二要提升设备检修效率。根据反措治理、隐患整改以及周期检修等需求，结合老旧设备改造计划，按照“检修结合改造”的原则，统筹协调生产计划，避免近期已有改造计划的设备安排常规检修。三要强化设备缺陷隐患治理。动态掌握重要缺陷隐患清单，建立滚动更新和定期会商机制，落实缺陷隐患治理项目资金和停电计划，确保按期完成缺陷隐患治理。

3. 尽量减少操作和工作量的原则

提高生产工作效率，核心就是在确保设备状态健康的前提下，尽量减少日常操作和周期性检修工作。一要精准掌握设备状态，非必要不检修。按周期开展停电检修，将会导致人员频繁往返现场、倒闸操作、检修工作量巨大。因此要通过带电检测、在线监测、日常巡视检查等手段，精准掌握设备状态，科学延长检修周期，做到非必要不检修，把状态检修落到实处。二要全面做好准备工作，充分发挥停电效率。统筹考虑生产、建设、市政、用户等方面的需求，全面收集隐患治理、缺陷处理等要求，在此基础上充分做好人员、机具、物资等各项准备工作，确保“一停多用”，避免设备频繁停电，减少操作工作量。

4. 生产与安全融合的原则

生产工作和保证安全密不可分，要把生产和安全相融合，树立“安全是干出来，不是管出来”的理念。安全是计划安排的前提，要把生产作业的安全作为安排生产任务的一项重要内容来考虑，通过合理的停电范围、作业工期、科学的承载力分析、均衡的作业安排、充分的前期准备等工作，从源头上降低电网风险和作业风险。计划是安全管理的基础，管安全首先必须要管住计划，通过严格的计划审核，精心的现场勘查，多专业的统筹协调，确保计划安排科学合理，从而把好安全的第一道关。

5. 生产计划刚性管理的原则

生产计划管理是生产工作的龙头，要保持良好的生产秩序，必须要坚持生产计划刚性管理。要做到：① 工作全面纳入计划，把除了故障处置和紧急缺陷处理以外的一切工作纳入计划管理，做到月度以内所有工作清晰明了；② 刚性执行计划，对月度以内的计划原则上只能减少不能增加，并且尽量避免临时变更作业方案。对于确有必要增加的计划，除了做好作业计划的审核、评估外，重点还要做好人员承载力分析，并履行相关审批手续。

三、生产计划管理的具体内容

生产计划主要有三年计划、年度计划、月度计划和周计划。管理的主要内容有协调电网运行方式与各类作业安排、电网风险与作业风险分析评估、作业承载力和管理承载力分析评估等。生产计划管理的关键是年度计划和月度计划，要重点做好以下工作：

1. 做好统筹协调

（1）做好横向统筹协调。统筹检修试验、大修技改、建设投产、市政迁改、用户接入等需求，按照“修试结合建设”“变电结合线路”“二次（通信）结合一次”的原则，把不同专业和不同时间的停电需求结合起来。编制年度、三年生产计划，避免设备三年内重复停电，减少停电对电网的影响和设备的频繁操作。此外，通信专业要重视通信设备检修对安全稳定控制系统的影响，统筹通信检修计划。

（2）做好纵向统筹协调。统筹三年、年度、月度、每周工作安排。安排年度计划时，要充分考虑每个月的生产运行特点，春秋季一般是施工高峰，而夏季负荷高峰期间一般不安排电网检修，保证电网全接线全保护运行，还要考虑春节假期影响较大的因素。确保每个月作业班组工作量基本均衡，不超承载力。在安排月度计划时也是如此，应使每周的工作量基本均衡，并且略有裕度。周计划可能会临时增加故障处理等临时性工作，原计划工作可以适当调减。

2. 做到突出重点

不同期限的生产计划应该关注不同的重点，起到不同的作用。

（1）三年生产计划是重点工程的统筹。三年计划是一个长期计划，主要目标是做好电网建设、大型技改等重大工程的安排与电网运行的协调，分析评估电网风险及制定预控措施，细化、优化工程项目停电方案，使停电时间安排在全年的较低负荷季节，并滚动修正工程建设时序和重要停电窗口的安排，为年度计划安排初步确定重要的时间节点。

（2）年度生产计划是计划管理的关键。年度生产计划统筹、协调、平衡一年各类工作安排及分月安排。要充分考虑上级调度机构的计划安排，把有关计划时间窗口考虑进年度计划。年度计划要考虑全面，首先要安排大修技改、基建投产、市政迁改、用户接入等重要工程，时间安排要考虑到月，乃至旬，然后根据空余时间窗口安排检修试验等修试工作。要做好电网风险和作业风险的分析评估，各月度作业承载力和管理工作承载力评估等工作，在安排计划时充分考虑相关评估风险的结论。

（3）月度生产计划是生产作业和管理工作落实的重点。月度计划是一个要实际执行的计划，只有进入月度计划调度才会进入安排停电的流程。月度计划是一个全量计划，包括检修试验等检修类作业和改扩建工程等建设类施工作业，要充分考虑工程投产验收和生产准备的工作安排。现场作业和电网运行的各种管理工作都要在月度计划落实，例如各类工作的准备和人员安排，班组工作承载力分析，作业风险管控方案的落实，电网风险管控方案的落实。月度计划的时间安排基本上精确到天，如有其他情况的出现，在周计划时予以调整。

（4）周计划是生产工作的推进。周计划是月度计划的再确认和滚动调整，对计划执行偏差进行协调，对故障处置、紧急缺陷处理等非计划性工作进行安排。如果有临时性工作安排的需要，可以取消原部分计划。

3. 做好滚动编制

年度生产计划由于计划的期限较长，特别是后 6 个月的情况可能会发生变化，需要进行滚动调整。另外每年年底，按日历年度编制年度计划，对上半年前几个月的计划安排又显局促。每半年滚动编制一次年度计划可以较好地解决上述问题。

（1）年底滚动编制。每年的 12 月份编制下一年的年度生产计划，上半年的内容应比较细化，各类工程和修试作业精确到旬，下半年的内容应包含各类工程和重点的修试作业，时间精确到月。

（2）年中滚动编制。每年的 7 月份滚动编制下一个 12 个月的生产计划，即下半年生产计划和再下一年度上半年的计划。内容和时间的要求与年度计划一致，下半年计划精确到旬，下一个年度上半年计划精确到月。

4. 做好承载力分析

受夏季负荷高峰、春节假期和春秋季施工高峰影响，班组工作量呈现出随时间周期波动的特点。各类停电工作和新设备投产工作都集中在 3～6 月和 9～12 月，该段时间各类班组的工作量集中，需要充分关注班组承载力是否合理，通过承载力分析合理调整生产计划安排。

（1）运行班组承载力分析。除本身承担的巡视检测外，重点分析基建验收、设备停复役操作、运行方式调整操作等工作安排。要合理安排运维人员数量，同一个运维班进行多站操作时，应安排充足运维人员，避免进行跨站转移操作。还要合理安排停电时间，避免同一组运维人员连续开展主变、母线等大型停复役操作，造成承载力不足疲劳作业。

（2）检修班组承载力分析。重点分析设备检修工作、基建验收工作安排。一要统筹多项检修工作安排，同一检修班组同一时间段安排检修工作时，应充分考虑班组工作负责人数量、班组人员能力水平等，避免计划安排过于集中导致承载力不足情况的发生。二要统筹基建验收和检修工作安排，在基建验收任务繁重的时段，合理减少例行检修工作的安排，避免检修班组工作任务超载。

（3）外包单位承载力分析。重点分析项目经理、专业负责人以及人员能力及数量，特种车辆、专业装备及专业工器具配备情况。根据工作内容、停电时间及外包工作量，分析外包单位在人员能力和数量方面，在安全、技术、作业等方面核心人员的安排，确保满足现场工作需要。

（4）管理工作承载力分析。重点是项目方案、工作计划的研究与细化，管理工作的到位，现场到岗到位的合理安排。对于大型复杂作业，动态梳理高、中风险工序，安排相应专业管理人员开展到岗到位工作，避免专业不匹配导致的管理缺位。

5. 做好作业风险评估

通过计划阶段的作业风险评估，合理确定停电范围、检修方案、工期等。特别是在年度计划时要对复杂的近电作业分析评估到位，提前做好停电范围和检修方案调整等工作。

（1）优先安排集中检修。统筹梳理各类检修需求，在保障电网可靠的前提下，适当扩大停电范围，开展集中检修，降低近电作业风险，提升检修质效。

典型案例 7-1 多线同停，降低风险

2020 年 3 月，500kV 苏石/苏坊/石车线开展“三跨”改造工作，可以双线两两同停开展，也可三线同停开展，但为了降低邻近带电线路感应电风险和误登铁塔风险，申报三线同停计划开展工作。

典型案例 7-2 集中检修，降低风险

2021 年 10 月，500kV 车坊变开展 220kVⅡ母刀闸更换工作，其中 4 把刀闸静触头同 220kVⅠ母距离较近，吊装时有极高的误碰带电体风险，因此申报 220kVⅠ、Ⅱ母同停更换该 4 把刀闸。

（2）推进工厂化检修。对于检修工艺高、现场检修条件受限的设备，推广解体检修向轮换式检修转变、现场检修向返厂（检修基地）检修转变，缩短现场检修时间，降低安全、质量风险。

（3）合理安排作业工期。避免因工期不足导致夜间施工、疲劳施工等造成作业风险升级。

典型案例 7-3 合理安排，提高班组承载力

2021 年 4 月，500kV 木渎变扩建第七串设备，500kVⅡ母、Ⅰ母需轮停，由于Ⅱ母复役时有大量启动工作，为降低夜间操作风险以及运维人员连续复杂操作风险，计划申报时两次母线停电当中留两天时间开展电网启动。

（4）充足配置专业资源。保证吊车、高架车等特种车辆，滤油机、真空泵等专业工器具配置，满足多作业面同时开工要求，作业前完成特种车辆及专业工器具性能检查。

（5）充分考虑气象因素。避免在雷雨、台风等气象预警时段附近安排高风险作业，造成风险叠加导致作业风险升级。

6. 做好电网风险评估

因设备停役改变电网结构，影响电网安全供电水平而形成的电网风险，需要在计划安排阶段进行评估，特别是重大停电应在年度计划安排时进行评估，调整施工方案或停电方案。

（1）对于电网风险较高的停电作业，可通过优化电网结构、临时拆搭接、合理安排作业时间、安排负荷转移等方式实现风险降级。

典型案例 7-4 调整电网结构，实现风险降级

2020 年 10 月，500kV 沙港 5210 线、张丰 5666 线计划同停开展线路迁改工作，该停电导致 500kV 晨阳变、锦丰变片区仅通过张晨 5K49 线/家晨 5K50 线一个输电通道供电，达到电网四级风险。后通过 220kV 浦项变方式调整，对锦浦 2X69 线/店浦 2X70 线进行保护升级，将线路由馈供线变成联络线，形成第二输电通道后将风险降为五级，见图 7-1。

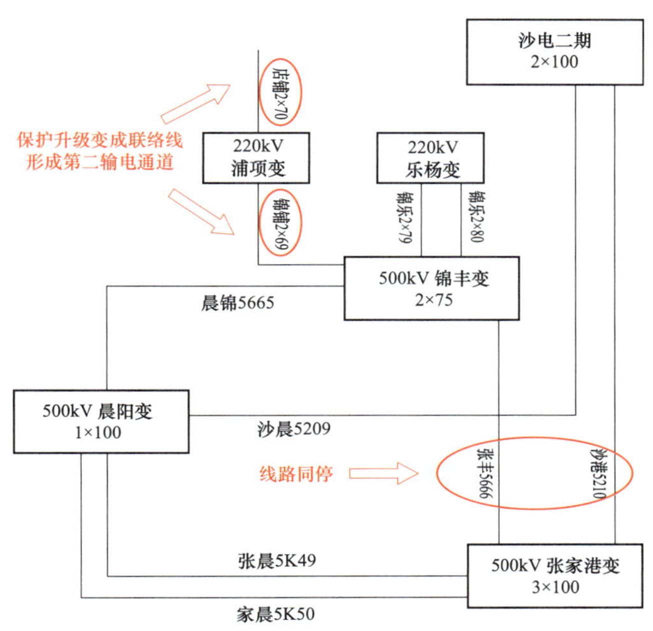

图 7-1 电网接线图

典型案例 7-5　临时拆除跳线，实现风险降级

2021 年 11 月，500kV 木渎变电站 500kV 渎车/渎坊线间隔调整工作，需要 500kV 渎车/渎坊线同停 15 天，对侧 500kV 车坊变电站内因破串运行方式薄弱。后采用临时拆除渎坊线终端塔跳线方式，保持车坊变电站内完整串运行，降低电网风险。

典型案例 7-6　临时搭接线路，实现风险降级

2022 年 4 月，500kV 秋藤变电站 220kV Ⅴ母、Ⅵ母母线压变更换作业后进行耐压试验，需要两条母线同时停电。而Ⅴ母、Ⅵ母供电的 220kV 台积电变电站（秋台 4M01、4M02 线）为重要用户，不能双线同停，因此在作业前将秋藤变电站秋台 4M01 线在站外临时搭接到秋高 4M06 线，改由 220kV 高旺变电站供电，见图 7-2。

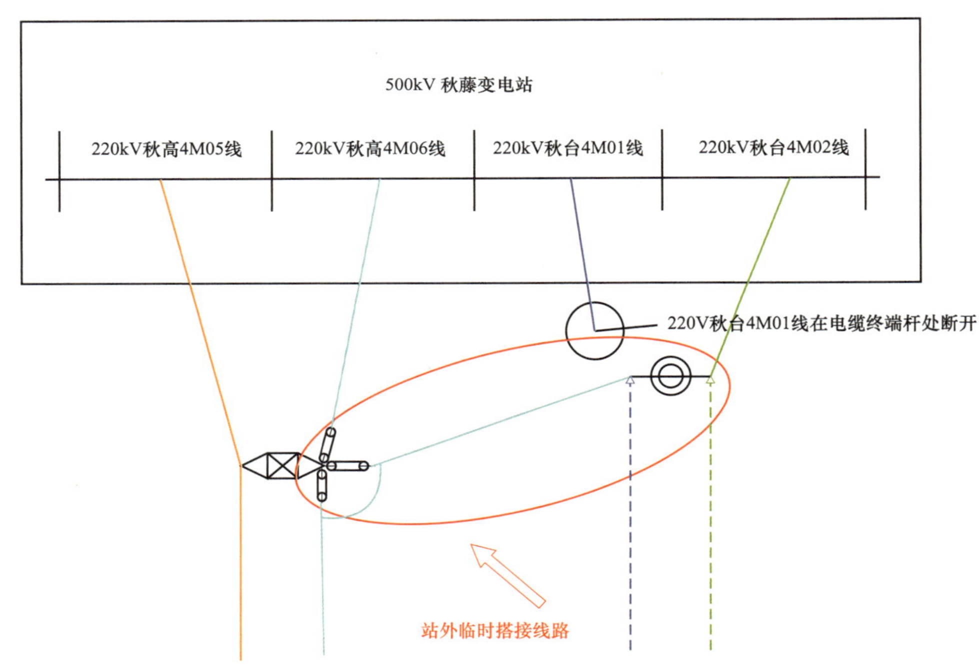

图 7-2　线路搭接图

（2）通过优化施工方案，将高风险停电分解成多次低风险停电或增加施工力量加快作业实施，缩短电网高风险的时间。

典型案例 7－7　增加施工力量，缩短风险时间

2021 年 11 月，500kV 车坊变电站第四串 5041、5042、5043 三组雷兹流变同时更换，原停电方案为第四串开关及出线（州车 5283 线、石车 5657 线）同时停电 5 天。但为了在寒潮到来前保证电网高负荷运行方式需求，通过优化施工方案，加大施工力量投入，三个作业面同时开展流变更换，见图 7－3，将工期缩短为 3 天。

图 7－3　三个作业面同时作业

（3）电网风险管控工作应纳入计划管理，作为停电计划工作的一部分，确保电网风险管控的各项措施落实到位。严格电网风险管控期间的生产计划管理，防止因管控设备检修造成电网故障。

7. 做好物资供应保障

要依据月度生产计划，提前开展作业范围内设备的状态评价，做好设备、部件、材料等物资供应保障，确保生产计划的刚性执行。同时还要做好应急备品备件的准备工作，根据应急物资到货情况，安排好故障抢修、缺陷处理等临时性工作。

第二节　电网风险管控

电网运行风险（简称电网风险）是指电网在正常运行方式或计划检修方式下，可能因设备缺陷或异常、线路遭受外力破坏、现场作业、气象环境影响等原因发生电网故障，引起对外停电的风险。

电网风险管控是指通过识别电网运行过程中存在的对外停电的风险，并确定其严重程度，进而确定风险控制措施，以达到降低或不发生电网事故的目标。电网风险管控是电网事故管理从事后向事前、从被动向主动的转变。

电网风险管控不是调度运方一个专业的工作，而是整个公司的工作，需要建设、生产、营销、调度等各专业的协调配合，需要各级各专业领导的亲自组织协调和安排落实。生产范围的电网风险管控主要是35kV及以上因检修施工安排引起的对外停电风险的管控。

一、电网风险分析评估

电网风险分析评估是针对正常方式或检修方式，设想可预见的故障场景，分析风险原因，明确风险可能导致的后果和可能达到的事故等级，合理确定风险防控范围，为进一步采取管控措施提供依据。

电网风险可能导致的后果根据电力安全事故（事件）的标准确定，主要选用电网减供负荷或停电用户的比例等指标。

1. 考虑的故障场景

故障场景一般按照 GB 38755《电力系统安全稳定导则》规定的三级大扰动，主要考虑第一级和第二级。开展检修方式下单一线路、变压器、直流单极闭锁等 $N-1$ 故障，以及同塔并架线路、任一母线故障、直流双极闭锁等 $N-2$ 故障下的系统安全稳定、减供负荷和损失机组出力等情况进行分析评估。

2. 风险形成的原因

电网风险形成的原因可以分为电网结构风险、设备风险（含二次设备）、运行环境风险和现场作业风险，也可能是多个原因组合而成。

电网结构风险是由于检修方式破坏了正常运行方式下比较可靠的电网结构，从而使电网应对系统大扰动能力不足的风险。设备风险可能是设备缺陷异常出现故障，可能是计划检修方式下运行设备的潮流、负荷增大引发故障，也可能是潮流变化暴露二次配置、定值隐患引发跳闸。运行环境风险主要是指外力破坏、易飘物、以及气象环境等引发的跳闸。现场作业风险是由于变电站内邻近运行设备作业、线路作业跨越运行线路等人为因素引发的故障，引发风险的具体原因已在第二、三、四、五章中分析。

3. 风险概率与风险后果

电网风险管控措施要结合风险后果和风险概率来确定。据统计江苏电网2017～2021年的5年间，220kV和500kV共发生线路$N-1$故障202起、同杆$N-2$故障15起，故障率分别为0.0931起/（百公里·年）、0.0111起/（百公里·年），变压器故障24起，故障率为0.335起/（百台·年），母线故障17起，故障率为0.201起/（百条·年），直流单极（单阀组）故障72起、双极故障10起。

由此可见线路$N-1$故障发生的概率要远高于同杆$N-2$故障，约是10倍且$N-2$故障大部分是恶劣天气引发。但线路$N-2$、母线、主变故障也仍有一定的发生概率。对于不同类型的故障应有不同的防控措施。对于线路$N-1$故障，由于发生的概率较高，采取的防控措施应是一旦发生故障没有产生后果或其后果在可忍受的范围内。而对于线路$N-2$故障、主变故障、母线故障，一方面发生的概率较低，但后果较$N-1$要更严重，另一方面检修方式下$N-2$相当于正常方式的$N-3$，要全部消除后果对电网的要求非常高、可行性不大，所以既要采取措施减小后果，更要采取针对性措施控制风险的产生原因，使风险发生的概率大大降低。

4. 分析评估的具体原则

虽然计划检修一般安排在春秋季非负荷高峰季节，但在计划检修方式下采取转移负荷、重构网络、调整开机等措施后，再经受$N-1$故障、特别是$N-2$故障冲击，对电网来说是一个严峻的考验。如果要做到不减供负荷，电网需要有较高的冗余度才有可能实现这一目标。电网风险应确定一个合理的范围和将可能导致的后果限制在合理范围内，分析评估应按以下原则考虑。

（1）减轻风险后果。通过采取临时、过渡建设施工方案，减小对电网的影响等建设措施，通过转移负荷、重构网络、调整开机等运行方式调整措施，通过需求侧响应、用户同周期检修、调整用户生产计划等用电侧措施，尽可能降低负荷损失和电厂出力损失，达到降低风险等级。

（2）降低风险概率。优化施工（检修）方案，适当加大人员投入，采取先进技术工艺，合理缩短停电时间。采取管理措施和人防措施，提前安排设备消缺、管控外破危险源等针对引起故障的原因进行防控，减小故障发生的可能。区分计划检修方式下 $N-1$ 和 $N-2$ 故障的不同情况，确定合理的防控范围和方案，防止故障发生。

（3）事故快速处置。通过上述两步措施，仍有可能风险失控转变为故障，需要按照最坏情况做好事故处置预案，做好快速隔离故障恢复送电的预案，防止次生灾害。

按照上述原则，计划检修方式下针对 $N-1$ 故障应尽可能做到不减供负荷、不减少出力，$N-2$ 故障应尽量减小减供负荷的量和减少出力的量，并采取管控措施降低风险概率。

5. 风险较大的检修方式

日常生产运行中风险比较大的检修方式主要有：① 母线同停，一般较多出现在 220kV 及以下电压等级的电网检修中，特别是近年来随着 GIS 厂站的增多，新扩间隔进行耐压试验，基本都需要连接的母线同停配合；② 母线轮停、同杆并架双线同停、配合线路测参数导致多回线路同停等停电方式，可能存在较大风险。

二、电网风险定级和预警

电网风险定级在于确定风险大小并以此确定等级，为后续管控提供依据。电网风险等级主要根据风险可能导致的后果来进行划分。

1. 风险定级

电网风险分级的主要依据有《电力安全事故应急处置和调查处理条例》（以下简称《条例》）、国家能源局《电网安全风险管控办法（试行）》（以下简称《办法》）以及《国家电网有限公司安全事故调查规程》（以下简称《调规》）。

（1）风险定级以《条例》为依据，以“减供负荷比例”和“用户停电比例”为主要判断标准，将电网安全事故划分为特别重大、重大、较大和一般事故四个等级。

（2）《办法》将可能导致《条例》中特别重大或重大电力安全事故的风险，定义为一级风险；对于可能导致较大或一般电力安全事故的风险，定义为二级风险；其他定义为三级风险。规定一、二级风险应向政府部门和监管机构报备。

（3）《调规》是国家电网公司在《条例》的基础上进行细化和拓展，将电网事件分为一至八级，其中一至四级事件对应《条例》中特别重大、重大、较大、一般事故。

国家电网公司电网风险预警等级与《调规》事故（事件）等级相对应，分为一到八级。

相关条款　电网事件等级

四级电网事件（一般电网事故）：造成省级电网减供负荷 5%以上 10%以下、省会城市 10%～20%、地级市 20%～40%、县级市 40%～60%。

五级电网事件：造成电网减供负荷 100MW 以上者。
县级以上人民政府确定的特级、一级重要用户全停。
或造成发电厂一次减少出力 2000MW 以上者。

六级电网事件：造成电网减供负荷 40MW 以上者。
县级以上人民政府确定的二级重要用户全停。
或造成发电厂一次减少出力 1000MW 以上者。

七级电网事件：造成电网减供负荷 10MW 以上者。
35kV 以上设备跳闸，并造成减供负荷者。
或造成发电厂一次减少出力 500MW 以上者。

（4）电网风险等级预测。以江苏公司为例，2021 年最高负荷为 1.2 亿 kW，春秋季全省平均最高负荷约 9000 万 kW，减供负荷 5%约 450 万 kW，如果 1～2 个 500kV 分区全停就构成一般电网事故；省会南京市负荷 850 万 kW，减供负荷 10%约 85 万 kW，如果 1 个 500kV 变电站全停就构成一般电网事故；

负荷最小的连云港市负荷 250 万 kW，减供负荷 20%约 50 万 kW，如果 1 个 500kV 变电站全停就构成一般电网事故；负荷最小的县级市扬中市负荷 25 万 kW，减供负荷 40%约 10 万 kW，如果 1 个 220kV 变电站全停就构成一般电网事故。

所以，从防止大面积停电角度看，应高度重视 500kV 变电站全停和 220kV 重载变电站全停的管控工作。

2. 风险预警管理

电网风险预警管理由调度部门牵头负责，按照电网调度管辖范围，负责电网运行风险分析评估、风险预警发布和风险管控闭环等工作。会同有关部门编制“电网风险预警通知单”，提出电网运行风险管控要求，负责向政府主管部门和监管部门报备。

（1）预警审批。“预警通知单”由调控部门编制并经有关部门会签后提交本单位领导或上级单位审批。

预警通知单的主要内容：明确 $N-1$ 故障风险还是 $N-2$ 故障风险，确定管控设备清单。

按照国家电网公司《电网运行风险预警管控工作规范》规定：一、二级风险预警，报总部审核同意；三级以上风险预警，由分部、省公司行政正职审核批准；四级风险预警，由分部、省公司分管行政副职审核批准；地市公司五、六级风险预警，由本单位行政正职或副职审核批准；其他等级风险预警，由调控部门负责人审核批准。

（2）预警发布。调控部门按照调度管辖负责发布电网运行风险预警，转发上级调度风险预警。

省调负责发布省调管辖电网的五级及以上电网风险预警。地调负责发布地调管辖电网的六级及以上电网风险预警，并转发上级调度发布的电网风险预警，细化属地管辖设备和用户有关的风险管控措施。

三、电网风险管控

电网风险管控贯彻“专业协同、网源协调、供用配合、政企联动”的原则，由调度专业牵头，安监部门协调监督，各专业分工负责、协同落实防控措施。按照“先降后控”的原则，首先尽可能压降风险等级，然后再采取有效管控措施管住风险，防止电网风险转化为电网事件。

电网风险管控应杜绝产生四级及以上电网运行风险，尽可能压减五级电网运行风险的数量与时长，重点防控对外减供负荷和发生特级、一级重要用户全停。区分检修方式下 $N-1$ 风险和 $N-2$ 风险的不同风险情况，采取不同的管控手段，从减轻风险后果（减小损失负荷量）、降低风险概率、防止次生灾害、提高事故快速处置能力等方面做好风险管控。

1. 电网运行方式优化

优化电网运行方式的目的是减轻风险的后果。

通过安全稳定校核，优化系统运行方式，完善稳控策略，保证系统稳定。有电气直接联系的上下级电网不能同时安排检修，使电网运行风险叠加；保电设备不得安排检修。同样是损失 10 万 kW 负荷，$N-1$ 故障发生的概率要比 $N-2$ 故障高很多，意味着风险要大很多。

通过 220kV 主网利用分区间联络线进行负荷转移、电源切转或者分区重构，110kV 及以下提前安排负荷转移和重要用户转移、备自投等负荷转移措施减小损失负荷量，降低风险等级。如果检修方式下再发生 $N-1$ 或 $N-2$ 故障，使损失负荷不超过 4 万 kW（六级事件标准）或不超过 10 万 kW（五级事件标准）。

检修方式下发电厂通过单线并网，通过调停机组和降低出力，确保电网侧故障不会造成发电厂减少出力 100 万 kW 以上（达到六级事件标准）。

转移负荷一般会牺牲可靠性。当上一级电网或一部分电网因检修方式出现电网风险时，转移部分负荷到相邻的电网，会使相邻的电网发生 $N-1$ 故障时也可能出现电网风险，所以转移负荷的原则是使整体风险减小，或者是使较大的风险转化为多个较小的风险，便于分头管控，而且几个较小的风险不会同时爆发。调整运行方式后应重新进行风险评估，且按新的运行方式落实管控措施。

2. 施工方案优化

优化施工方案的目的是降低风险等级和降低风险概率两个方面。

降低风险等级要减小停电后故障可能减供负荷的量。变电施工要精确掌握现场设备的布置方式和电气距离，优化作业面和作业时序，整体停电的可以分解为几次停电，减少每次停电的范围。特别是对于有吊车作业、GIS 设备施工等容易陪停设备的工作，要充分开展现场勘测并优化作业方案，确保对运行设备影响最小。

对于因站内停电影响重要输电通道的，可以考虑采取临时过渡方案（如站外搭接等）恢复通道运行。对于重要输电通道停电，可以考虑采取临时过渡方案，恢复部分线路运行。配合线路跨越或下穿停电的重要输电通道（本身无检修工作），应做好事故情况下快速恢复运行的准备方案。

降低风险概率要缩短停电时间。细化施工方案，加强物资保障，采用先进技术工艺，优先考虑机械化作业，增加施工力量，尽量缩短施工停电时间，减少风险持续的时间。同时密切关注停电风险期间的天气情况，避免不利的气象条件增加风险概率，特别是风险管控措施中有单回重要输电通道时，安排的停电工期要尽可能避开大风、雷雨、冰雪等恶劣天气。

3. 变电运行保障

变电运行保障的目的是通过降低变电设备故障的可能性，从而降低风险概率。同时恢复有人值守，可以加强巡视检测，及时发现设备缺陷，一旦跳闸也可以快速处置。

根据电网风险预警，按照检修方式下再发生变压器或母线 $N-1$ 故障的设备，梳理需要管控的变电站和设备清单，确定管控范围。

（1）风险管控前，开展涉保范围内的一二次设备巡检消缺。对一次设备进行红外测温和针对性的专业检测；对二次保护定值进行检查核对；对有可能全站失电的变电站，提前安排移动发电车驻站，做好站用电的保障。

（2）风险管控中，严格按照方案落实保障措施。特别重视运行母线和运行变压器的保障，涉保变电站内的检修工作暂停，工作票收回，作业人员撤离。增加巡视检测的频次，重点保电变电站改为有人值守。必要时安排检修班组驻站，做好备品备件准备，加快缺陷、故障处理。

4. 线路危险源管控

线路危险源管控的目的是通过管控危险源降低输电线路故障的可能性，从而降低风险概率。

根据电网风险预警，按照检修方式下再发生线路 $N-1$ 故障或同塔 $N-2$ 故障的线路，梳理需要管控的输电线路清单，确定管控范围。不同的风险应采取不同的管控措施，$N-1$ 故障应在运行方式安排时尽可能减小风险避免损失负荷，$N-1/N-2$ 故障防控重点是危险源防控，如防外力破坏、防易飘物等。

（1）风险管控前，开展涉保线路的特巡和消缺。采用人工等多种方式开展特巡，全面掌握线路通道内的危险源情况，特别是掌握施工工地吊车、塔吊等使用情况，以及易飘物等危险源。并针对性开展电力保护宣传，对危险源防控措施进行查漏补缺。做好应急照明灯、激光炮等应急准备工作。

（2）风险管控中，严格按照方案落实保障措施。提高涉保线路的人工等多种方式的巡视频次，落实线路危险源跟踪管控。对重大施工危险源安排 24 小时专人值守监护，必要时汇报政府电力主管部门，协调安排建设工地停工。

5. 用户联动

用户联动的目的主要是减小风险后果。

提前告知有关用户（特别是重要用户）电网运行风险，协调用户在电网运行风险期间调整生产安排、降低产能（如开展生产线检修等），并且完善应急预案，对可能发生的停电做好充分预判，做好应急准备，防止因停电发生次生灾害，必要时汇报政府电力主管部门组织协调。

风险预警开始前，指导用户开展用电安全检查，督促有关用户消除用电安全隐患，落实非电性质保安措施，提前安排自备应急电源的切换试验。风险预警执行中，加强与重要用户信息互通，如有异常及时响应。

6. 准备事故预案

通过上述管控措施的实施，仍有可能发生故障，需要准备事故预案，提高快速处置的能力。一旦发生故障，作业现场、电网和用户都能及时应对，快速恢复供电或部分恢复供电。

对于有全停风险的电厂，要提前通知电厂做好全停预案和保厂用电的措施。

7. 管控措施标准化

电网运行风险管控措施应标准化，特别是变电、线路等运行设备的管控措施（俗称保电）应标准化。针对检修方式下线路 $N-1$、线路 $N-2$、主变、母线等故障的风险以及相应损失负荷量达到的风险等级，分别采取不同要求的管控措施。管控措施的内容包括管控前的巡检内容和要求达到什么标准，管控中的巡检周期的确定，危险源的管控应达到什么标准等。例如：线路 $N-1$ 可能损失 4 万 kW 负荷，要求每半天巡视线路一次；线路 $N-1$ 可能损失 10 万 kW 负荷，则要求每 2 小时巡视线路一次、危险源 24 小时有人值守；母线 $N-1$ 一般与现场作业有关，要采取措施防止因作业引起的母线故障，等等。

四、组织落实

电网风险管控是公司层面的整体工作，不是调度运方专业或某一个部门单独的任务。电网运行风险管控涉及多个方面，内部有生产、建设和营销等专业的协调配合，外部有政府、电厂和用户的汇报沟通。各项管控措施的落实需要加强组织领导和协调配合。

（1）加强组织领导。分管电网运行的领导和副总师要加强对电网风险管控的管理，对生产计划阶段的风险评估和协调安排，尽量降低风险。风险控制阶段要落实各项措施，尽量降低风险概率。预警发布后，有关单位应组织召开“电网风险管控会议”，布置落实有关措施。

（2）整体协同、分工负责。调度部门负责分析评估，发布预警，运行方式优化调整、闭环管理。设备部门负责变电站和输电线路的保障。营销部门负责用户的协调。建设部门负责优化施工方案、配合设备保障。项目主管部门负责联系政府部门汇报协调，通报停电风险和相关措施、预案，形成会议纪要。安监部门负责整体协调，监督检查。

（3）风险预警单的规范管理。风险预警单是分析评估的成果，也是落实风险管控措施的抓手。风险预警单要明确各部门、各单位应该落实的措施，确保分工明确、责任清晰。涉及电网风险预警的相关停电检修开展前，应确认风险管控措施落实到位，闭环管理。

（4）规划闭环。针对检修方式下的电网风险，要从电网规划层面进行研究，特别是比较严重的电网风险，应开展电网加强项目的可研。

第三节 设备缺陷管理

设备缺陷（简称缺陷）是指设备达不到产品标准和运行标准的状态。设备缺陷可能引发设备故障和电网跳闸，是危及电网安全运行的重要因素。及时准确地发现并消除设备缺陷是保证电网安全运行的重要措施。应建立设备缺陷从发现、分级、消除、统计、考核的全过程闭环管理机制，提高发现率，降低缺陷发生率，提高消缺率和消缺质量，全面提高设备健康状况。

一、缺陷管理基本原则

1. 坚持及时发现、及时消除的原则

通过丰富技术手段、科学合理检测周期、提升人员技能、加强管理和考核等方式，尽早发现设备缺陷，尤其是潜在缺陷，提升缺陷发现率。树立缺陷就是隐患、就是故障的理念，及时安排停电计划消除缺陷，加强考核，提高缺陷消除率。

2. 坚持消缺工作列入计划的原则

根据缺陷严重程度、劣化趋势，设备重要程度、故障停运影响大小等因数，按照轻重缓急，及时将消缺工作列入生产计划，避免把缺陷拖成紧急缺陷而使可以按计划消除的缺陷变为临时性的应急工作，从而提高现场作业的安全性和设备运行的可靠性。

典型案例 7－8　未将消缺工作列入计划，造成临时夜间工作

2022 年 5 月 15 日 220kV 校姜 26H5 线路，红外测温发现 63 号塔大号侧 A 相跳线连接板发热 32℃（B 相 24.5℃，C 相 24.4℃，环境温度 20℃，相对温差 63.3%），按一般缺陷跟踪，未列入生产计划。6 月 7 日复测，发现缺陷处最高温度 145℃（B、C 两相温度约 10.9℃，环境温度 8℃，相对温差 97.88%），已发展为紧急缺陷，紧急申请停电，当天连夜开展消缺工作。发热缺陷只会不断发展，甚至短时间急剧劣化，应安排进月度或周生产计划，抓紧进行处理。

3. 坚持缺陷台账定期审查的原则

缺陷发现后第一时间列入台账，杜绝账外缺陷。缺陷台账要明确缺陷的分级、消缺计划以及未消除前的控制措施。关键的管理工作是定期审查缺陷的处理情况，各级领导要分层级做好督促工作，加强考核。例如省公司要定

期审查 500kV 一般以上缺陷和 220kV 及以上严重缺陷台账，重点关注缺陷消除是否及时、消缺方法是否彻底、控制措施是否完善，是否存在长期未消除的缺陷等。

典型案例 7－9　缺陷未及时处理，造成事故扩大

2013 年 1 月 5 日 500kV 龙王山变电站，220kV 龙阳 2Y41 线 B 相流变爆炸致Ⅲ、Ⅳ段母线失电，2 号主变压器高压侧开关跳闸，4 条 220kV 线路跳闸。事故调查情况为 2012 年 12 月 13 日，巡视发现 2Y41 流变 B 相二次端子渗油且本体油位偏低，安排 12 月 27～28 日进行停电处理。但后因天气原因，工作计划调整至 1 月 5～6 日。1 月 5 日 5 时 6 分，调度还未发令操作，2Y41 流变 B 相发生爆炸。解体发现流变头部绝缘存在薄弱点，在长期运行后绝缘逐渐老化发生对地击穿。若按原计划停电取油分析，发现油中色谱异常，可避免该起事故的发生。

4. 坚持治小病、防未病的原则

设备缺陷初期，主要表现在检测数据异常，例如测温数据超标、油色谱数据异常、局部放电检测数据异常等，这是缺陷发展的初期，这是小病，处理起来也比较简单。专业管理部门要高度重视，做好缺陷发展趋势分析，坚持在缺陷初期就要安排消除，不能拖严重了再治，不怕小病大治，避免因缺陷发展导致设备损坏乃至发生故障。

典型案例 7－10　坚持小病早治、大治，避免设备严重损坏

±800kV 苏州换流站极Ⅰ高端 Y/YA 相换流变压器，自 2019 年 9 月 26 日油中总烃及氢气含量有持续小幅增长，未检出乙炔。10 月 30 日开始出现微量乙炔，2020 年 6 月总烃及氢气增幅明显变大，同时乙炔出现增长，6 月 22 日离线检测结果为总烃 532.7μL/L，乙炔 0.4μL/L。判断变压器内存在局部过热缺陷且已发展为高温过热，按照小病早治、大治的原则，6 月 26 日申请极Ⅰ高端换流器转为检修。现场内检发现阀侧绕组下部并联连接线破损，与屏蔽管接触形成回路，在环流持续作用下，屏蔽等电位线末端发生熔融，导致变压器油过热分解产生大量总烃。此外，短路点不稳定接触会引发间

歇性放电，在短路点产生乙炔。若不及时停电处理，可能会造成换流变绝缘损坏。

二、缺陷发现

缺陷管理首要的问题是如何发现设备存在的缺陷，即用什么样的技术手段和检测周期去发现设备缺陷。技术手段一般可以采取不停电检测、停电试验和目视检查等三类方法。检测周期需要在大量缺陷分析的基础上来确定。

（一）不停电检测

不停电检测是在设备运行工况下测量记录设备的热、声、磁、电、光等现象，通过比对分析不同类型的特征信号和数据，综合判断绝缘材料或金属材料的即时性能，进而研判设备运行状态，发现设备缺陷和隐患，评估设备健康水平，为设备的运行维护和检修提供技术支撑。

目前，随着设备检修由定期检修发展到状态检修，作为诊断设备健康状态，直接为设备检修提供各类依据的检测工作，也逐渐由以停电试验为主向以不停电检测为主进行转变。

1. 红外热成像测温

红外热成像测温简称红外测温，通过红外热像仪对物体热辐射所发出红外线的特定波段（长波大气窗口 8～14μm）进行检测，将物体不可见的红外辐射转换成可见的温度图像，以不同的颜色代表不同的表面温度。可检测到设备因接触不良、涡流等电流致热型缺陷，通过精确测温可检测到电压致热型和部分设备内部电流致热型缺陷。适用于接头部位、干式电抗器、互感器、避雷器、套管等设备发热缺陷检测和只要有温度异常的设备缺陷检测。

精确测温应选择具有较高温度分辨率和空间分辨率、具有大气条件修正模型的红外热像仪，且时间安排在阴天、晚上或晴天日落 2h 后进行，避免被测设备周边有背景辐射和热源干扰。

2. 红外热成像检漏

利用 SF_6 气体对特定波长红外线（波长 10.56μm 特征吸收频率）吸收性强的特性以及与空气的红外特性不同的特点，在高热灵敏度的红外探测器下成像，通过红外视频图像发现可见光下看不到的 SF_6 气体痕迹，能够探测微

量 SF_6 气体泄漏的位置。红外热成像检漏仪与红外热成像仪类似，但检测灵敏度更高，一般使用制冷型红外探测器。可检测组合电器、瓷柱式断路器等设备发生 SF_6 气体泄漏缺陷，能够在 SF_6 密度继电器压力低报警前及时发现泄漏。适用于组合电器、瓷柱式断路器等充 SF_6 气体设备的检漏。

3. 紫外成像检测

高压电气设备在电晕、闪络等电离放电时，会辐射出光波、声波和紫外线等，紫外成像仪通过检测氮气电离时产生紫外线的特定光谱（波长 240～280nm，处于太阳盲区内），经过处理后成像并与可见光图像叠加，可以实时观察设备的放电情况，并实时显示一个与一定区域内紫外线光子总量成比例关系的数值，从而确定电晕发生位置和强度。可检测设备外绝缘沿面放电和带电体表面尖端放电等，由于利用了太阳紫外盲区，白天也能观测电晕。适用于组合电器、瓷柱式断路器、变压器、电抗器、瓷瓶等具有外绝缘的设备和金属带电体。

4. 超声波局部放电检测

利用超声波传感器在电力设备外壳对设备内部因局部放电产生的超声波（20～200kHz）信号进行检测，间接判断设备内部是否有放电现象。可检测到设备内部颗粒放电、尖端放电、悬浮放电、表面放电、松动、异物杂质等缺陷。适用于组合电器、变压器、开关柜等设备内部绝缘缺陷检测。

此方法是非电检测，不受设备运行的电磁干扰，具有定位准确度高的优点，但易受周围环境噪声或设备机械振动的影响。由于超声波信号在绝缘材料中衰减较大，对绝缘件的缺陷灵敏度和检测有效范围有限。

超声波局部放电检测对 SF_6 气体中颗粒跳动、尖端放电、悬浮放电、异物和连接不良比较灵敏，但对绝缘件内部空隙、裂缝等缺陷灵敏度较低。GIS 设备超声波局部放电检测传感器频率一般选择 20～100kHz，谐振频率 40kHz。变压器内部结构复杂、绝缘材质多样，发生局部放电时，超声波信号在不同材质中的衰减速率差异较大，传到变压器外壳的超声波信号也比较复杂，一般是油色谱等方法发现缺陷后，再用超声波局部放电检测法进行缺陷定位。变压器超声波局部放电检测传感器频率一般选择 80～200kHz，谐振频率 160kHz。由于超声波在开关柜内部的传播存在折、反射，使得局部放电定位精度受到限制，很难利用超声波信号对局部放电进行模式识别和定量判断。

5. 特高频局部放电检测

当局部放电发生时，会产生一个陡峭的脉冲电流（上升沿为纳秒级），同时激励起300～3000MHz的电磁波，可通过特高频传感器对设备内部因局部放电产生的电磁波信号进行检测，从而获得局部放电的相关信息。可用于设备内部局部放电类缺陷的检测、定位和故障类型识别，可检测到设备内部颗粒放电、尖端放电、悬浮放电、表面放电、气隙放电等局部放电缺陷。适用于组合电器、开关柜、变压器等设备内部绝缘缺陷检测。

特高频电磁波信号在GIS中传播时衰减较小，检测有效范围大，检测灵敏度高，具有抗电晕干扰能力强（电晕放电电磁波在200MHz以下），利用信号到达两个传感器的时间差定位局部放电源，以及根据局部放电所产生特高频信号的特征谱图进行绝缘缺陷类型识别等优点。

此方法在GIS局部放电检测效果最好，可以达到相当于几个皮库的检测灵敏度。局部放电产生的特高频电磁波在GIS通管中传播，只有在金属非连续部分才能传播出来，如无金属屏蔽的盆式绝缘子、盆式绝缘子浇注口等往外传出。外置式传感器对全金属封闭的电力设备无法进行检测。

6. 暂态地电压局部放电检测

设备内部局部放电脉冲激发的电磁波能在设备金属壳体上产生一个瞬时的对地电压，通过暂态地电压传感器检测设备因内部局部放电导致的外壳暂态电位变化，从而判断设备内部的绝缘状态。可用于开关柜、环网柜等配电设备内部绝缘缺陷检测。

暂态地电压局部放电检测对设备内部尖端放电、电晕放电和绝缘子内部放电比较敏感，检测效果较好，而对沿面放电、绝缘子表面放电等不敏感。因此，在检测时常与超声波检测技术一起使用。由于暂态地电压脉冲必须通过设备金属壳体间的间断处由内表面传至外表面方可被检测到，因此该检测技术不适用于金属外壳完全密封的电力设备（如GIS）。

7. 声学成像检测

基于传声器阵列测量技术，通过测量一定空间内的声波到达各传声器的信号相位差异，依据相控阵原理确定声源的位置和幅值，并以图像的方式显示声源在空间的分布，即空间声场分布云图—声像图，且以图像的颜色和亮度代表强弱。将声像图与可见光图像透明叠合在一起，就形成了可直观分析被测物产生状态的图像。可用于各种电力设备的异常声响和振动的检测。

8. 机械振动检测

通过加速度传感器对设备表面进行振动测量，了解设备的振动状态、寻找振源，采取合理的减振措施，判断设备内部是否存在部件松动等情况。可检测电力设备部件固定松动、内绕组松动、外部应力等情况。可用于变压器、电抗器等易振动设备检测。

9. X 射线检测

利用 X 射线机发射的 X 射线在穿过设备后在数字成像板上转化为数字信号，经处理后形成透视图。X 射线检测技术可以检测设备内部缺陷、异物或透视内部结构、状态位置等情况。可检测设备内部松动、结构裂纹、搭接错位、分合闸不到位等。适用于组合电器、瓷柱式断路器、导体连接等设备的内部结构探测。

10. 油色谱分析

绝缘油中溶解气体色谱分析是用气相色谱法测定绝缘油中溶解气体的组分和浓度，判断运行中的注油电力设备是否存在潜伏性的过热、放电等故障，是一种有效可靠的检测诊断方法，在变压器等充油设备日常监测、故障处理中发挥着重要作用。可用于变压器、电抗器等注油设备内部缺陷的检测。

11. SF_6 分解产物组分检测

通过对 SF_6 气体分解产物组分的分析，判断 GIS 内部是否存在电弧放电、火花放电、电晕或局部放电等现象。适用于组合电器等 SF_6 设备的内部缺陷检测。

（二）停电试验

为了评估运行中设备的状态，发现设备的事故隐患，防止发生事故或设备损坏，需要将设备退出运行才能进行的试验称为停电试验。停电试验是不停电检测技术发展前发现缺陷隐患的主要手段。

1. 绝缘电阻和吸收比试验

在一定的直流电压下，流过绝缘介质的电流与其绝缘电阻成反比。如果绝缘存在缺陷，电导电流明显上升，绝缘电阻明显下降。设备的绝缘电阻在测量过程中随加压时间的增长而逐步上升并最终趋于稳定（极化，电导），绝缘良好时绝缘电阻值较高、吸收过程相对较慢；绝缘不良或受潮时绝缘电阻值较低、吸收过程相对较慢。

测量电气设备的绝缘电阻是检查电气设备绝缘状态最简便和最基本的方法。绝缘电阻的大小能灵敏地反映绝缘的状况，能有效地发现设备局部或整体受潮和脏污，以及绝缘击穿和严重过热老化等缺陷。

2. 直流泄漏电流和直流耐压试验

在一定的直流试验电压范围内，对绝缘施加不同数值的直流电压，并测量相应泄漏电流，由泄漏电流与电压的关系曲线，分析判断绝缘的状态。

直流泄漏电流试验的原理与绝缘电阻试验一致，但更为灵敏和有效。试验电压比绝缘电阻表的更高，并且可以调节，泄漏电流用微安表来指示，灵敏度高，读数更精确。

直流耐压试验与泄漏电流试验的原理、接线与方法相同，故多同步进行。但两者作用不同，直流耐压试验是考验绝缘的耐电强度，其试验电压较高，一般高出设备绝缘的额定工作电压。直流泄漏电流试验是检查绝缘状况，试验电压较低。直流耐压试验对于发现某些局部缺陷更有特殊意义。

3. 绝缘介质损耗因数试验

在交流电压的作用下，流过电介质的电流由两部分组成，一是无能量损耗的无功电容电流，二是有能量损耗的有功电流。介质损耗因数 $\tan\delta$为电介质中的电流有功分量与无功分量的比值，只与介质的绝缘性质有关，而与介质体积的尺寸大小无关。

介质损耗因数试验能发现电气设备的绝缘整体受潮、老化、油质劣化等缺陷，以及小体积设备如套管、互感器等存在的局部集中性缺陷，对大体积设备的局部缺陷反应不灵敏。

4. 交流耐压和局部放电试验

对电气设备施加高出其额定工作电压一定值的交流试验电压（出厂试验值的 80%）并持续一定的时间（一般为 60s），观察绝缘是否发生击穿或其他异常情况，用以验证设备的绝缘强度。交流耐压试验对集中性绝缘缺陷的检查更为有效。

局部放电试验是诊断设备内部是否存在局部放电缺陷最有效的手段。高频脉冲电流法是测量局部放电引起的在试样两端所产生的脉冲电流变化，获得视在放电量，是研究最早、应用最广泛的局部放电试验方法。带有局部放电量测量的感应耐压试验可以验证变压器主绝缘（绕组对地、相间、不同电压等级绕组间）和纵绝缘（绕组的匝间、饼间、层间、段间）的绝缘强度，用于验证变压器在运行条件下有无局部放电，是目前检测变压器内部绝缘缺陷最为有效的手段，也是检验制造工艺和安装工艺的有效方法。

5. 断路器机械特性试验

通过测量高压断路器的分合闸时间、分合闸速度、分合闸同期性以及线圈的分合闸动作电压，检验断路器的机械特性是否正常。断路器的机械性能对继电保护、自动重合闸装置以及系统的稳定带来极大的影响。

6. 回路直流电阻试验

对电气设备回路（断路器、GIS 母线等）施加一定的直流电流，测量回路压降并计算电阻值。检测回路是否存在接头损坏、接触不良、松脱等问题。

（三）目视检查

（1）人工巡视。通过人工现场巡视，对设备外观、运行环境、保护及监控信号、各类表计进行检查。远程可视化巡视不能完全替代人工到现场的检查功能。

（2）远程可视化巡视。通过可视化设备对变电站室内外环境、设备外观、线路通道进行监控，定时反馈现场照片，利用图像识别技术对照片自动分析判定，运维人员可远程掌握变电站环境、线下施工、通道异物等现场动态，提高现场巡视频次，提升隐患发现能力。

（3）直升机/无人机巡视。为解决人工在地面巡视时难以发现设备高处缺陷的问题，同时减少登高作业风险，通过搭载直升机或操作无人机从高处对输变电设备进行近距离巡视，检查钢构件是否锈蚀、各连接部位螺栓和销钉是否松动缺失、绝缘子外观是否受损、导地线有无断股损伤。

（四）检测周期

应按照不同类型设备、不同设备部件、不同季节、不同运行环境等维度进行统计分析，掌握缺陷发生和发展的规律，从而合理确定不停电检测、停电试验和人工巡视的周期，实现设备巡检策略的差异化，提高巡检的针对性和有效性。应在尽量大的范围内（例如省公司、市公司）对尽量多的缺陷样本进行分析，从而提高缺陷原因分析的准确性，掌握规律性。

典型案例 7－11　开展迎峰度夏前电容器专项检测工作

2017 年前，迎峰度夏期间 500kV 变电站时常发生电容器投入运行后即出现发热甚至故障的情况。对所有 500kV 变电站电容器近 5 年的缺陷样本进行分析，发现由于 500kV 变电站母线电压普遍偏高，除迎峰度夏期间需电容器短期投入运行，其他时间都是长期处于备用状态，不易发现缺陷。因此通过优化检测周期，每年迎峰度夏前开展 500kV 变电站电容器投切操作试验、红外测温、外观检查等工作，提前发现和处理相关缺陷。

典型案例 7－12　优化色谱异常变压器（高抗）检测周期

全省现有 1000kV 电抗器色谱异常 3 台（存在微量乙炔），500kV 变压器（电抗器）色谱异常设备 17 台（乙炔超过注意值的变压器 2 台，总烃超过注意值的变压器 7 台，总烃超过注意值且存在微量乙炔的电抗器 5 台，总烃超过注意值的电抗器 2 台，存在微量乙炔的电抗器 1 台）。

针对以上变压器（电抗器）运行情况进行分析，明确差异化运检措施：一是乙炔超过注意值设备加装油色谱重症监护装置和局放重症监护装置，将离线色谱周期调整为每周 2 次。二是其他设备将离线色谱跟踪周期缩短为每月一次，在线色谱检测周期缩短为 4h。

（五）专项缺陷排查

专项缺陷排查是指针对设备家族性质量缺陷和事故暴露的问题开展的专项排查工作。

（1）家族性质量缺陷是指经确认由设计、材质、制作工艺等共性因素导致的设备缺陷。如出现此类缺陷，则具有同一设计、材质、制作工艺的其他设备，在隐患未被消除之前，无论当前能否检测出缺陷，都要进行专项排查治理。

典型案例 7－13　500kV 雷兹流变隐患治理

2020 年 9 月 29 日 500kV 盐都变电站，1 号主变 5013 流变故障。经返厂试验和解体分析，德国雷兹流变绝缘水平偏低，三角区涂胶不均匀，部分过于集中。上海雷兹流变头部三角区设计裕度较小，尺寸配合存在问题。这属于设计及制作工艺导致的家族性缺陷，计划2023年底完成所有500kV雷兹流变更换，未更换前加强油位检查和头部红外测温，对油位存在异常或三相存在明显温差的产品及时申请停电，进行色谱和诊断性试验。

（2）针对系统内通报的事故（事件）暴露的典型问题，按照“发现一起、排查一批”的原则，举一反三开展类比排查，落实整改措施。

典型案例7-14 1000kV线路合成绝缘子缺陷处理

2022年9月2日运维人员发现1000kV淮盱Ⅱ线382号塔C相跳线1串合成绝缘子发热，立即申请停电处理。发热原因为合成绝缘子存在硅橡胶质量不佳问题，在外力作用下芯棒高压端附近裂纹，水汽从此处进入芯棒内部，造成电场畸变引发局部放电，长期运行后芯棒加速劣化。芯棒中的环氧树脂劣化殆尽后失效，绝缘子在导线重力、风力等作用下可能发生断裂，断裂前有异常发热现象。

根据分析结果举一反三，开展类比排查。9月4～6日，线路运维人员相继发现1000kV盱泰Ⅰ线29号、83号塔C相跳线，1000kV盱泰Ⅱ线159号、162号塔A相跳线12串合成绝缘子发热，申请停电处理，及时避免线路合成绝缘子断串事故。

三、缺陷管控

缺陷发现之后，应努力安排及时消除缺陷，在缺陷未消除之前要落实有效的控制措施，避免缺陷发展成为故障。

（一）缺陷管控要求

（1）闭环管理。缺陷一经发现就应及时列入台账管理，并按严重程度进行定级，使每一个缺陷都进入管理流程。定期开展缺陷消除情况审查（如每周），掌握未消除缺陷严重程度变化情况以及防止故障措施的落实情况，直至缺陷完全消除。

（2）分级管理。一方面按照设备管理范围管控和消除缺陷，另一方面按照电压等级分级管理缺陷，省公司要掌握 500kV 及以上设备的缺陷情况及 220kV 严重及以上缺陷，市公司要掌握 220kV 设备的缺陷情况及 110kV 严重及以上缺陷。督促各设备管理单位尽快消除缺陷。

（3）指标管理。应对缺陷消除率、缺陷存在平均时间等指标进行统计分析，分析各设备管理单位在缺陷管理工作中存在的问题。

（二）缺陷原因分析

从技术和管理两个层面深入分析设备缺陷原因。

（1）技术层面。对于共性问题，要举一反三，对同一型号、同一批次、同一材质的设备进行隐患排查。开展大范围缺陷样本统计分析，建立设备缺陷“浴盆曲线”，开展设备供应商产品质量评价。

（2）管理层面。对于造成设备强迫停运的缺陷，要从缺陷的发现、控制、处理等环节查找管理上存在的问题，排查制度规程是否完善，是否执行到位，并提出整改措施。

（三）缺陷的消除

（1）合理选择停电窗口。根据设备当前运行状态、缺陷发展趋势，综合考虑现场作业风险、电网负荷情况等因素，选择合理的停电窗口。停电窗口的选择和消缺计划编排还应同时考虑停送电倒闸操作对现场作业时间的影响，保证紧急缺陷处理在停电窗口内顺利完成。

（2）落实缺陷控制措施。因电网运行方式限制，缺陷暂时不能处理时，可以通过倒排操作、负荷调整、补气等方式对缺陷进行有效控制，避免进一步发展恶化。同时，加强缺陷设备的特殊巡视，一旦发现缺陷加速发展立即申请停运，避免造成恶性事故，扩大影响范围。

（3）做好各项应急准备。在缺陷未消除之前，应制定缺陷进一步发展引发跳闸的应急预案，包括电网运行方式的安排、现场应急抢修的准备等工作。

（4）做好项目储备管理。把缺陷处理作为项目储备的重要依据，根据同类缺陷的发生数量和频度，及时制定大修和技改方案，彻底解决缺陷发生的根源，提高设备的健康水平。及时安排资金，落实大修、技改项目。

第四节 安全事件管理

安全事件是指在电力生产运行过程中发生的造成人身伤亡、设备损坏造成直接经济损失、影响电力系统安全稳定运行或者影响电力正常供应的事件。

国家层面上《生产安全事故报告和调查处理条例》《电力安全事故应急处置和调查处理条例》将生产安全事故、电力安全事故均分为特别重大事故、重大事故、较大事故、一般事故四个等级。

国家电网公司层面上《国家电网有限公司安全事故调查规程》将安全事故等级分为一至八级共八级事件，其中一至四级事件对应国家相关法规定义的特别重大事故、重大事故、较大事故、一般事故，五至八级事件为虽未到达一般及以上事故标准，但仍造成一定后果需要加强管理的安全事件。

安全事件就是一般及以上事故和国家电网公司规定的五至八级事件的统称，一般将等级在一至四级的称为安全事故，将等级在五至八级的称为安全事件。

安全事件管理不是安监部门一家的工作，而是公司层面的工作，是专业部门共同的工作。专业部门在安排生产工作时，要树立凡是列入安全事件的问题都应该避免，不仅要避免安全事故，而且还要避免五至八级安全事件的理念。

一、安全事件管理的目的和意义

安全事件管理是生产管理体系的重要组成部分，安全事件的发生情况直接反映了一个单位的安全管理水平，是评价一个单位安全生产水平的重要窗口。一个单位安全状态好不好，主要看安全事件的发生情况。通过对安全事件的调查分析，能够发现安全事件背后在制度、管理、技术、工作安排、现场执行等方面存在的问题，能够推动责任落实，整改措施到位，防止和减少安全事件发生。

安全事件与安全生产之间有着类似于“症”和“病”的关系，安全事件是“症”，是安全生产某个方面存在“病”的一种具体表现。导致安全事件的原因有多种多样，可能是制度、管理、设备、技术上的原因，也可能是人员有章不循、有规不依的问题，也可能是多个环节、多个方面同时出现了问题。只有真正把安全事件发生的原因分析清楚，找到安全生产在制度、管理、设备、技术、人员等方面存在的问题，明确事件责任、提出整改措施和处理意见，才能有针对性地堵塞漏洞，防止事故再次发生。

同时，通过对安全事件的分析，使各级管理人员掌握本单位安全生产存在的问题和薄弱环节，有针对性地采取措施，不断提升安全管理的水平。另外，通过对各类安全事件的统计分析和综合研判，研究掌握不同安全事件发生的特点和规律，推动本单位安全生产管理持续完善提升。

二、安全事件管理的基本原则

安全事件管理要坚持科学严谨、依法依规、实事求是、注重实效的原则，及时、准确地查清事件经过、原因和损失，查明事件性质，认定事件责任，总结事件教训，提出整改措施，对责任单位和责任人作出处理，做到“四不放过”，即“事故原因未查清不放过、责任人员未处理不放过、整改措施未落实不放过、有关人员未受到教育不放过”的原则。

“四不放过”原则经过了两个阶段的发展：1975 年 4 月，《国务院关于转发全国安全生产会议纪要的通知》要求做到“三不放过”，即：事故原因分析不清不放过，事故责任者和群众没有受到教育不放过，没有防范措施不放过。2004 年 2 月，《国务院办公厅关于加强安全工作的紧急通知》（国办发明电〔2004〕7 号）提出“四不放过”原则，即：对责任不落实，发生重特大事故的，要严格按照事故原因未查清不放过、责任人员未处理不放过、整改措施未落实不放过、有关人员未受到教育不放过的原则。

将“四不放过”原则从重特大安全事故管理延伸应用到公司的一般及以下安全事件管理，一方面是国家和社会对安全事故零容忍的要求，只有减少障碍和未遂等一般安全事件，才能防止严重的安全事故发生；另一方面也是要通过暴露安全事件的直接原因、间接原因，对专业部门、生产单位警示提示、传递压力，倒逼在管理、技术、执行等方面整改提升，防止类似事件重复发生；更是通过安全事件管理落实安全生产责任，防止宽松放任、熟视无睹的需要。

三、机制与程序

安全事件发生后，应及时按照有关机制和程序开展工作。

（一）管理机制

安全事件管理由安监部门牵头，遵循“分级管理、专业协同”的原则。

“分级管理”是指纵向按照省、市两级公司各有侧重、上下联动形成有机整体。为便于及时掌握电网、设备安全事件的情况，分级管理的界面基本与调度管辖范围一致。省公司负责 220kV 及以上电压等级的七级及以上电网、设备安全事件管理，地市级单位负责 110kV 及以下电压等级电网、设备的安全事件管理。按照目前国家电网公司“事故调查规程”规定，110kV 及以下安全事件一般不会超过六级。人身安全事件管理由省公司负责，市公司参与，形成上下联动机制。

“专业协同”是指横向按照专业分工，各司其职、分工协作，确保每一起安全事件都得到全方位、无死角的管理。安监部门按照“四不放过”原则，牵头安全事件的管理工作，组织好安全事件的调查、分析和闭环管理工作；专业部门落实安全生产的主体责任，主动参与配合安全事件的调查分析，跟踪落实整改措施。有关技术支撑单位配合做好安全事件的技术分析，积极参与整改措施的制定和落实。

（二）管理程序

安全事件发生后，即按照现场处置、即时报告、调查分析、吸取教训、倒逼整改五个步骤开展工作。

现场处置即事发单位应第一时间采取相应措施隔离故障，尽快恢复用户供电，防止事件扩大。

即时报告即按规定时间、规定等级逐级上报事件发生时间、电压等级、损坏设备、减供负荷等初步信息，为调查分析工作做好准备。

调查分析即安全事件发生后，组织调查组进行调查，查清事件原因、性质和责任，总结事件教训，提出整改措施，并对责任单位和人员提出处理意见。

吸取教训即针对安全事件调查报告，所有单位（不仅包含事件发生单位，也包含其他单位）学习对照、举一反三，发现自身存在的问题，防范类似事件重复发生。

倒逼整改即通过安全事件原因分析、落实责任、吸取教训，督促责任单位和专业部门制定整改措施，从根源上解决深层次问题。通过奖惩双向激励的方式，督促各层各级和各岗位落实责任，共同提升整体本质安全水平。

四、调查分析

在“四不放过”中，“事故原因未查清不放过”是后三个不放过的前提基础，事故原因未查清，就谈不上责任人员处理、整改措施落实和有关人员受教育。因此，调查分析安全事件发生原因是一项十分重要的工作。应及时、准确、全面地调查收集事件信息，查清事件经过、原因和损失，查明事件性质、排查存在问题，认定事件责任，总结事件教训，提出整改措施。

（一）严格调查管理

安全事件调查工作的基础是对现场情况的了解，必须做到“第一时间”和“深入现场”，这既是肩负的安全责任和使命，也是优秀安全文化的彰显。

（1）及时快速。安全事件发生后，安监部门应第一时间组织相关专业部门和单位启动事件调查工作，第一时间深入现场调查了解情况，掌握第一手资料。对220kV及以上的七级及以上安全事件，省公司安监部门应第一时间会同业务部门赶赴现场调查。对其他七级及以上安全事件，市公司安监部门和专业部门应第一时间赶赴现场调查。

（2）准确全面。全面收集现场作业情况，主要包括现场操作、检修、试验、施工、验收等信息，首先聚焦是否因现场人员工作失误而直接引起事件发生。全面收集设备故障情况，主要包括设备跳闸情况、保护动作信息、故障录波信息等自动化系统信息，一次设备损坏情况和对外减供负荷情况，以及录音、影像资料和天气情况等关联信息。全面收集故障前运行情况，主要包括接线方式、运行工况、潮流分布等信息。全面收集现场处置情况，主要包括方式调整、故障隔离、临时措施等信息。

（二）还原事件经过

基于收集的各种信息及问询现场相关人员，还需要发挥好专业技能和技术支撑两方面的作用，对事件进行全过程还原，精准判别引发事件的直接原因，判定是否由误操作、违章作业、运行环境影响（外力破坏、恶劣天气、设备受潮、箱柜凝露等）、设备故障或保护不正确动作等原因引发，并根据直接原因追溯分析间接原因（如防误装置失效、安全措施不完善、反事故措施未落实、隐患治理不到位等）。

（三）深入排查问题

根据事件的直接原因和间接原因，从事件表象分析延伸至管理深层分析，聚焦管理和技术两个方面，深入排查存在问题，督促整改落实到位，推动生产管理不断优化改进提升，防范安全事件重复发生。重点关注以下六个方面。

（1）责任落实方面：该项工作管理职责是否明确，管理责任是否落实到具体岗位和责任人。具体实施责任是否明确，方案和措施是否具体，是否做到“凡事有人负责”。专业部门对该项工作是否进行了监督、检查、评价，是否进行了闭环管理。

（2）制度执行方面：有关管理规定和技术标准是否健全完善，基层单位的管理人员和班组人员对有关管理要求和标准是否掌握。在日常工作中有关要求是否有效执行，如未执行到位存在什么主观和客观原因。

（3）计划管理方面：生产计划管理是否覆盖全面，是否存在遗漏，该项工作是否包括在内。生产计划安排是否考虑全面，工期安排是否合理，承载力是否过载，生产计划是否严格执行。

（4）风险评估方面：是否有针对性地开展了作业风险、电网风险分析评估，是否制定针对性的防范措施。特别是邻近运行设备的检修施工等作业，是否进行风险评估和预控。

（5）作业行为方面：现场作业人员特别是“三种人”是否严格执行《安规》相关要求，工作班成员是否熟悉作业内容、流程和现场情况。作业人员是否持证上岗，是否开展安全宣教及技能培训。外部队伍是否通过安全“双准入”审核把关。

（6）设备管理方面：设备缺陷、隐患是否实行台账管理，是否制定设备缺陷、隐患整治计划和落实项目资金，是否按计划整治，整治前是否采取有效管控措施。

（四）认定事件责任

事件责任和性质的认定是一项严肃、严谨的工作，应基于事件调查所确认的事实，对照《国家电网公司安全事故调查规程》和安全职责，分析并明确事件发生、扩大的直接和间接原因以及管理问题和技术问题，认定事件性质（责任事件、非责任事件）和事件等级，分清主要责任和次要责任。

（五）严肃奖惩考核

依据公司《安全生产奖惩办法》提出对责任人和责任单位的考核意见。对五级及以下安全事件也均要严肃考核，特别是对六级、七级事件除对责任人进行考核外，对责任单位也应进行考核，以引起单位主要领导的重视和责任单位整体的惊醒。

（六）编写事件报告

安全事件调查报告既是对安全事件调查的结论，也是“四不放过”执行落地的载体。一方面，通过安全事件调查报告明确事件发生的经过、原因、性质、等级、责任、暴露问题、处理意见和整改要求，督促事发单位对照整改落实；另一方面，调查报告公开印发后，是各单位吸取教训、接受教育、举一反三、防止类似事件发生的学习载体。没有科学客观的安全事件调查报告，事发单位的整改、“四不放过”落地就无从谈起。

安全事件在调查分析、定性定责后一周内，编写完成调查报告，并通报各单位。事件调查报告编写应规范严谨，内容主要包括事件前运行方式、事件前现场作业情况、事件发生过程、事件发生后检查及处置情况、事件原因及暴露问题、针对性防范措施、事件性质及等级、处理意见等内容。

五、吸取教训

安全事件不是一个孤立的事件，每起安全事件的背后有着大量的违章和隐患，是一系列管理漏洞、执行不到位、整改不落地导致的结果。根据以往事件调查结论看，几乎每起事件的背后都有责任落实不到位、反违章管理不严格、风险防控不落实等问题。尤其是同类事件重复发生，反映了吸取教训不深刻和整改落实不到位，“四不放过”没落实。安全事件发生后，不仅事发单位要吸取教训，其他单位也需要吸取教训、举一反三、提升管理。

（一）组织领导

分管领导要亲自组织开展事件调查、原因分析、责任认定、防范和整改措施制定、事件通报、事件整改后评估等安全事件全过程管理。领导亲自参与是落实“四不放过”的需要，也是了解本单位安全生产真实情况的重要途径。

分管领导要亲自组织并主持安全事件分析会，各级单位应建立月度安全事件分析会议制度，形成安全事件分析工作机制。分管领导、相关总助副总师、安全总监以及安监、设备、调控等部门负责人参加会议。针对当月事件，全面梳理“四不放过”落实情况，说明事件发生过程和处置情况，分析事件原因和暴露问题，对事件性质和责任进行最终认定。跟踪专业部门措施要求部署以及事件责任单位、其他相关单位举一反三举措执行情况。

（二）学习教育

事件发生后应及时下发安全事件快报和调查报告，组织开展安全事件案例的学习教育，要在各种不同的会议上讲安全事件，引起大家的重视，组织排查本单位同类问题，组织制定落实针对性措施。达到吸取教训、举一反三的效果。

（1）时效性。事件发生后，及时在有关会议上通报事件的经过、原因、暴露问题，确保全员第一时间受到安全警示。同时表明对安全事件“零容忍”的态度。

（2）有效性。各单位、部门和班组以及有关专业要以会议的形式组织学习，结合工作实际，讲透事件的原因和问题，避免流于形式、走过场。组织开展本单位全员安全大反思、大讨论。

（3）成果性。不能将别人的“事故”当“故事”看，要把别人的“教训”转化“措施”。结合本专业、本班组、本岗位的工作排查出自身的问题，制定防范整改措施，强化安全警示的实效性和成果性，确保同类安全事件不重复发生。

（4）共享性。事件发生单位不可有家丑不可外扬的心态，不希望兄弟单位、上级单位知道太多、太具体，认为事件发生的原因自己弄清楚了自己抓整改，仅限于“内循环”。把不同层面的案例分享给兄弟单位，达到更大的范围、更多的班组来共享案例，共同学习讨论，共同吸取教训。

六、倒逼整改

从严实行安全事件管理，目的是要及时发现在现场作业组织、过程安全管控、设备状态管理、外包质量管控等方面存在的深层次问题，对专业部门、基层单位、各层级管理人员和一线员工起到警钟、警示、惊醒的作用。专业部门对照制度的问题，基层单位对照落实的问题，各级人员对照履职的严肃性，有效倒逼每一项管理制度和要求的落实、每一位员工的工作责任落实到位，形成有机的整体，共同降低事件发生的概率，提升安全管理水平。

典型案例 7－15　无计划、无工作票作业导致安全事件

2022 年 3 月 20～24 日，500kV 港里 5222 线停电检修，利港二厂仅通过利梅 5221 线单线并网（500kV 利梅 5221/港里 5222 线同杆架设，为利港二厂并网线路），省调发布了五级电网风险预警。3 月 24 日，500kV 港里 5222 线停电检修期间，在无作业计划、无工作票的情况下，外包施工单位人员登上运行的利梅 5221 线路侧杆塔，进行利梅 5221 线路导线发热在线监测装置缺陷消缺，施工人员手中个人保安线松脱造成与运行线路安全距离不足放电，导致 500kV 利梅 5221 线路故障跳闸、电厂机组解列，所幸人员未受伤。

暴露问题：一是安排现场工作脱离生产管理体系约束。该项消缺为临时增加的工作，未列入月度或周工作计划，未履行审批手续，也未向调度申请检修。专业管理人员盲目安排、外包班组盲目作业。二是运维外包管理存在漏洞。中标外包单位不在现场，长期分包单位不具备 500kV 作业资质。三是电网风险预警流于形式。在省调发布预警的情况下，线路管理人员即使没有搞错线路也不应该在保电线路上安排高风险作业，以保证人身安全和电网安全。四是 500kV 输电运检管理存在不足。对 500kV 输电运检业务属地化调整重视程度不够，事件发生单位和所属生产部门作为 500kV 线路设备主人的管理责任未有效落实。

倒逼整改：一是进一步加强作业计划管控机制，确保全口径计划管理、在线工作票管理。基层单位细化规范了运维类业务、缺陷处置的计划管理要求和工作流程。二是加强电网风险管控措施的落实，电网风险管控设备范围不得安排检修，单线并网机组应控制出力。三是进一步加强了运维外包管理机制，将作业单位、人员准入资质核查纳入日常安全督查、到岗到位检查重要内容。四是加强 500kV 输电运检工作管理，落实属地化管理后基层单位的管理责任。

 典型案例 7－16 擅自扩大工作范围导致安全事件

2021 年 9 月 1 日，220kV 顾庄变 220kV 顾众 26F5 间隔扩建施工调试等 4 项工作。在工作终结后，变电运维人员告知变电检修工作负责人 220kV 顾众 26F51 闸刀还遗留有操作回路合闸异常的缺陷，让其结合本次间隔停电一起检查。变电检修人员在工作负责人的安排下，临时增加了顾众 26F51 闸刀操作回路缺陷消缺工作，在对合闸回路进行检查过程中，混淆了回路编号和端子号，用短接线跨接刀闸辅助触点时，误将合闸回路导通，引起顾众 26F51 闸刀（母线闸刀）带接地合闸，导致 220kV 母线跳闸。

暴露问题：一是工作统筹安排不合理。现场调试、验收、消缺工作交织，未将消缺工作纳入调试工作中统筹安排，安全措施未考虑闸刀消缺的需要。二是缺陷消缺管理不规范。随意增加临时性工作，擅自扩大工作范围，临时消缺工作未履行审批手续，现场工作票制度执行不严格。三是作业风险评估管控缺失。在 220kV 副母带电的情况下，开展顾众 26F51 闸刀回路检查消缺作业，又未有效进行风险评估、未采取可靠的防合闸措施，导致副母闸刀误合。

倒逼整改：一是推动优化了作业现场组织。责任单位制定了《临时性工作安全管理规范》，针对故障抢修、紧急消缺等各类临时性工作，从计划管理、

审批报备、现场查勘、“两票”使用、安全交底、工作许可、外包管理等七个方面细化安全管理要求，规范抢修工作票的使用。二是推动了专业管理提升。相关专业管理部门组织开展了“第三轮变电运检专业现场互查”，重点检查消缺和抢修工作票办理情况，危险源分析、安全风险辨识和预防措施执行情况，强化专业管理要求落实。

典型案例 7－17 二次作业风险管控不到位导致安全事件

2021 年 10 月 28 日，220kV 大桥变 1 号主变 A 套保护跳 110kV 旁路 720 开关试验等 2 项工作。工作中，运行中的 1 号主变 B 套保护屏的二次安全措施布置不到位，屏柜门处于打开状态。变电检修工作班成员在没有监护的情况下，独自到保护屏后执行二次安措，误入 1 号主变 B 套保护屏，短接电流回路，打开电流连片，施加试验电流，导致 220kV 1 号主变中压侧零序电流保护动作，220kV 主变跳闸。

暴露问题：一是二次作业现场安全措施不到位。运维人员对相邻运行的保护屏未做安全措施。二次作业班人员做二次安全措施时失去监护。二是习惯性违章明显。运维人员和二次作业人员对工作中的违章行为认识不足，专业部门、班组日常违章查处、考核等方面力度不够，未能严肃查纠作业人员的习惯性违章。三是对班组承载力分析不够。未针对点多、面广、任务重的情况加以管控。

倒逼整改：一是规范了二次作业风险防控。相关专业管理部门进一步加强了二次安全措施管理要求落地，修订完善了二次安全措施管理要求。各单位开展自查自纠，进一步细化二次安全措施的编审、实施和管控要求。二是强化作业现场安全管控。落实管理人员到岗到位，有效管控现场风险点。落实“二次作业行为负面清单”要求，杜绝二次回路两点接地事件。三是加强继保作业的监督管理。明确继电保护、安全自动装置及自动化监控系统做传动试验或一次通电或进行直流系统功能试验时，应由工作负责人或指派专人到现场监视，方可进行。

典型案例 7－18 家族性隐患治理不及时导致安全事件

2021 年 10 月 20 日，500kV 盐都变 5011 流变在运行中出现内部绝缘劣化并击穿，导致 500kV 1 号主变与 500kV Ⅰ段母线跳闸。5011 流变生产厂家为德国雷兹（型号为 OSKF－550），出厂日期为 2001 年 8 月 1 日，投运日期为 2002 年 8 月 30 日，最近一次检修试验日期为 2019 年 4 月 22 日。该型号流变存在头部绝缘水平偏低的家族性隐患，原计划 2021 年 11 月停电更换。

暴露问题：一是家属性隐患整治前检测措施不足。红外精确测温、巡检机器人、高清视频等技术手段应用不足，未能精准、及时掌握该类型流变的运行工况。二是对该类型家族性隐患的排查治理策略需优化。该类型家族性隐患的治理需要停电，需要在对隐患科学评估的基础上，结合周期性检修、电力保供等工作，提前统筹安排停电计划，按照轻重缓急有序停电治理。

倒逼整改：专业部门专门制定下发了“500kV 德国雷兹流变差异化运检管控方案”，一是制定差异化巡视模式。优先采取智能替代方式开展巡检，明确人工巡视安全路线，缩短滞留时间。二是强化设备状态监测。每月开展红外精确测温，探索加装流变油压在线监测系统。三是优化停电修试策略。采取逢停则开展诊断性试验等策略，及时发现处置异常情况。四是加快推进隐患整治。提前做好项目、物资储备及现场勘查，细化制定了改造计划。

典型案例 7－19 设备缺陷治理不到位导致安全事件

2021 年 10 月 23 日，220kV 华阳变 1 号主变 35kV 侧绝缘热缩套内因鸟类筑巢，导致 1 号主变差动保护动作，主变跳闸。220kV 华阳变 1 号主变 35kV 侧绝缘热缩套由于运行年限较长，有老化迹象，且旧式工艺存在缺陷，与设备本体不够贴合，有一定缝隙。未及时执行省公司 2018 年 5 月印发的《变压器低压侧绝缘化工艺规范（试行）》要求，针对鸟类活动频繁、热缩套接头盒存在鸟窝的变电站，尽快停电并按照工艺规范进行整改。

暴露问题：一是隐患排查治理不到位。未对主变低压侧绝缘的隐患引起足够的重视，对隐患排查不够深入，对可能造成的后果分析不到位。二是相关专业管理要求落实不到位。未能有效结合扩建、修理等项目实施，统筹落实主变低压侧绝缘化改造要求，对绝缘化工艺规范的宣贯学习不到位。三是差异化运维要求落实不到位。在主变低压侧绝缘化改造前，未落实加大日常运维巡视频次、加强变电站周边环境综合治理等工作要求。

倒逼整改：一是全面组织变压器低压侧绝缘化隐患排查治理。220kV 及以上变压器低压侧绝缘化仍存在隐患 119 处，其中严重隐患 8 处、一般隐患 111 处，细化制定了治理计划和资金保障。二是严格绝缘化工艺规范执行和验收把关。组织各单位对绝缘化工艺规范进行全面学习宣贯，规范变压器低压侧绝缘化施工工艺；严格要求建设施工单位在新扩建、修理项目中按照工艺规范进行绝缘化改造。三是严格落实改造前设备差异化运维管理。缩短改造前设备日常巡视周期，应用新型防鸟害装置、带电检测、无人机巡检等技术装备，确保隐患在治理前处于可控状态。

典型案例 7－20　运维类业务外包质量把关不严导致安全事件

2022 年 1 月 5 日，220kV 白荡变 10kV Ⅰ段母线避雷器手车柜发生绝缘击穿故障，相邻的 220kV 1 号主变低压侧 101 开关受到振动影响未跳闸，造成 1 号主变后备保护动作，1 号主变三侧开关跳闸。故障原因为母线避雷器 B、C 相间存在绝缘薄弱点，长期运行绝缘劣化，最终导致相间短路故障。2020、2021 年，220kV 白荡变运维单位对外包单位出具的局部放电检测报告审核把关不严，多面开关柜超声波局部放电检测数据雷同，开关柜状态评价不准确，检修周期延长不合理。

暴露问题：一是运维类外包作业质量管控不到位。运维单位对外包单位检测工作质量管理不严，对外包单位出具的开关柜局部放电检测报告没有审核把关，直接影响了状态评价和检修安排，检修周期延长不合理，导致隐患设备未及时检修。二是该类型开关柜结构设置不合理。与开关柜通用的避雷器、压变一体化布置方式相比较，事发的老式开关柜采用了避雷器、压变独立布置方式，存在连接引线多、结构相对复杂等问题，易发生绝缘薄弱隐患。

倒逼整改：一是明确了运维类业务外包管理职责。明确设备主人对运维外包工作负管理责任，负责对其巡视、检测等工作质量进行监督、检查和评价。业务外包不能把管理责任也外包了。二是排查与本次故障设备结构型式相同的开关柜。会同设备厂家制定开关柜设计结构优化方案，制定整改措施，组织各单位完成整改。三是开展运维检测类质效提升工作方案。组织开展全省带电检测“回头看”活动，严格检测结果审核，严把外包检测关。进一步细化明确带电检测仪器仪表配置、检测工艺方法、报告记录等工作要求，切实提升带电检测工作质量。

第五节　例　行　会　议

生产工作是一个不断重复的过程，处理好旧的缺陷又有新的缺陷产生，完成了这个停电检修工作又有新的检修工作开工。会议则是不断滚动推进这些工作过程的手段，不断应用 PDCA（计划、实施、检查、改进）循环推进工作。生产管理工作的计划、组织、协调、控制等功能都需要通过会议来组织落实，通过会议明确目标、统一行动步调，通过会议来沟通信息、交流情况，通过会议检查、协调工作中存在的问题，通过会议对下一阶段的工作提出要求。例行会议制度也是督促各部门、各单位对自己的工作进行阶段性检查和总结。

通过检查协调类会议、计划安排类会议、总结分析类会议来滚动推进各项工作。

一、检查协调类例会

检查协调类会议的作用是跟踪、检查工作开展情况，及时发现外部条件的变化和工作计划执行的偏差，对原定的工作计划进行协调和调整。对消缺工作和故障处理等非计划性工作作出安排，及时协调处理安全生产中出现的问题。检查协调类例会主要有每日例会（也称早会）和周例会。

（一）每日例会

每日例会是生产运行专业就目前电网运行情况的汇报沟通会，以调度管辖范围和设备管理范围为主，由调度为主汇报，设备部等其他部门补充。省、市、县分别召开，有事则长、无事则短。

（1）会议目的。每日例会是对昨日生产运行情况进行通报、分析，对当日生产运行、检修工作安排情况进行检查、协调。对电网故障、异常和缺陷处理的下一步工作进行安排，对电网风险管控的落实情况进行检查。

（2）会议主要内容。分析昨日电网运行情况，包括调度口径最大负荷、日负荷、日电量等情况，主要机组启停情况，电网故障及设备缺陷异常情况等。总结主要设备检修情况，包括设备检修计划的执行情况、检修设备复役情况、设备临停消缺情况、电网风险管控和作业风险管控落实情况。通报检查当日电网运行和检修安排，包括当前气象预测情况，当日电网负荷预测和发用电平衡情况、主要机组运行情况，设备检修计划安排，作业现场风险管控情况，电网风险管控落实情况。综合上述内容形成每日例会汇报材料，见表 7－1。

（3）参会人员。每日例会的主要参会人员是生产运行专业口的领导和部门负责人及有关人员，迎峰度夏大负荷期间邀请政府电力主管部门等领导参加，包括公司分管领导、分管副总师，调控中心、设备部、安监部正副主任、营销部、电力交易公司负责人及相关专职。根据需要可以扩大相关部门和单位的领导和人员参会。

（4）会议由调控中心组织，每个工作日上午召开。

典型案例 7-21 每日例会汇报材料

表 7-1 每日例会汇报材料

每日例会生产运行情况汇报

2021 年 4 月 8 日

一、全网电力、电量日报

单位：摄氏度、万千瓦	昨日最高	昨日最低	当月最高同比（%）	历史最高
气温	17.8	11.0	—	40.9
用电负荷	1967	1312	8.94	3339
用电峰谷差	655	—	16.55	1479
受电电力	1041	440	10.63	1691
发电出力	1101	794	7.61	2146

	昨日电量（万度）	历史最高（万度）	月累计（亿度）	月增长（%）	年累计（亿度）	年增长（%）
用电量	40902	67494	26.97	9.4	435.06	18.6
发电量	22299	42097	15.19	3.4	264.21	18.0
受电量	18603	32084	11.78	18.1	170.85	19.6

用电负荷率（%）	发电负荷率（%）	发电负荷率新（%）
86.63	84.37	70.93

二、主力机组启停

序号	主力电厂	机组启停（启动日期）	容量（万千瓦）
1	外三厂	8 号机组检修（6/5）	100
2	外高桥	1、2、3 号机组调停（待定）	96
3	吴二厂	1 号机组调停（4/11）	60
4	宝钢	2 号机组调停（4/15） 3 号机组检修（4/13）	70
5	石洞口燃机	1、2、3 号机组检修（4/27）	120
…	（略）		
总计		16 台（套）	776.5

三、电网事故异常

单位	事故异常情况
主网	04 月 08 日 06:37 500kV 三林站 220kV 三母线故障，保护动作情况为三、四母两套母差保护动作。初步判断故障原因为 3 号主变 220kV 三母刀 A 相故障
SB	04 月 07 日 18:25 35kV 三门站 10kV 门 11 黑山路开关跳闸，重合不成，失电用户 2084 户，无重要及保电用户，经查故障原因电缆故障。20:40 故障隔离，所有用户恢复供电
PD	04 月 07 日 23:21 220kV 高东站 35kV 东港 4487 开关跳闸（纯电缆），所送用户为双电源。经查原因为电缆故障，目前正在抢修中
…	（略）

续表

四、220kV 及以上重要设备检修		
1. 当前电网停役设备		
直流		无
1000/500kV	联变	黄渡 5 号主变； 杨行 2 号主变
	母线	无
	线路	南卫 5146 线（南桥至亭卫）
220kV	母线	三林站 220kV 三母（跳闸）； 外高桥 220kV 正二母
	线路	银东 2188 线（银山至东昌）； 远临 2A06 线（远东至临港）； 石行 2133 线（石洞口至杨行）
2. 昨日复役设备		
直流		无
1000/500kV	联变	无
	母线	无
	线路	无
220kV	母线	三林站 220kV 三母（空出）； 康桥站 220kV 副母（空出）
	线路	林上 2B79 线（三林至上南，启动）； 康上 2B80 线（康桥至上南，启动）
3. 今日计划复役设备		
直流		无
1000/500kV	联变	无
	母线	无
	线路	无
220kV	母线	外高桥 220kV 正二母
	线路	银东 2188 线（银山至东昌）

五、一周气象预报（摄氏度）				
日期	早间天气	晚间天气	最低温度	最高温度
4 月 8 日（星期四）	阴转多云	晴到多云	11	18
4 月 9 日（星期五）	晴到多云	多云	10	20
4 月 10 日（星期六）	多云转阴	多云转阴	11	18
4 月 11 日（星期日）	阴有阵雨	阴有阵雨	14	18
4 月 12 日（星期一）	阴有雨	阴有雨	16	19
4 月 13 日（星期二）	多云到阴	多云	12	17
4 月 14 日（星期三）	多云到晴	多云到晴	11	17

续表

六、全网电力平衡情况（℃、万千瓦）			
今日预计 最高气温/最低气温	18/11	今日可用负荷	2230
今日预计 最高用电负荷	1910	今日高峰旋转备用	320（200）
今日高峰 最高受电电力	1000	今日低谷负荷	1336
今日最高发电出力	1230	今日有序用电需求	无
七、全网燃料库存情况（万吨、天）			
昨日闸燃油库存	0.55	昨日闸燃油库存 可用天数	6
昨日电厂煤库存	121.05	昨日电厂煤库存 平均可用天数	16
八、直流计划功率（万千瓦）			
直流名称	停役情况	最高功率	最低功率
复奉直流	无	192.7	157.9
葛南直流	无	72	72
林枫直流	无	60	60
宜华直流	无	121.2	60.6

九、重要用户保电情况			
地调	保电场馆 （原因）	保电时间	保电涉及的 220kV 变电站
市区	华东医院	2020 年 10 月 13 日 10:30－另行通知	源深站、西郊站、静安站

十、当前 35kV 及以上电网检修方式风险评估及预控措施								
调度范围	电压等级	变电站	停役设备	计划停役时间	计划复役时间	主要工作内容	$N-1$ 情况下有无重要用户失电风险及对应措施	$N-1$ 情况下有无变电站全停风险及对应措施
市区地调	220kV	洞庭站	1 号主变	2021－04－07	2021－04－08	1 号主变 C 类检修；220 及 110kV 中性点接地闸刀 B 类检修。	无	有（洞庭站 220kV 单主变运行，存在全停风险，并引起所送 35kV 黎平开关站全停，损失负荷 5MW）措施： 1. 市区地调安排专用互馈线庭篮 3A017 倒送洞庭站 35kV 一段母线。 2. 市区地调安排洞庭 2 号主变、庭篮 3A017 相关设备特巡。 3. 市区地调做好相关电网反事故措施，编制事故预案，预先拟写事故处理操作票

续表

调度范围	电压等级	变电站	停役设备	计划停役时间	计划复役时间	主要工作内容	$N-1$ 情况下有无重要用户失电风险及对应措施	$N-1$ 情况下有无变电站全停风险及对应措施
青浦地调	110kV	线路	通凤1R014	2021－03－29	2021－04－09	110kV 通盛1R013 等线路搬迁代工工程；上海青浦新泽（崧泽）220kV 变电站 110kV 送出工程	无	有（110kV 芦蔡站，损失负荷14MW）措施： 1. 芦蔡站田芦 1344 送 2 号变供全站负荷，安排相关运行设备特巡。 2. 做好相关电网反事故措施，编制事故预案，预先拟写事故处理操作票。 有（110kV 凤溪站，损失负荷15MW）措施： 1. 凤溪站通凤 1716 供全站负荷，安排相关运行设备特巡。 2. 做好相关电网反事故措施，编制事故预案，预先拟写事故处理操作票
浦东地调	110kV	地铁耀华站	群耀1619	2021－04－08	2021－04－08	群耀 1619 回路检修。	有［地铁耀华站（一级）；要求对重要用户的另一路电源萃耀 1G023 及相关设备特巡，同时请用户做好支援供电］	无
浦东地调	35kV	线路	张长3G375	2021－04－08	2021－04－08	张长 3G375 接地绝缘线处理。	无	有（35kV 长岛站，损失负荷14MW，转移负荷 9MW）措施： 1. 川长 3G520 送全站负荷，安排川长 3G520 相关设备特巡。 2. 安排外来电源倒送至长岛站 10kV 母线开口运行。 3. 做好相关电网反事故措施，编制事故预案
…	…	…	（略）					

（二）周例会

周例会除了每日例会的内容外，主要是生产运行专业和工程建设专业工作安排的协调，对下一周工作计划的再确定。以调度管辖范围和设备管理范围为主，由调度为主汇报，设备部、建设部等部门补充，省、市、县分别召开。

（1）会议目的。周例会主要是对上一周设备检修情况、设备故障和缺陷情况进行总结，对故障和缺陷的下一步工作进行安排，对根据月度计划滚动确定的下一周生产计划进行讨论和确定。

（2）会议主要内容。总结上周生产计划执行情况，包括设备检修计划完成情况、有无延期、有无影响后续计划安排等。总结上周设备故障和缺陷处理情况，包括故障和缺陷处理的完成情况，遗留缺陷的后续处理安排，备品备件的准备、停电消缺计划的安排等，电网运行方式安排和其他检修安排是否受到影响。讨论确定下一周生产计划，包括考虑上周生产计划的执行情况，故障和缺陷处理的安排情况，基建工程的进展情况，新设备验收投运情况，根据月度计划滚动讨论和确定下周生产计划和电网风险管控的安排。如电网运行方式安排和工作承载力等存在问题，可以调减原月度计划中的工作安排。安排下周电网运行，包括下周气象预测情况，下周电网负荷预测和发用电平衡情况、主要机组运行情况等。

（3）参会人员。周例会的参会人员除日例会人员外，主要增加了建设和物资专业口的部门负责人、生产和建设有关的支撑单位的负责人。包括公司分管领导、分管副总师，调控中心、设备部、安监部正副主任、营销部、电力交易公司负责人及相关专职，建设部、物资部、电科院负责人及相关专职。

（4）会议由调控中心组织，每周五上午召开，与当日的每日例会合并。

典型案例 7－22 周例会汇报材料之一，220kV 及以上主网检修方式评估及预控措施

周例会除了和每日例会相同的内容以外，主要是下周的停电检修、施工和风险预控的滚动安排，见表 7－2。

表 7－2 周例会生产运行情况汇报

2021 年 5 月 7 日						
一～九、同每日例会（略）						
十、下周 220kV 及以上主网检修方式风险评估及预控措施						
分区	厂站	停役设备名称	计划停复役时间	工作内容	风险评估	应对措施
杨行西	杨行站	2 号主变	2020/11/14－2021/6/10	主变增容调换	杨行站 3 号主变停役期间（期间 2 号主变和石行 2133 线已经停役），杨行东/西分区仅剩余杨	1. 安排杨行东分区和五角场分区 220kV 解环运行（蕴浏 2209/2B24/2B27 线路作为备用），安排杨行西分区和杨行东分区 220kV 合环运
	杨行站	3 号主变	5/5－5/8	配合 2/3 号主变间防火墙 8.5 米层改造施工及石行 2133		

续表

分区	厂站	停役设备名称	计划停复役时间	工作内容	风险评估	应对措施
杨行西	杨行站	3号主变	5/5－5/8	线路至（新）220kV HGIS 2011/ 2012 开关间引下线改接，陪停；主变回路消缺；5051流变增加排水孔；5052流变三相观察窗无法看清处理。	行东分区两台500kV主变运行，供电能力下降、方式薄弱。	行（杨行站220kV合母运行，蕴藻浜站220kV分母运行）；视负荷情况安排好石洞口、宝钢电厂开机方式。 2. 要求石洞口、宝钢电厂对厂内设备加强巡视，确保机组安全稳定运行，出力能满发。 3. 要求检修公司对杨行站运行设备（尤其500kV主变）加强巡视。 4. 调度做好事故预案。
南桥	线路	闵都2285/2287	4/28－5/12	1. 配合闵行燃机电厂专用天然气管线工程搬迁，闵都2285/2287线组立C1至C6杆塔，拆除C6至4号塔导线及复合地线，拆除9号至5号铁塔；展放C6至4号塔导线及复合地线，12号至C6至4号塔附件安装及弧垂调整工作；线路消缺；线路参数测试，执行整定书； 2. 闵行电厂闵都2285/2287开关、TA、TV、线路闸刀、避雷器小修及试验，继保校验；保护、控制、计量等搬迁至新继电器楼。	1. 南桥220kV双环网架结构（南桥－浦江－杨思－吴泾－金都－闵行－南桥）削弱，吴泾至闵行2181单线串接环网内，吴闵2181单线限额较小（单拼400导线，春秋冬正常限额270MW、事故限额290MW）、事故情况下潮流容易过载； 2. 如发生吴闵单线或南桥－浦江－杨思－吴泾、闵行－南桥同杆双回 $N-2$ 故障，南桥220kV内部环网将解开；尤其是若发生南桥－浦江双线故障，吴闵2181单线送金都、吴泾、塘湾、浦江4站及港口和杨思部分负荷，方式十分薄弱，需预先控制好相关断面潮流，事故后紧急与三林分区合环运行； 3. 金都地区对外仅通过吴泾－金都同杆双回路联络，断面潮流重载，方式薄弱。	1. 市调视负荷水平安排好吴泾电厂开机方式和发电出力，并要求吴泾电厂对厂内设备加强巡视工作，确保机组可调、满发，电气设备安全运行； 2. 市调调整杨思站部分负荷至三林分区，调整港口站部分负荷至泗泾分区，以便控制检修方式及事故情况下闵行－吴泾－杨思－浦江地区线路及吴泾－金都双线潮流在限额内； 3. 检修公司对闵南2101/02、南江2113/14、吴闵2181、吴思2207/90、思江2175/76、吴都2294/95线安排特巡；对南桥、浦江、杨思、金都站内运行设备加强特巡，确保安全稳定运行； 4. 市南地调通过35kV专用互馈线都莘8211送至金都站35kV一段母线，通过35kV支接互馈线都申8226线送至金都站35kV四段母线侧开口；市南地调相关低压设备检修计划与闵都双线检修错开； 5. 市调、市南地调做好220kV同杆双回线路 $N-2$ 事故预案。
…	…	…	（略）			

续表

十一、下周35kV及以上电网检修方式风险评估及预控措施								
调度范围	电压等级	变电站	停役设备	计划停役时间	计划复役时间	主要工作内容	$N-1$ 情况下有无重要用户失电风险及对应措施	$N-1$ 情况下有无变电站全停风险及对应措施
奉贤地调	220kV	星火站	1号主变	2021－05－07	2021－05－07	1号主变调档（下调一档）、直流电阻测试；1号主变220kV开关B类检修（更换机构接触器等二次元器件）。	无	有（星火站220kV单主变运行，存在全停风险，损失负荷约20MW）措施： 1. 奉贤地调安排江海站海火1555送星火站110kV正母及火乐1502，安排专用互馈线海火8853送星火站35kV副母开口运行，避免星火站全停；安排好110kV星火－碧海手拉手接线方式； 2. 奉贤地调安排对星大4180线、星火站2号主变回路相关设备进行特巡； 3. 奉贤地调做好相关电网反事故措施，编制事故预案，预先拟写事故处理操作票。
浦东地调	110kV	线路	洋艺1566	2021－05－06	2021－05－18	110kV洋艺1566电缆线路迁改工程（C1092120A0PY）：洋艺1566电缆搬迁，站内配合电缆核相、参数、耐压试验。	无	有（110kV博艺站110kV母线全停，损失负荷4MW，转移负荷约3MW）措施： 1. 安排博艺站2号主变及相关设备特巡。 2. 安排10kV线路倒送至母线。 3. 做好相关电网反事故措施，编制事故预案。
市区地调	35kV	锦江站	1号主变	2021－05－06	2021－05－14	1号主变调换工作。	无	有（35kV锦江站，损失负荷9MW）措施： 1. 安锦7810送全站负荷，安排安锦7810相关设备特巡。 2. 安排外来电源倒送至锦江站10kV母线开口。 3. 做好相关电网反事故措施，编制事故预案，预先拟写事故处理操作票。
…	…	…	（略）					

典型案例7－23 周例会汇报材料之二，220kV及以上母线主变停役列表

除了上述纳入风险评估和预控措施的停电外，220kV及以上主网的母线和主变停役对电网和作业影响非常重要。母线主变压器停役列表见表7－3。

表 7－3　　220kV 及以上母线主变停役列表（2021/5/8/－2021/5/16）

序号	分区	厂站	停役设备名称	工作内容	计划停复役时间
1	500kV	外二厂	500kV 一母	500kV 一母线检修，一母线第一套、第二套母差保护更换；5031、5021、5011 开关试验	2021/5/3－2021/5/12
2	500kV	华新换流站	500kV 一/二母	500kV GIS 设备例行检修试验；500kV Ⅰ/Ⅱ母例行检修消缺；开关例行检修消缺；母差保护校验	2021/5/6－2021/5/14
3	500kV	黄渡	500kV 二母	配合 3 号主变 500kV 开关及闸刀设备，串内引线拆除；配合 500kV 场地新门架基础施工陪停；二母 PT 移位，50332 闸刀引线拆除；500kV 二母第一、第二套母差保护配合 3 号主变保护搬迁，5033 开关保护相关二次回路拆除	2021/5/11－2021/5/14
4	亭卫	银河	220kV 正二母	配合 220kV 正母二段正刀专项大修；220kV 2 号母联开关 C 相液压机构渗油处理；220kV 2 号母联开关、220kV 正母分段开关保护首检	2021/5/10－2021/5/15
5	三林	浦建	220kV 副一母	配合浦建 2 号主变启动，空出	2021/5/10
…	…	…	（略）		

典型案例 7－24　周例会汇报材料之三，220kV 及以上重要设备缺陷（故障）情况周报

一、危急、严重设备缺陷（故障）概况（2021/3/8－2021/3/14）（见表 7－4）

表 7－4　　危急、严重设备缺陷（故障）概况

上周发现缺陷（故障）数	2	其中	变电：1	线路：1
上周已处理缺陷（故障）数	1		变电：0	线路：1
年度发现缺陷（故障）总数	17		变电：15	线路：2
年度已处理缺陷（故障）数	15		变电：13	线路：2
年度遗留缺陷（故障）数	3		变电：3	线路：0

二、上周发生的重大设备缺陷（故障）情况

（1）黄渡站 5 号主变 A 相油色谱异常缺陷

故障简述：2021 年 3 月 12 日，检修公司在对黄渡站 5 号主变开展油色谱例行跟踪检测中发现 5 号主变 A 相油样数据产生突变，其中总烃值增长至 666ppm，并出现 1.24ppm 乙炔，表征内部存在高温过热缺陷。

现场检查情况：黄渡站 5 号主变 A 相，型号为 ODFPSZ—250000/500，厂家为瑞典ABB，投运日期2000年12月30日。2017年10月17日起出现油色谱总烃超注意值现象，表征内部存在中温过热缺陷，故采取了每月取样检测的跟踪措施，至2021年2月1日总烃值始终稳定在200～250ppm。2021年3月12日例行检测发现油样产生突变，其中总烃值增长至666ppm，并出现1.24ppm乙炔，表征内部存在高温过热缺陷，经开展红外、铁心夹件接地电流等带电检测工作，未发现其他异常。

原因分析：3月13日经公司设备部组织检修公司、电科院、久隆变修及设备生产厂家ABB进行相关技术分析讨论，认为设备内部缺陷处于电回路可能性较大，但未涉及固体绝缘，根据ABB公司建议，可在采取严格跟踪监测措施下继续监视运行。

下一步工作计划：根据技术分析会要求，对后续采取相关跟踪监测和运维措施。由每天上、下午各取一次油样检测和红外精确测温工作，同时增加一次油中含水量、含气量检测供参考，并落实高频局放检测、局放重症监护、移动式油色谱在线监测装置的部署应用。向调度部门申请将5号主变负荷控制在45%以内，做好相关准备工作和应急预案。在黄渡站5号主变监视运行期间，根据市调建议对相关停电和施工计划进行调整，同时后续5号主变陪停后，建议5号主变一旦停运后即不再复役（黄渡站增容改造6月完工）。

（2）220kV亭热2A72线第一套、第二套保护动作跳闸

故障简述：2021年3月14日11时49分，亭热2A72线第一套、第二套保护动作，开关跳闸，重合不成，A相（下相）故障。故障测距距离亭卫站12.9km，距离热电厂2.1km，故障电流3.8kA。

现场检查情况：亭热2A72线全长15.426km，杆塔54基，投运时间是2011年12月21日。根据故障测距信息，在42－43号档检查时，发现金山区漕泾镇营房村1088号旁道路边停靠有吊车，地面有放电痕迹，上方导线也发现明显闪络痕迹，闪络点距42号约100m，导线对地高度约24m。经询问现场作业人员，营房村1088号的居民承认在对两层楼房进行翻修，楼板吊装的过程中吊臂与上方导线安全距离不足，引起线路跳闸。

原因分析：综合现场检查情况分析，220kV亭热2A72线故障原因为吊车临时吊物机械碰线。

处理情况：现场检查亭热2A72线42－43号下相导线有明显闪络痕

迹，不影响线路正常运行，经汇报后，于14时38分220kV亭热2A72线复役。

下一步计划：一是开展老旧民房专项隐患排查。利用无人机开展线路保护区内老旧民房的专项隐患排查工作，同时逐步提高交跨老旧民房区段的可视化装置覆盖率，预警通道异常情况。二是加强村镇部门沟通，强化电力安全宣贯。

三、遗留重大缺陷（故障）处理情况

（一）变电一次设备

1. 已安排停电计划

（1）泗泾站渡泗5108线路压变A相测量电压低缺陷

故障简述：2021年3月3日晚23时07分左右，渡泗5108线黄渡侧充电后，泗泾侧渡泗5108线线路电压有明显异常，具体为：自动化后台显示A相电压比B、C相电压低30kV左右。

现场检查情况：略。

原因分析：综合现场试验、自动化后台数据及启动投切试验报告分析，经电科院进一步试验分析，判断泗泾站5108线路压变电容C2发生层间击穿。

下一步工作计划：目前于已利用黄渡侧退役5108线路压变调换该缺陷设备，并试验合格。泗泾站渡泗5108线路加装避雷器相关工作（防操作过电压），3月13日完成本体安装及试验，3月14日完成避雷器导线搭接。后续启动待调度确认后进行。

（2）黄渡站5号主变A相油色谱异常缺陷

…（略）…

2. 未安排停电计划

（1）顾路站4号主变1号低抗保护动作开关跳闸

故障简述：2020年11月27日06时30分，顾路站4号主变1号低抗保护动作341开关跳闸。

现场检查情况：顾路站4号主变1号低抗型号BKK—20000/35，为干式空心电抗器，2003年6月出厂，2003年12月13日投运，DL公司产品。现场检查发现1号低抗A相底部由烧损现象，试验不合格，需调换。

原因分析：顾路站4号主变1号低抗A相烧损缺陷，初步判断可能是持续降雨使风道绝缘强度降低，导致匝间击穿放电烧损。具体原因需调换拆除后分析。

下一步工作计划：备品尺寸与原厂尺寸不同，需要重新进行基础土建施工，电抗器吊装需要陪停4号主变，已与调度部门沟通协调，立即进行土建施工，原计划12月19日陪停4号主变处理，现由于冬季负荷原因4号主变无法停役。与调度沟通后确定2021年5月申请4号主变陪停进行电抗器吊装。

四、隐患排查治理工作

无

五、本周及下周临停消缺工作

1. 姚北站：2021－03－08，姚新3K004因线路上有异物临停。

六、本月已处理重大设备缺陷（故障）情况

（1）泗泾站渡泗5108线的闸刀闪络

略

（2）220kV亭热2A72线第一套、第二套保护动作跳闸

略

二、总结分析类会议

总结分析类会议的作用是总结交流上月工作，分析存在的问题，提出针对性的解决措施，布置下一阶段重点工作。一般可以按两个会议召开：一个是对基层单位的总结检查督导会，另一个是部门之间的交流情况、协调工作会。这样按两个会议召开，参会人员更集中、会议主题更明确、研究问题更具针对性、会议效率更高。总结分析类会议主要有月度安全生产会议、月度安全生产分析会等。

这两个会议都应形成会议纪要，明确会议的主要精神，下一步工作的要求和议定的事项，便于贯彻执行。

（一）月度安全生产会议

月度安全生产会议是上级单位对下级生产运行单位召开的会议，围绕电

网和设备运行检修的安全生产工作进行总结、检查、督导和部署工作。

（1）会议目的。主要是各基层单位汇报和交流上月安全生产工作情况、设备故障情况和本月重点工作安排情况。各生产专业部门对上月工作进行点评，分析工作中存在的问题、督导推进迟滞的工作。传达宣贯上级有关工作要求，通报有关安全生产情况，部署月度重点工作，对基层单位下一阶段工作提出要求。

（2）会议主要内容。各基层单位汇报和交流本单位安全生产工作情况，生产专业部门分别针对各基层单位的工作情况和存在的问题提出工作意见，对专业管理要求进行布置和宣贯，安排月度需要重点关注的工作。各单位汇报内容主要包括：

1）上月安全生产工作主要内容及小结。① 安全生产主要情况，包括电网运行情况、设备跳闸情况、设备缺陷情况；② 安全生产重点工作情况，包括新设备投运情况、设备修试情况、大修完成情况、技改工作情况、基建工作情况、业扩（代工）情况；③ 供电可靠性工作分析，包括可靠性总体情况、检修停电时数户数情况分析、故障停电时数户数总体情况分析、不停电作业情况分析；④ 安全生产重点管理工作开展情况。

2）上月主要存在问题。① 安全事件情况，指 10kV 及以上电网和设备八级以上事件；② 安全监督查处的违章情况。

3）当月安全生产主要工作安排。① 生产工作安排情况，包括检修、运维、消缺工作总体安排情况，技改工作安排情况、基建项目情况、业扩（代工）工程情况；② 安全生产重点管理工作安排。

4）生产工作面临的问题和需要上级协调的工作。

（3）参会人员。月度安全生产会议的参会人员主要有各生产专业部门和各基层生产运行单位人员。以省公司为例，包括公司分管领导、分管副总师，安监部、设备部、调控中心主要负责人及相关人员，超高压公司、电科院等直属专业生产运行单位分管领导、安监部、生产运行部门负责人；各市供电公司分管领导、安监部、设备部、调控中心负责人。

（4）会议由设备部组织，每月 5 日左右召开。

 典型案例 7－25 SHSB 公司 5 月份安全生产会汇报材料

一、本单位 2021 年 4 月份安全生产工作主要内容及小结

1. 安全生产主要情况

（1）电网运行情况

SB 电网 4 月最高用电负荷为 2485MW。相比 2020 年同期（2190MW）增加 295MW，增长率 13.5%。4 月二级保电 3 次，其他保电 3 次，涉及保电用户 171 家，完成保电事故预案 171 份，下发特巡通知 171 份。保电期间设备运行状况良好，未发生故障停电事故。

（2）设备跳闸情况

4 月共发生跳闸事故 10 起。

35kV 以上跳闸事故 1 起：专线跳闸（八级设备事件）1 起，1 起线路故障（异物碰线）。

10kV 跳闸事故 9 起：专线跳闸（八级设备事件）3 起，均为电缆故障（2 起外力破坏，1 起绝缘老化）；重合不成功（八级电网事件）2 起，均为电缆故障（1 起绝缘老化，1 起外力破坏）；重合成功 4 起，其中 2 起线路故障（1 起设备老化，1 起异物碰线），1 起电缆故障（外力破坏），1 起配电故障（制造质量）。

（3）设备缺陷情况

4 月共计发现危急缺陷 5 起，处理 5 起，处理率 100%（其中 35kV 2 起，10kV 3 起）；严重缺陷 1 起，已处理 1 起，处理率 100%（其中 35kV 1 起）；一般缺陷 14 起，处理 14 起，处理率 100%（其中 35kV 5 起，10kV 9 起）。

2. 安全生产重点工作

（1）设备新投情况

1）新验收、投运各类变配电站共计 2 座。其中 10kV 开关站 1 座；10kV 配电站 1 座。

2）新验收投运 35kV 电缆 4 根，新增 35kV 电缆 2.74km；10kV 电缆 18 根，新增 10kV 电缆长度 5.48km。

（2）设备修试情况

完成15个35kV主变回路、19台35kV开关、2条35kV线路、2条35kV电缆、136台10kV开关检修等工作。

（3）大修完成情况

公司2021年生产大修项目资金批复6702.19万元，截至4月底完成资金305.23万元，完成率20.95%（已批复金额1456.9万元）。

（4）技改工作情况

2021年列入计划的技改项目共计57项，当年投资16692.3万元，其中包括新开工48项、2020年跨年8项，备用包1项（548万元）。

截至4月已开工24项，包含跨年8项。完成投资8663.56万元，完成率51.90%，完成用款1326.46万元，完成率约7.95%。

3. 本月可靠性工作分析

（1）可靠性总体情况

2021年4月份，SB公司全口径等效用户数22649户，消耗停电时户数为670时户，同比去年上升了28%。其中预安排停电影响584时户，占总停电时户数的87%；故障停电影响87时户，占总停电时户数的13%。

2021年累计全口径平均供电可靠率为99.9976%（其中城网地区平均供电可靠率99.9987%），较去年提升0.0003个百分点。

（2）检修停电时数、户数使用情况分析

检修停电118次，影响停电时户数331时户，占预安排停电的57%。包括计划检修停电116次，影响停电时户数305时户；临时检修2次，影响停电时户数26时户。

工程施工停电14次，影响停电时户数253时户，占预安排停电时户数的43%。包括：内部计划施工13次，影响停电时户数251时户；用户申请停电1次，影响停电时户数2时户。

（3）故障停电时数、户数总体情况分析

2021年4月份故障停14次，影响停电时户数87时户，占全部停电时户数的13%；10kV配电网设施故障14次，其中设备原因影响43时户；外力因素影响44时户；10kV线路开关跳闸引起故障停电的共计3次，影响停电时户数26.64时户（故障影响最多时户数14.01时户：4月7日门11因电缆绝缘老化导致跳闸)。

(4)不停电作业总体情况

4 月各类工程中共开展带电作业 176 次,计划停电 253 次,其中全负荷转移 143 次,实际停电 110 次,工程中不停电作业比例 74.36%。

4. 安全生产重点管理工作开展情况

(1)开展“五查五严”专题安全日活动。……

(2)启动 2021 年度《安规》考试。……

(3)开展《安全生产岗位责任制清单》签订工作。……

(4)继续开展春季安全大检查活动。……

(5)部署五一节日保电工作。……

二、4 月份主要存在问题

1. 本单位安全事件情况

(1)35kV 以上八级事件(1 起):1 起八级设备事件。

1 起八级设备事件:1 起线路故障(异物碰线)。

1)4 月 24 日 6 时 50 分,蕴藻浜站 35kV 蕴江 454 线 BC 相过流 I、II 段动作,开关跳闸,重合成功。故障原因为肇事单位(SH 品是建筑)搭建临时脚手架时,脚手架碰蕴江 454 线路 27–28 号杆间导线引起闪络。

2)理赔情况:正在理赔中。

(2)10kV 八级事件(5 起):3 起八级设备事件,2 起八级电网事件。

1)3 起八级设备事件:均为电缆故障(2 起外力破坏,1 起绝缘老化)。

① 4 月 26 日 2 时 46 分,汉 9 恒丰恒通乙零流动作,开关跳闸,下级站自切成功。故障原因为绝缘老化导致汉 9 电缆故障。(电缆型号:YJV02,生产厂家:上海电缆厂,投运日期:2000 年 11 月 28 日)(无时户数影响)

…(略)…

2)2 起八级电网事件:均为电缆故障(1 起绝缘老化,1 起外力破坏)。

① 4 月 07 日 18 时 25 分,门 11 黑山路前速、过流动作,开关跳闸,重合不成。故障原因为绝缘老化导致门 11 出线电缆故障。(电缆型号:ZLQ22,生产厂家:上海电缆厂,投运日期:1992 年 7 月 16 日)(涉及户数 21 户,停电时长 0.7 小时,总时户数 14.01 时户)

…（略）…

（3）4 起 10kV 重合成功

① 4 月 12 日 03 时 24 分，花 13 金石北 B 相零流动作，开关跳闸，重合成功。故障原因为花 13 金石北 61 号杆中相瓷瓶老化碎裂导致线路跳闸。（绝缘子型号：XP－40C，生产厂家：上海电瓷厂，投运日期：1994 年 9 月 13 日）（无时户数影响）

…（略）…

2. 安全监督查处的违章情况

4 月 SB 公司共计检查 276 个作业点。开具整改通知单 8 张，进行口头纠正 4 次。

主要暴露问题：…（略）…

整改措施：…（略）…

三、本单位 2021 年 5 月份安全生产主要工作安排

1. 生产工作安排情况

（1）检修、运维、消缺工作：计划完成 3 个 110kV 主变回路、10 台 110kV 开关、10 个 35kV 主变回路、17 台 35kV 开关、1 条 35kV 电缆、91 台 10kV 开关检修等工作。

（2）技改工作：预计 5 月新开工 17 项，其中包括开关站加装自切 1 项、…（略）…

2. 安全生产重点管理工作安排

一是启动迎峰度夏、防台防汛前期准备工作，重点对老旧、地下变配电站开展检查及问题整改工作；二是做好五一节日期间保电工作；三是做好固定工地外破防控标准化管理，编制作业指导书固化流程；四是推进线路裸露点整治工作；五是制定迎峰度夏应急值守计划；六是做好安全管控中心远程管控值班工作；七是加快推进高负载台区改造工作进度。

四、2021 年 5 月份生产工作面临的问题和需要上级协调的工作

…（略）…

（二）月度安全生产分析会

月度安全生产分析会是公司组织生产运行、规划、建设、物资等专业部门参加的会议，就有关电网、设备运行检修和规划、建设等相关工作和问题进行研究讨论。

（1）会议目的。各部门围绕电网、设备运行检修和安全生产业务总结上月主要工作，站在公司层面就存在的问题、对策措施和下一步重点工作进行交流。主要解决安全生产和电网运行中需要协调、配合和共同努力的问题。

（2）会议主要内容。各部门围绕安全生产汇报交流主要工作开展情况，针对问题提出对策措施。

1）调控中心。汇报交流内容包括：① 电网运行指标和运行情况，包括电网发用电情况，电网频率、主网电压合格率情况，拉限电情况，电能交易情况，CPS 考核情况；② 电网故障及发电机组停运情况，包括输变电设备故障、异常情况，机组非计划停运情况、机组检修情况；③ 二次设备（系统）运行管理情况，包括继电保护、自动化、通信系统故障异常和缺陷情况；④ 重点工作完成情况，包括重要设备检修完成情况，新投产输变电设备情况，新投产发电设备情况，电网风险预警发布情况，专业管理开展情况；⑤ 下月重点管理工作安排和需要协调解决的问题，如检修方式下电网风险需要规划部门研究的电网加强项目。

2）设备部。汇报交流内容包括：① 设备运维情况，包括缺陷情况、故障跳闸情况；② 大修技改等项目完成情况，主要是生产性技改、大修、抢修、运维等项目费用完成情况；③ 设备管理工作，包括跨区交直流设备管理、主电网输变电设备管理、配电网设备管理等工作；④ 专业管理及专项工作，包括专业管理工作、不停电作业管理和供电可靠性管理工作；⑤ 下阶段重点工作安排和需要协调解决的问题，如设备消缺需要物资部门加快准备的物资、材料。

3）安监部。汇报交流内容包括：① 安全事件总体情况，安全事件分析、安全检查违章情况，电力设施盗破情况，以及下阶段主要工作安排和需要协调解决的问题；② 调度、设备、建设等部门需要重视和加强的工作。

4）发展部。汇报交流内容包括迎峰度夏重点工程前期工作完成情况，近几年重点电网工程项目前期工作进展情况，生产运行关注的问题研究解决情况。

5）建设部。汇报交流内容包括：① 迎峰度夏重点工程进展情况，重点电网工程项目进展情况，下阶段基建重点工作计划安排和需要协调解决的问题；② 需要调度、设备配合的工作。

6）物资部。汇报交流内容包括：① 重点工程项目物资供应情况，抢修物资耗用、供应情况；② 设备监造、厂内抽检和送检等质量监督情况，供应商约谈和供应商不良行为处理等供应商管理情况。

7）营销部。汇报交流内容包括营销业扩情况、主要用户业扩工程申请情况，迎峰度夏（冬）用电高峰有序用电准备情况，用电检查和保电工作情况。

8）电力交易公司。汇报交流电力电量交易情况，特别是跨省跨区电力交易的安排和落实情况。

（3）参会人员。月度安全生产分析会有生产运行、规划、建设、物资等部门参加，包括公司分管领导、分管副总师，安监部、设备部、调控中心主要负责人及相关人员，发展部、建设部、物资部、营销部、电力交易公司负责人和相关人员。

（4）会议由安监部组织，每月 10 日左右召开。

三、计划安排类例会

计划安排类会议的作用是安排、协调各类停电检修工作，推进年度重点技改、大修和建设工程，确保电网迎峰度夏（冬）和重要工程的顺利投产。计划安排类例会主要有月度生产计划协调会、年度（半年度）生产计划协调会等。

生产计划由调控中心计划专业人员组织收集各方面的需求后，形成初步方案，经调度、设备、建设等专业就电网方式、现场作业风险、班组承载力等方面要素讨论、平衡和协调后形成计划方案。如平衡协调中有较大问题，由主管运行的副总工程师组织会议协调，在计划例会上再次听取各方面的意见，优化调整形成可执行的计划。

（一）月度生产计划会

月度生产计划会是生产、建设、营销等专业横向停电计划的协调，是上下级电网运行、检修工作的纵向协调，是下月全部停电工作的安排和协调。

月度生产计划从执行的角度看是最重要的生产计划。

（1）会议目的。讨论确定下月全部工作项目的停电安排，确定需要落实的电网运行风险预控、上下级电网运行和有关工作的配合要求等。

（2）会议主要内容。各单位汇报交流本月生产计划完成情况，下月生产计划安排情况，与电网、设备运行相关的重点基建、技改、检修工作和风险预控说明，下月生产计划安排中需要协调的问题和困难。各专业管理部门就下一阶段基建、技改、大修、用户接入等项目停电及投产计划，有关物资采购、重大设备缺陷处置等方面工作安排提出意见和要求。

1）调控中心。汇报交流内容包括本月 35kV 及以上停电工作计划完成情况，下月 35kV 及以上停电工作计划安排情况，并说明电网风险分析评估和预控措施要求。

2）检修公司。汇报交流内容包括本月生产计划完成情况，未完成和计划调整原因分析，下月生产计划总体安排情况，与电网、设备运行相关的重点基建、检修、技改工作及风险预控说明，生产计划安排中需协调的问题和困难。

3）建设公司。汇报交流内容包括本月基建停电及投产计划完成情况，未完成和计划调整原因分析，下月与电网、设备运行相关的重点基建、技改工作及风险预控说明，基建计划安排中需协调的问题和困难。

4）信通公司。汇报交流内容包括本月通信网生产计划完成情况，未完成和计划调整原因分析，与电网、设备运行相关的重点工作及风险预控说明，生产计划安排中需协调的问题和困难。

5）各供电公司。汇报交流内容包括本月生产计划完成情况，未完成和计划调整原因分析，下月生产计划总体安排说明（包括对 10kV 检修计划总体安排和分类情况的说明），与电网、设备运行相关的重点基建、检修、技改、营销类工作及风险预控说明，生产计划安排中需协调的问题和困难。

（3）参加人员：分管领导、分管副总师，调控中心、设备部、安监部、建设部、物资部、营销部负责人和有关人员，检修公司和信通公司等设备运维单位、建设公司等项目管理单位、电科院和物资公司等支撑单位负责人和有关人员，各供电公司分管领导、调控中心负责人。

（4）会议由调控中心组织，每月 20 日左右召开。

（二）年度、半年度计划会

年度计划会是生产、建设、营销等专业就主要停电项目安排进行平衡协调的会议。半年度计划会是年度计划的滚动。

（1）会议目的。讨论确定全年主要停电项目的分月安排，初步分析评估各项停电的电网风险，评估班组承载力、管理承载力，提出各项停电的优化调整要求。解决各种矛盾和冲突，评估和降低各种风险。

（2）会议主要内容：

1）建设公司等项目管理单位。汇报交流内容是年度主要建设项目的分月安排，重点是涉及母线、主变、同塔双线的设备停役项目。

2）超高压公司、运检中心等设备运维单位。汇报交流内容是年度主要技改、大修项目的安排，重点是涉及母线、主变的继电保护改造，以及基建项目投产与运维班组承载力的协调。

3）调控中心。汇报交流内容是建设、运维各重点项目安排的电网方式安排和电网风险评估，提出项目施工方案需要优化调整的要求。

（3）参加人员：分管领导、分管副总师，调控中心、设备部、建设部、物资部、营销部负责人和有关人员，超高压公司、运检中心等设备运维单位，建设公司等项目管理单位负责人和有关人员。

（4）会议由调控中心组织，每年 7 月、12 月左右召开。

第六节　其他管理工作

一、大修、技改有关工作

大修是指为恢复现有设备的原有形态和能力进行的修理性工作。技改是指对现有设备，利用成熟、适用的先进技术，以提高安全性、可靠性、经济性，并提高设备性能或延长使用年限而进行的完善、配套和改造。

生产部门作为大修、技改项目的归口管理部门，要对项目需求、立项、推进管理负责，确保“要做的事”全部、有序安排实施。

1. 需求管理

各专业要全面梳理设备反措、重大隐患、家族性缺陷和老旧设备改造等项目需求，形成项目需求清单。建立项目滚动更新机制，掌握各类项目需求的完成情况，如家族性缺陷的雷兹流变更换已完成多少、还有多少要安排，综自改造还有多少要改造等。滚动更新项目需求清单，每年在滚动安排项目计划时都应该进行重新梳理，确保项目需求不遗漏。

2. 计划管理

综合技改大修的资金情况、设备状态、管理要求确定项目实施重点，统筹与电网基建项目的协调，避免冲突、重复。制定 2～3 年周期的项目实施计划，开展立项、设计等准备工作，并按年滚动管理。

在安排年度实施计划时，应结合设备健康情况、班组承载力和资金规模，统筹具体项目安排的数量，既要在各种条件允许的情况下加快实施，又要避免基层超承载力带来更大的安全风险。

3. 立项管理

根据 2～3 年实施计划有序开展项目前期工作，严格按照项目管理要求加强可行性研究工作，保证项目立项的质量。按照分级管理原则加强可研评审，对于主设备改造、达到一定投资规模的技改大修项目，由上级公司组织可研评审。

4. 实施管理

大修技改项目的具体管理应参照建设项目的管理办法，现场管理就是现场作业管理。

对于确定的年度大修技改项目，应纳入年度生产计划管理，通过各类例行性会议予以督促落实，还要通过专业会、专业管理月报等专业管理的形式予以督促落实。

二、规划、建设有关工作

虽然规划、建设工作由专门的部门和单位负责，但是一方面各专业部门的侧重点不一致，另一方面生产专业新的问题和要求反馈到规划、建设部门形成共识需要时间，而且规划设计单位的人员也会有变动，对已达成共识的要求不一定理解掌握。因此，生产部门需要提前介入规划、建设阶段的工作，把生产运行中的问题和需求在规划、建设阶段就予以解决，而不是事后再来补救。

（一）参与系统规划

系统运行与系统规划紧密相关，一方面，规划网架到了运行阶段，往往因为工程建设投产进度和投产时序发生变化、负荷增长超预期等情况，导致电网出现一些薄弱环节，增加电网运行控制难度和风险。另一方面，在可靠性要求不断提升的要求下，各种检修方式所暴露的问题需要在系统规划中及时予以解决。运行专业应该加强与规划专业的专业协同，深度参与到规划工作中去。

（1）将运行中的痛点难点在规划环节形成闭环。运行专业要加强迎峰度夏负荷高峰电网运行总结分析，提出电网补强工程、设备增容改造等需求，优化调整工程投产时序，提请规划、建设、设备等部门加快推进。由于电网重大工程从开展前期工作到正式投产一般需要经历 2～3 年时间甚至更长，所以运行专业要将电网安全校核时间节点前移，通过 2～3 年滚动校核，结合运行中的实际需求和问题，提出需要从规划角度解决的问题，避免规划问题导致运行问题。运方专业要前移运行方式校核节点，在项目可研阶段就深入参与系统规划。

要重视工程实施过程中的过渡过程和过渡运行方式所形成的电网运行风险和隐患，在可研阶段就予以考虑，安排应对过渡方式的工程措施，防止规划中的一些过渡方式和工程实施中的投产时序造成电网结构的弱化。

要重视检修方式下供电能力和可靠性的问题，从电网分区结构的设计、备用联络通道的设置等方面，着力提升分区间的重构能力和负荷转供能力。通过加强电网结构、提高备用裕度、提高接线的灵活度等方面的措施减少 $N-1/N-2$ 故障损失负荷的数量，提高可靠性。加强上下级电网的相互支撑，本级负荷较大时应主要考虑在本级加强为下级电网提供条件，本级负荷较小时可以考虑由下级电网支撑减小上级电网的投资。

（2）提前介入电源和大用户接入系统方案研究。电源和大用户的接入对电网运行特性的影响较大，特别是大型电厂的接入对电网的短路电流、潮流分布、稳定裕度等运行状态影响巨大。在接入系统方案研究和评审阶段，运方专业要主动对接入方案的网络结构、用电负荷、系统分析、发电机组等方面进行研究和校核，发现问题及时与规划专业协调修改接入方案，要对项目接入停电需求进行梳理，确保接入方案满足运行要求。

同时接入系统方案要跳出单个接入项目的审查，着眼更大范围的电网运行情况，在一个分区甚至全网的角度开展分析校核。要使新的电源或大用户接入后，系统的安全稳定水平较接入前有提高而不是降低，系统满足 $N-1/N-2$ 安全校核要求，而没有新增加风险点。

（二）参与初步设计

加强与建设专业的协同，工程项目的初步设计既是基础也是关键。设备专业要关口前移，在初步设计审查阶段，要认真组织各专业人员把初步设计中不符合运行要求的问题和运行阶段的需求等提前反馈至设计环节。

（1）明确标准要求。动态修订《基建通用设计与生产运维需求统一意见》《交流输变电工程可研初设审查要点》等文件，确保参加初步设计审核时有据可依。

（2）做好人员安排。提前安排各专业专家，专业要齐全，覆盖设备一次专业、二次专业、运维专业、消防专业及土建专业等，人员要经验丰富，责任心强。要熟悉运行现场、熟悉技改和反措要求，人员应相对固定。

典型案例 7－26 参与初设评审，落实反措要求

靖安 220kV 输变电工程初设评审，运检部委派线圈、开关、二次、运维专业 6 名专家参会，共提出评审意见 23 条，采纳 17 条，其中提出的主变至低压侧选用半绝缘管母、220kV 断路器应满足三相不一致回路整改要求，在工程设计中得到有效落实，提升了设备本质安全水平。

（3）建立长效机制。要建立生产、建设、发展三方会商工作机制，定期统计分析设备在运维检修等环节的缺陷及故障情况，总结相关经验，全面梳理生产运维与通用设计的差异。

典型案例 7－27 运维检修需求反馈规划建设

500kV 三汉湾变电站在迎峰度夏期间，通过红外精确测温发现 2 号主变 35kV 母线抱箍线夹发热至 140℃。由于该变电站在设计时未考虑在主变低压侧配置总断路器，现场处理发热缺陷时紧急申请停运 2 号主变，造成在迎峰度夏负荷高峰期一台 500kV 主变退出运行。后开展专题论证，判定新建变电站 500kV 变压器 35kV 侧需设置总断路器。

（三）参与设备选型

加强和物资专业的协同。高质量的设备是电网安全运行的基础，设备专业要深度参与主设备设计选型，关注反事故措施和生产差异化需求的落实，确保所选设备符合安全可靠、技术先进、运行稳定的原则，对明令禁止供货（或禁止使用）、不满足反事故措施、未经鉴定、未经入网检测或入网检测不合格的产品，严禁投入运行使用。

（1）聚焦技术参数把控。组织专业人员对设备的技术参数、结构特点、设计图纸等开展裕度校核，排查设备隐患，提升设备设计制造质量。

（2）聚焦关键工艺管控。组织专业人员参与变压器、GIS、电缆等主要设备制造关键点见证和出厂验收，将设备问题隐患解决在制造阶段。

典型案例 7－28 加强监督，提高设备质量

500kV 张家港 3 号主变更换工程，主变型号为 ODFS—334000/500，XD 公司生产，在出厂试验管控阶段，发现局部放电、雷电冲击等试验存在异常，通过专业人员的深入介入，发现该产品磁屏蔽设计存在重大隐患。本例在设备出厂关环节进行严格的把控，避免了设备带病入网。

（3）聚焦设备运行的要求。将加装操作平台，调整表计朝向（方便巡视检查）、避雷器泄压口朝向（不得朝向巡视通道）、GIS 内置特高压频传感器、高压电缆半层布置等运行要求，在工程建设阶段解决。

三、生产组织有关工作

生产组织体系应能够保证安全高效地完成生产任务，生产管理机制要能够保证生产工作长时间重复执行不松懈、不走样，并且组织体系和管理机制能够相互协调、相互促进。

（一）保证体系和监督体系

调度专业管电网、管系统，设备专业管设备、管现场，是生产工作的两个方面，是安全生产的保证体系；安监专业管监督，是安全生产的监督体系。保证体系要落实安全生产的各项要求，监督系统对保证体系的正常运转进行监督检查。

（1）突出保证体系的主体责任，按照“管专业必须管安全”的要求，坚持重心下移，关口前移，及时掌握现场安全工作的重点、难点、风险点，协调推进各项工作，切实履行好专业安全管理责任。

（2）突出监督体系的督查质效，充分利用多种督查手段和方法，及时发现保证体系在履行安全主体责任中存在的问题，提出针对性的改进措施和建议。

（3）突出设备与调度的协同一致，强调在生产计划的安排、通信自动化系统的建设及监控系统的建设等方面的协同共享共用，避免重复建设。

（二）属地化和集约化

要在生产组织机构层面，处理好属地化和集约化的关系。属地化能够缩短工作半径和管理半径，充分利用属地公司的资源，提高工作效率。集约化可以充分整合资源，发挥规模效应，提高技术水平和工作质量。

属地化和集约化是工作频率、工作半径、技术要求和工作量、工作效率的综合平衡。技术要求高、工作频率低的业务适合集约化，技术要求是首要考虑的问题，工作半径不是制约因素；工作频率高、技术要求一般的业务适合属地化，工作半径是必须考虑的因素，影响工作响应快慢。但是集约化和属地化的程度还受工作量和工作效率的制约，需要在工作半径和工作量之间综合平衡。过度属地化，工作半径小、响应快，但工作量小、效率低、工作质量难以保证；过度集约化，工作量饱满、技术水平高，但工作半径大、响应慢、协调难度大。

因此，可以按照运维属地化、检修集约化的工作思路，实现效率、质量双提升。

（1）运维属地化。运维工作是日常性工作，实施频率大、标准化程度高，故障跳闸要求到达现场响应快，就要求工作半径要小、人员要靠近设备、贴近现场，适合属地化管理，管理人员和工作人员都下沉一线。并且逐步实现不同电压等级运维工作的融合，根据 500kV 变电站的数量和 220kV 变电站发挥系统变作用还是高压配电作用，可以考虑 35～220kV 的融合，也可以考虑 35kV 与 110kV 的融合和 220kV 与 500kV 变电站的融合，实现工作半径可以接受的条件下，尽可能集约化提高工作量，解决应对改扩建工程等大型任务的能力，提高效率。线路运维工作同样也可以实现不同电压等级的工作融合，实现网格化管理。

（2）检修集约化。检修工作特别是大修、技改，以及电压等级高、技术要求高、安全风险高、作业复杂的修试工作，要坚持检修集约化，集中人员、装备、工器具等各类资源，确保作业质量和安全。集约化可以按省、市公司层面分别开展，省公司集约化 500kV 及以上，市公司集约化 220kV 及以下。

（3）业务属地化与人员的协调。业务属地化要配合人员的属地化，二者的趋向应一致，有利于减少矛盾和各项工作的落实。

（三）员工技能培训

高素质的员工队伍是干好生产工作的基础。加强员工技能培训是生产组织工作的一项重要内容。

（1）培训方案要突出针对性。充分考虑“一次、二次”“线路、变电”“运维、检修”的专业特点，充分考虑“青年员工、生产骨干、专业管理”的实际需求，编制有针对性的培训方案，做到因材施教。

（2）培训方式要突出多样性。灵活采取“请进来、走出去、干中学”的培训方式，特别注重参加基建工程施工等全过程实际施工，实训场地单元制培训，制造厂参观学习等，灵活采取“线上视频动画、线下集中授课”的教学方式，提高培训质量。

（3）培训成果要突出有效性。严肃培训纪律，有培必有考，将培训出勤率、考核通过率作为参培单位同业对标排名，将结业考试成绩纳入个人绩效分配，确保培训工作“不走过场，取得实效”。

（四）生产管理人员的要求

（1）懂技术。熟悉自己所从事专业的技术标准和管理制度，掌握相关设备的结构、原理以及异常处置方法。清楚标准和制度中，每个条款的含义和制定的原因，做到不但知其然，而且知其所以然。在此基础上，还要了解其他专业的技术标准和管理制度，可以不精通但是要有一定的掌握。

（2）熟现场。生产管理的根本目的就是围绕现场工作进行组织协调，确保各项生产任务的顺利完成。因此生产管理人员需要清楚了解现场工作的内容、实施过程和具体标准。

（3）会管理。掌握管理的基本方法，对基层单位提出具体要求，并指导其贯彻落实，同时还要解决基层单位在生产工作中遇到的问题；正确领会上级部门各项工作要求的内涵，结合实际情况加以贯彻执行，同时及时汇报执行过程中的问题和典型经验；对同级部门要主动沟通协调，为本专业管理工作的顺利开展创造好的环境。

（4）有积累。管理人员的生产技术和生产管理水平，都是一个不断学习、不断实践、持续改进、持续积累的过程。从生产技术方面来说，要提高专业深度、拓展专业宽度，强化从理论到实践、从书本到现场的转化应用，特别是要搞清楚各种反措的由来，深度掌握发展的过程。从生产管理方面来说，要熟悉各种工作的具体开展方法和过程，熟悉不同场景下的不同管理要求，在长期积累的过程中做到举一反三、融会贯通，从而不断改进完善管理思路、方法手段，提高管理水平。